SEA POWER
海上力量

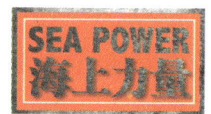

英国皇家海军 45型驱逐舰

拥有、维护和使用手册

[英] 乔纳森·盖茨（Jonathan Gates） 著　张立功 译

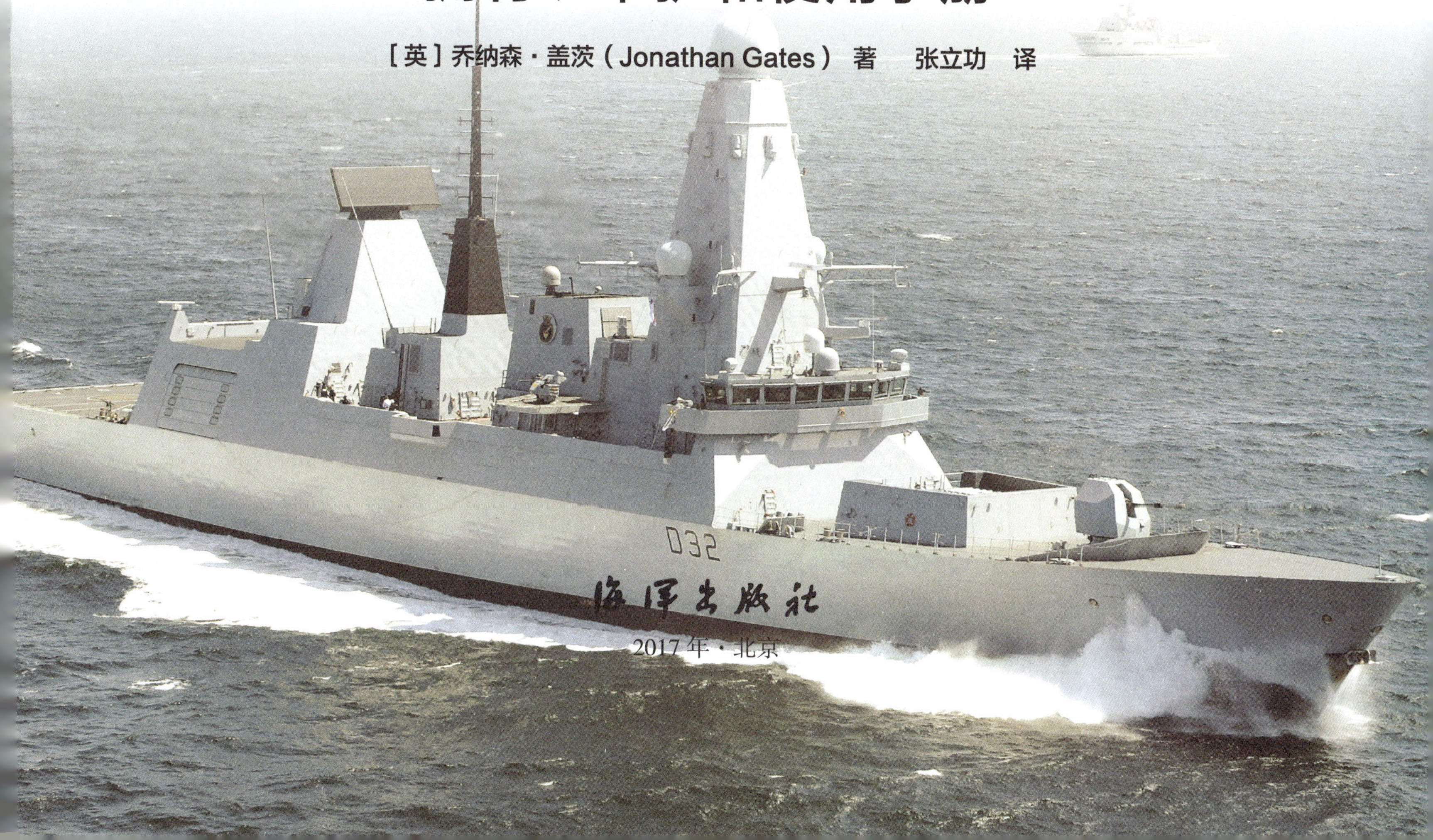

海洋出版社
2017年·北京

图书在版编目（CIP）数据

英国皇家海军45型驱逐舰：拥有、维护和使用手册 /（英）乔纳森·盖茨（Jonathan Gates）著；张立功译. -- 北京：海洋出版社，2017.8

（海上力量）

书名原文：Type 45 Destroyer：Owners' Workshop Manual

ISBN 978-7-5027-9900-7

Ⅰ.①英… Ⅱ.①乔… ②张… Ⅲ.①驱逐舰 – 英国 – 手册 Ⅳ.①E925.6-62

中国版本图书馆CIP数据核字（2017）第199858号

图字：01-2016-8780

版权信息：English Edition Copyright © Haynes Publishing 2014.
Copyright of the Chinese translation © 2017 Portico Inc.
Originally published in English by Haynes Publishing under the title:
Type 45 Destroyer written by Jonathan Gates.
ALL RIGHTS RESERVED

策　　划：高显刚
责任编辑：杨海萍　张　欣
责任印制：赵麟苏

海洋出版社 出版发行

http://www.oceanpress.com.cn
北京市海淀区大慧寺路 8 号　邮编：100081
北京文昌阁彩色印刷有限责任公司印刷　新华书店发行所经销
2017 年 10 月第 1 版　2017 年 10 月北京第 1 次印刷
开本：787mm×1092mm　1/12　印张：23
字数：276 千字　定价：80.00 元
发行部：62132549　邮购部：68038093　总编室：62114335

海洋版图书印、装错误可随时退换

致谢

如果没有来自参与45型驱逐舰研制的制造商和供应商人员的帮助,这本书是不可能出版的。我想感谢那些为本书提供了信息和图片的如下各位:阿古斯塔·韦斯特兰公司的杰夫·罗素(Geoff Russell);机载系统(Airborne Systems)的彼得·巴雷特(Peter Barrett)、哈特维希·特劳特(Hartwig Traut);Astrium公司的基思·默里(Keith Murray)、杰里米·克劳斯(Jeremy Close);BAE系统公司的亚当·兰格(Adam Rang)、唐娜-玛丽·马西森(Donna-Marie Matheson)、约翰·费耀(John Fyall)、娜塔莉·卡尔弗(Natalie Culver)、比尔·卡伦(Bill Cullen)、鲍勃·莫兰(Bob Moran)、卡罗琳·郎(Carolyn Lang)、大卫·唐斯(David Downs)、诺里·麦弗逊(Norrie McPherson)博士、约翰·佩里(John Perry)、罗斯·麦克卢尔(Ross Mclure);BMT国防服务处的约翰娜·普罗伯特(Johanna Probert);切姆林(Chemring)公司的史蒂夫·坎秦(Steve

下图:皇家海军"勇敢"号在远东。[王冠版权(Crown Copyright),2013 L(Phot)尼基·威尔逊(Nicky Wilson)]

英国皇家海军 45 型驱逐舰：拥有、维护和使用手册

Kerchey）；科巴姆（Cobham）设备公司的蒂姆·维（Tim Wee）；CSD密封系统公司的彼得·利奇菲尔德（Peter Litchfield）；狄龙航空的克里斯·狄龙（Chris Dillon）；FES支持服务处的杰森·克劳斯（Jason Cross）、吉姆·麦金托什（Jim Mackintosh）；通用能源公司的马克·丹纳特（Mark Dannatt）、莎拉·利奇（Sarah Leach）；古尔科（Gullco）国际公司的马丁·益格（Martin Eagle）；汉姆沃斯（Hamworthy）公司的艾伦·维罗（Alan Virrill）、汤姆·鲍威尔（Tom Powell）、托尼·迪莫克（Tony Dimmock）；江森自控（Johnson Controls）公司的卡尔·布克莱斯（Carl Bookless）；MBDA UK公司的科纳尔·沃克（Conal Walker）、贝森·梅森（Bethan Mason）；诺斯罗普·格鲁门公司的蒂姆·韩丁（Tim Hinton）；波尔公司（Pall Corp）的卡伦·布尔（Karen Bull）、蒂姆·李雷（Tim Lilley）；QintetiQ公司的大卫·阿伯特（David Abbott）；英国佩莱格里尼（Pellegrini UK

下图：皇家海军"龙（Dragon）"号在阿拉伯湾。[英国王冠版权，2013 L（Phot）尼基·威尔逊（Nicky Wilson）]

致谢

公司的道格·帕尔默（Doug Palmer）、罗布·沃恩（Rob Warne）、埃尔斯佩思·列维（Elspeth Levi）；雷神公司的约翰·益格（John Eagles）；雷神安修斯（Raytheon Anschütz）公司的伊恩·卢德莱斯登（Ian Ruddlesden）；罗尔斯-罗伊斯公司的理查德·帕特里奇（Richard Partridge）、克雷格·泰勒（Craig Taylor）、奈杰尔·艾伦（Nigel Allen）；塞莱克斯公司（Selex）的西蒙·贝纳姆博士、伊恩·派珀、罗杰·赖特；泰利斯（Thales）公司的凯瑟琳·贝尔（Kathryn Bell）、约翰·沃汉德（John Warehand）、基兰·巴斯特德（Kieran Bustard）；超级电子公司（Ultra Electronics）的马克·梅里菲尔德、卡罗尔·道尔、安迪·戴维斯、约翰·马丁、理查德·林赛；瓦锡兰（Wärtsilä）公司的卡琳娜·麦科马克、西蒙·D.霍道尔（Simon D.Howdle）。

我还要感谢国防部成员（理查德·博尔维尔、尼尔·克罗泽、韦恩·柯蒂斯、克里斯·埃文斯、尼克·约翰逊、史蒂夫·马歇

英国皇家海军45型驱逐舰：拥有、维护和使用手册

尔）；皇家海军成员：上尉迈克·贝尔德尔（Mike Beardall）、指挥官戴维·戈登和西蒙·华莱士、少校李·戴维斯、史蒂夫·海顿（Steve Hayton）、"BJ"史密斯、文斯·欧文和吉姆·弗雷泽。感谢他们为45型驱逐舰和其上安装的设备所提供的专业知识。

特别感谢在标题说明中提到的摄影师，允许我使用他们的图片。其中包括Airfix公司的西蒙·欧文（Simon Owen）、他允许我使用了一些驱逐舰生产模型套件的细节照片。我还要感谢乔纳森·皮尔斯少校和他的同事，特别为本次出版提供了照片。所有其他照片都来自官方渠道，我很感谢那些帮助挖掘合适照片的人：海伦·克雷文（英国皇家海军数据部负责人）；尼尔·霍尔（国防部图片中心）；塔姆·麦克唐纳（CPO图片中心）；史提夫·塞维（英国皇家海军媒体档案）和帕特里夏·萨默斯（英国纽约总领事馆）。

这本书通过精细的封面、插图和由MadBadMachines的亚历克斯·庞（Alex Pang）（对他我很感激）精心绘制的剖面图提供了极强的视觉冲击力。这些插图与经过允许使用的爱好者贴在www.shipbucket.com.网站上的各种驱逐舰照片进行了比较。同样要感谢巴斯设计中心的菲奥娜·斯塔基在照片上的帮助。

FEng RCNC的彼得·张伯伦给予了我很多专业指导，路易斯·瑞德尔（Louis Rydill）教授在我的整个职业生涯中担任我的导师，并无私地把他在舰船设计方面的知识、智慧和热情传授给了我。

感谢海恩斯的编辑乔纳森·福尔克纳，为这本我最喜欢的主题之一的书所做编辑出版工作。当然，也要感谢我的妻子，为这本书所付出的耐心和支持。

目 录
CONTENTS

引言

1 45型驱逐舰的研发　　　　　　　　　　　　1
45型驱逐舰的前辈　　　　　　　　　　　　　2
取代"谢菲尔德"级42型驱逐舰的项目　　　　　5
45型驱逐舰项目的出现　　　　　　　　　　　7
验证合同的准备　　　　　　　　　　　　　　8
演示合同和第一艘战舰的制造　　　　　　　　9
"勇敢"号的设计研发　　　　　　　　　　　　12
从研发过渡到生产　　　　　　　　　　　　　18
建造　　　　　　　　　　　　　　　　　　　20
下水　　　　　　　　　　　　　　　　　　　23
舾装　　　　　　　　　　　　　　　　　　　24
综合电力推进系统（IEPS）的发展　　　　　　27

英国皇家海军 45 型驱逐舰：拥有、维护和使用手册

作战系统的研发	40
"海蝰蛇"（45 型驱逐舰制导武器系统）的发展	42
"海蝰蛇"系统的实验	44
承包商海试（CST）	49
海军试航	53
后续建造	58

2 舰体和基础设施的剖析　　63

皇家海军"勇敢"号的概述	64
舰艏	67
舰桥	72
NavS1 型导航系统	73
主桅和上层建筑	76
通道	79
厨房和餐厅	84
住宿	87
娱乐空间	90

目录

一体化电力推进系统（IEPS）	91
增稳器和转向齿轮	102
440伏交流配电	103
机舱	106
舰船控制中心（SCC）和平台管理系统（PMS）	107
舰载消磁(OBDG)系统	112
救生船舱和"太平洋"24英尺型刚性充气艇（RIB）	113
机库	115
飞行甲板	120
封闭的后甲板	122
高压海水（HPSW）和其他海水系统	124
冷却水（CW）系统	125
采暖、通风及空调（HVAC）系统	127
淡水（FW）系统	128
废水处理	131
高压空气系统	133
消防系统	135

3 战斗系统的剖析	**141**
作战综合室（The Operations Complex）	143
"海蝰蛇"（45型制导武器系统）	148
1045型"桑普森"多功能雷达（MFR）	149
"紫苑"导弹和"席尔瓦" A50发射器	151
1046型远程雷达（LRR）	154
光电炮控系统(EOGCS)	156
Mk8 Mod 1 中口径舰炮（MCG）	158
小口径舰炮（SCG）	160
Mk15型"密集阵"近防武器系统（CIWS）	162
小型机枪	164
诱饵发射器	165
雷达电子支援措施（RESM）Outfit UAT（16）	167
FICS45型完全集成通信系统（FICS）	167
外部通信	169
军用卫星通信	173
国际海事卫星组织（Inmarsat）的商业海上卫星通信	174

目录

内部通信	176
舰上日常生活设施	177
红外通信	177
2091 型中频声呐（MFS）	178
气象和航海（METOC）雷达系统	179

4 45 型驱逐舰的作战　　181

进入战斗状态（Action stations）	184
防空作战	187
电子战诱饵	195
两栖战	201
反水面战（ASuW）	205
反潜战（ASW）	208
海上安全作战	212
人道主义援助和救灾（HADR）作业	212
海上储存、补给和垂直补给（VERTREP）	214

5 未来展望	**221**
增量获取计划（IAP）	222
"战斧"对地攻击导弹（TLAM）	224
战区弹道导弹防御（TBMD）	224
155毫米口径舰炮（第三代海军火炮）	228
自主式小口径火炮（ASCG）	230
"鱼叉"（Harpoon）反舰制导武器（SSGW）系统（60型制导武器系统）	230
2170型水面舰艇鱼雷防御系统（SSTD）	232
通信电子支援措施（CESM）	233
数据链接	233
协同作战能力	235
雷达电子支援措施（RESM）Outfit UAT Mod 2.0	235
"野猫"（Wildcat）Mk1 HMA（海上攻击直升机）	236
可调节的诱饵发射器	238
"海拉姆"（SeaRAM）	240
告别的话	242
附录A　海军和造船术语	**244**
附录B　缩写	**252**

引言

2009年7月23日，皇家海军"勇敢"（Daring）号作为6艘45型防空（AAW）驱逐舰中的第一艘投入皇家海军（RN）服役。这些复杂的军舰包含了在海军技术上的几个重大进步，被公认为是世界上最有作战能力的防空战舰。它们在未来30年里将成为皇家海军舰队的中流砥柱。

设计和研发皇家海军"勇敢"号的项目最早开始于2000年。在根据任务需要提出的战舰设计需求里，这"将是一种多功能驱逐舰，能够在全世界执行海上巡逻，并能在多重威胁环境下联合作战，提供专业的防空能力，直到2040年"。本书尽可能详尽叙述这一开发过程，并介绍这种强大和复杂的军舰的先进技术和生产过程。

这6艘45型驱逐舰代表了在水面作战能力和技术上的重大改进。它们采纳了明显的创新技术，并预示了在21世纪的前1/4时间里其他战舰将发展的技术。在这些驱逐舰上安装的很多设备要优于前一代战舰上的技术。其中两个主要的原创系统是专门为45型驱逐舰开发的：全新的综合电力推进系统（IEPS）和最先进的防空作战（防空）系统"海蝰蛇"（Sea Viper）。这两个革命性的系统使45型驱逐舰具备了卓越的性能。

皇家海军"勇敢"号是第一艘配备了IEPS的战舰，用电动机直接驱动螺旋桨取代了传统的减速器。两台燃气涡轮发电机（GTA）驱动推进可以产生将近45兆瓦的电力——足以供应一个邓迪（Dundee）市大小的城市用电。该系统能产生优异的加速性，很小的转弯半径和远超27节（50千米/时）的最高时速。"勇敢"号具有良好的经济性，其载油量可以满足横渡大西洋、执行任务，并无需加油返回。或从其母港

英国皇家海军45型驱逐舰：拥有、维护和使用手册

D32 皇家海军"勇敢"（Daring）号
下水　　　　　　2006年2月1日
服役　　　　　　2009年7月23日
本舰的拉丁语格言　"Splendide Audax"（精细大胆）

D33 皇家海军"无畏"（Dauntelss）号
下水　　　　　　2007年2月23日
服役　　　　　　2010年6月3日
本舰的拉丁语格言　"Nil Desperandum"（永不绝望）

D34 皇家海军"钻石"（Diamord）号
下水　　　　　　2007年11月27日
服役　　　　　　2011年5月6日
本舰的拉丁语格言　"Honor Clarissima Gemma"（荣誉是最亮的明珠）

D35 皇家海军"龙"（Dragon）号
下水　　　　　　2008年11月17日
服役　　　　　　2012年4月20日
本舰的格言　　　"We yield but St George"（我们只屈服于圣·乔治）

D36 "保卫者"（Defender）号
下水　　　　　　2009年10月21日
服役　　　　　　2013年3月23日
本舰的拉丁语格言　"Defendendo Vinco"（通过防守而征服）

D37 "邓肯"（Duncan）号
下水　　　　　　2010年10月11日
服役　　　　　　2013年9月26日
本舰的拉丁语格言　"Secundis Dubusque Rectus"（挺立在繁荣和危险中）

右图：45型防空驱逐舰的徽章。[王冠版权照片]

引言

航行到马尔维纳斯群岛（英国称福克兰群岛）（8000海里或将近15000km）。它还可以只用12小时补充燃油就可以去执行45天的任务。

"海蝰蛇"是一种独特的制导武器系统，为驱逐舰提供了防空能力。该系统包括强效的"桑普森"（Sampson）多功能雷达（MFR），可以同时探测、排序和跟踪上百个目标。它可以探测到远距离一个板球大小、并以三倍于音速的速度接近战舰的目标。"海蝰蛇"可以同时攻击多枚高超音速导弹，以同时消除多个潜在威胁，并高精度引导它自己的每一枚导弹飞向不同的目标。该驱逐舰能够在宽广的区域内保护本舰与舰队免遭重大威胁，其中包括以大量超音速反舰导弹发起的"饱和打击"。

如果没有专业人员的运作，战舰的复杂系统在恶劣的海洋地区和潜在的敌对军事环境中

下图：皇家海军"勇敢"号，第一艘45型驱逐舰。[王冠版权，2010 LA（Phot）詹姆斯·克劳福德（James Crawford）]

英国皇家海军45型驱逐舰：拥有、维护和使用手册

上图：艺术家的效果图，两艘45型驱逐舰与一艘航空母舰、一艘潜艇和一艘辅助舰只组成了一个编队。[BAE系统公司]

对页图：在英国海军基地朴茨茅斯（Portsmouth）的前4艘45型驱逐舰：从左到右依次为皇家海军"无畏"号，皇家海军"勇敢"号，皇家海军"龙"号，皇家海军"钻石"号。[丹·格兰特（Dan Grant）]

可能无法遂行作战任务。操作这种复杂的战争机器至少需要191名男性和女性军人，并且有时，还不得不容纳和维持高达235人。它的住宿标准高于以往任何皇家海军战舰，相对于现役的战舰为每个人多增加了40%的空间。舰船上的每一个船员在设施齐全的小隔间住舱中都有他们自己的卧铺。对于首次搭载在驱逐舰上的人来说，舰上有供外来人员使用的各级专用休闲空间和专用的住宿设施。

为了让新型驱逐舰在预计的30年服役期中提供有效的防空能力，它还专门进行了灵活性设计，以便为新设备安装提供空间。它也已经为安装识别系统作出了安排，这些识别系统包括已经在其他战舰上服役的系统和现在正在研发的系统。这被认为是实现技术变革的一种快速步伐，并可以满足升级更新的需要，当然如果成本昂贵，也可避免改装。舰体，相对于搭载的复杂系统来说，成本要小一些；因此适度增加舰船的尺寸（和初始成本）要和显著降低拥有成本相平衡。其结果是，新军舰大约有8000吨的排水量，这比它要取代的42型要多三分之一以上。

凭借着强大的作战能力，再加上高速航行能力和超长的续航时间，45型驱逐舰被证明是一种稳健的、多用途的、灵活的和经济的武器装备。

45型驱逐舰的关键特性	
排量（light/deep/design）	5800/7350/8000 吨
总长	152.4 米
水线长度（Length waterline）	143.5 米
最大宽度（beam）	21.2 米
吃水深度（draught）	7.4 米
水上高度（高度）	39 米
总装机容量	45 兆瓦
最大速度	>50 千米/时 (27 节)
航程	以 33 千米/时（18 节）航行为 13000 千米
续航力（寿命终止）	>13000 千米（7000 海里）
任务	45 天
船员	191（21 名军官，170 名水兵）
可搭载	235 名人员

引言

左图：45型驱逐舰比两架空客A380飞机（世界上最长的商业客机）还要长，它也几乎像纳尔逊纪念柱一样高，而排水量则超过3个奥运标准游泳池中的水。[作者]

1

45 型驱逐舰的研发

为皇家海军研发建造迄今为止最有效的战舰总是会成为一种挑战。大部分子系统必然是全新的,并且要与舰体平行研发。这其中包括独特的、威力强大的"海蝰蛇"导弹系统和先进但又经济的推进系统。

左图:海试中的"无畏"号。[BAE系统公司]

英国皇家海军 45 型驱逐舰：拥有、维护和使用手册

45 型驱逐舰的前辈

像所有的战舰一样，防空（AWW）驱逐舰总是被期望能够在大范围内执行军事任务。它们的主要任务是保护战舰和它们的辅助舰船（例如，如一支特混舰队或一个战斗群），防止它们受到飞机和导弹的攻击。防空驱逐舰通过使用导弹系统来实现这个目标，这种导弹系统能打击远距离的空中目标。

45型驱逐舰真正的前身可以说是皇家海军"布里斯托尔"号，交付于1973年的82型驱逐舰。该舰安装了一种新型的防空武器，"海标枪"导弹系统。皇家海军"布里斯托尔"号是4艘82型驱逐舰中的第一艘，它的主要任务是护送和保卫战斗群（战斗群将由计划中的CAV-01大型航空母舰率领）。1966年，当"布里斯托尔"开始建造时，政府实施了一个国防预算审查，试图削减军事支出。尽管"布里斯托尔"号本身得以幸免，但是国防白皮书导致了航空母舰被取消，由于失去了主要作用，该型驱逐舰仅建造了一艘。

由于仍然存在着保护舰队的至关重要的需求，因此建造了小的、新型驱逐舰——42型，第一艘这一级别的皇家海军"谢菲尔德"号，

下图：1989年，在温哥华（Vancouver）的皇家海军"布里斯托尔（Bristol）"号，这是唯一一艘的82型驱逐舰。[里克·加西亚（Rick Garcia）]

1 45型驱逐舰的研发

交付于1975年。为了显著节省初始成本，舰体的大小受到限制。几乎没有足够的空间来容纳"海标枪"武器系统。首批42型驱逐舰共6艘。较小的舰体意味着，对这些舰进行维护、改装和升级很困难而且会很昂贵。英国政府虽然曾试图进行升级，但效果不理想，部分原因是因为42型驱逐舰是以较低的初始成本提供的。英国虽然也参与了一些国际项目设计，但这些参与付出了代价，并且每一个都被认为不符合英国国家利益。作为结果，随之而来还生产了另外两个批次的4艘42型驱逐舰，每批都比以前的稍大，以适应少量的能力改进。

上图：2012年4月20日，第三批的42型驱逐舰，皇家海军"爱丁堡"号，最后退役的该型驱逐舰，在赫布里底群岛的外围，可能在进行最后一次"海标枪"发射。[王冠版权，2012 LA（Phot）戴夫·詹金斯（Dave Jenkins）]

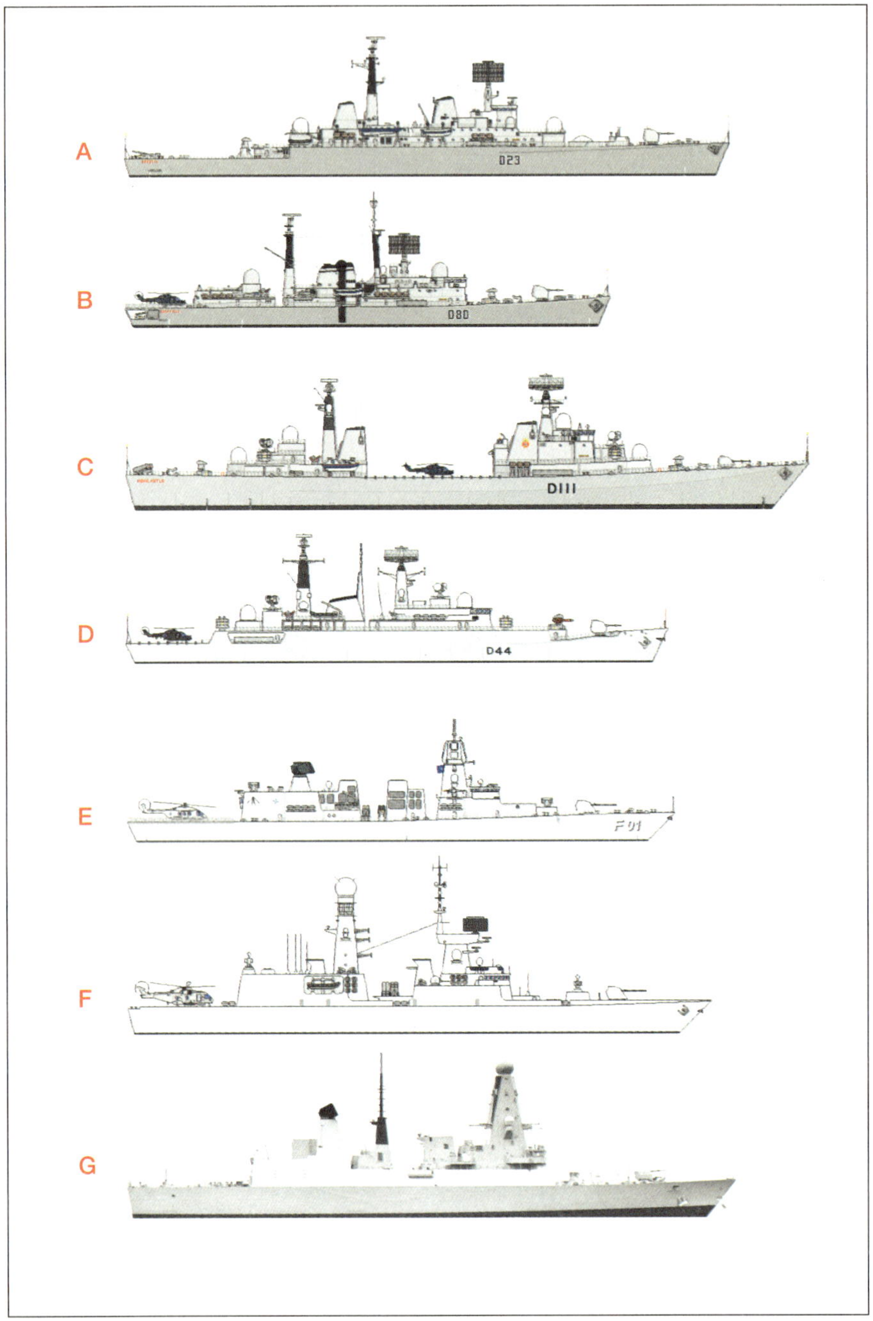

英国皇家海军45型驱逐舰：拥有、维护和使用手册

A 皇家海军"布里斯托尔"82型驱逐舰，皇家海军"勇敢"号45型驱逐舰的真正前身。[米莎·坎彭（Mischa Campen）]
B 皇家海军"谢菲尔德"42型驱逐舰，该型驱逐舰最终被45型取代。[米莎·坎彭]
C 建议的43型驱逐舰。[阿兰·阿尔维斯（Alan Alves）]
D 建议的44型驱逐舰。（大卫K.布朗（David K.Brown），米莎·坎彭和迈克·兰森（Mike Ranson））
E 拟议的用于20世纪90年代的北约护卫舰更换舰型。[马丁·康拉德斯（Martin Conrads）]
F 三国通用的新一代护卫舰（地平线项目），最后派生出法国–意大利的"地平线"驱逐舰并为45型驱逐舰作出了贡献。[雷切尔·波林博士（Dr Rachel Pawling）]
G 皇家海军"勇敢"号45型驱逐舰用于对比的照片。[BAE系统公司]

除了使用的成本高之外，42型驱逐舰还被认为是脆弱的，部分原因是因为缺少补充远程"海标枪"系统的不足的、自我防御的导弹系统。并且对接近战舰发射的低空飞行的导弹的防护能力很弱。这一缺点在马岛战争中表现的很明显。此外，该型驱逐舰的最大宽度相对小，这导致了其在海上航行时保持稳定特性很差。

在超过20年的时间里，它们组成了舰队的骨干，但是到千禧之年结束时，42型驱逐舰到达了使用寿命（设计寿命22年）。"海标枪"也过时了，因为它只能同时与两个目标交火，不适宜用来防止最新型的威胁的密集攻击。但无论如何，当皇家海军"勇敢"号在2009年中

1 45型驱逐舰的研发

期交付时,6艘42型驱逐舰还在服役。当新的驱逐舰取代它们时,它们才逐渐退出了历史舞台。2013年6月6日,最后一艘,皇家海军"爱丁堡(Edinburgh)"号在服役28年之后退出了历史舞台。

取代"谢菲尔德"级42型驱逐舰的项目

在45型驱逐舰方案成功获得通过之前,用于取代42型驱逐舰的项目有6大工程。

第一个计划更换皇家海军"谢菲尔德"级42型驱逐舰的设计工作是开始于1978年的43型驱逐舰。这一级别的驱逐舰将采用两套升级的"海标枪"系统(以使其能够防御更集中的协同攻击),两套"海狼"点防御导弹系统和"鱼叉(Harpoon)"型反舰导弹。它将使用两架"山猫"直升机(而不是当时皇家海军"谢菲尔德"级上的单独一架"山猫"直升机)。直升机甲板位于舰船中心的两个上层建筑板块之间,在那儿它的移动系数是最低的。经过4年的设计,43型因为造价过于昂贵被放弃。取而代之的,是对一个简朴的44型进行研究。这是在第二批22型护卫舰,皇家海军"拳师(Boxer)"号的舰体和推进系统的基础上松散的开始研究的。但初步研究表明,这种设计方案将具有42型驱逐舰的大部分缺点,因此该项目被终止。而另一种替换舰型获得追捧,因此人们的注意力集中了在第3批42型驱逐舰的改进上。为了改进其海上保持稳定的能力,对该设计方案进行了加长,因此使它们成为了一个更有效的武器平台。

这时,很多北约国家对于防空战舰也有类似的要求,这导致8个国家联合提出了一项雄心勃勃的计划,将要去为20世纪90年代发展北约的护卫舰替换舰(NFR-90)。虽然该舰被大多数国家命名为一艘护卫舰,但是鉴于该舰展示出来的很多特征,对于美国和英国来说,还是把该舰归类为一艘驱逐舰。NFR-90将具有高度的共同性,但是从一开始,多国可以从两个竞争者那里自由选择他们自己的防空导弹系统。作为这样一种结果,导致该舰的设计很复杂,必须要能容纳基于美国或基于法国主导的系统。其它子系统的选择,例如反舰导弹,甚至推进系统的选择都不多(有可能需要重新研制),从而进一步加大了该舰的复杂性和成本。

不符合皇家海军的要求,难以达成共享协议,无法调和各国之间的设计变化,项目管理官僚的复杂性最终导致英国在1989年初决定退出这一财团。法国和意大利则随后退出,该项目完全崩溃。

> **海军俚语**
>
> 在20世纪90年代,几名参与该项目的海军官员,对三国合作的"地平线"项目的缓慢进展感到沮丧,评论说,这个项目名字很恰当。虽然努力朝着"地平线"奋进,但是永远不会接近到达"地平线"。

> **海军俚语**
>
> "沙包既可以用来当压舱物,也能用来杀人于无形。"英国单方面退出NFR-90项目,是来自于政府高层的突然决定,这引发了外界的广泛猜测,认为不是沙包,而是玛吉·撒切尔(时任英国首相)的提包"干掉"了该项目。

英国皇家海军45型驱逐舰：拥有、维护和使用手册

英国宣布，她将研究一种本国单一的42型驱逐舰的替代品：未来护卫舰，并决定使用PAAMS防空系统——像法国和意大利一样的防空系统。在未来护卫舰开始研究的一年之内，在一个新的护卫舰项目（英法"未来护卫舰"）中跟法国合作实施这种导弹系统，被视为是在政治上的权宜之计。多国设计团队组建，并开始研究，但这也是短命的。1992年，为了让所有三国政府参与PAAMS防空系统研究，英国、法国和意大利同意组建一个通用新一代护卫舰项目，被称为"地平线"项目。由于用于发展联合护卫舰和通用导弹项目的国际项目很多是相互联系的，因此大家认为，它们应当并行发展。

到1998年，英国准备建造12艘战舰，但法国和意大利各自仅需要两艘，而不是他们原先的预估数。在这种情况下，英国认为这是不相称的妥协。尽管经过了7年的研究，但还是很难为该项目达成一个可行的和公平的分工结构。1999年4月，英国无奈地退出"地平线"项目（但是没有退出PAAMS项目），并宣布将独自设计45型驱逐舰。意大利和法国继续去发展略

下图：在2012年的演习中，衍生自通用新一代护卫舰的两艘战舰——皇家海军"钻石"号（前景）和FS"福尔宾（Forbin）"号。[王冠版权，2012 LA（Phot）加里·维瑟斯通（Gary Weatherston）]

1 45型驱逐舰的研发

小一些的"地平线"护卫舰版本,并且在2001年10月各订购了两艘军舰。PAAMS项目继续作为一个三方合作项目去发展,并产生了两个版本;英国版本后来被称为"海蝰蛇"。

45型驱逐舰项目的出现

在1999年决定单独研制之后,该任务迫使英国国防部和工业部门去设计和建造第一艘45型战舰,"勇敢"号,以满足由通用新一代护卫舰项目所决定的英国舰船的计划进度表要求。这一时间表反映了最后一批42型驱逐舰与其过时的装备退役的紧迫性。因为它们的寿命年限已近,每年为了维持它们正常运行,维护费正在变得越来越昂贵,随着在未来10年,42型驱逐舰逐渐达到设计寿命,这些成本将不停地增长。挑战是,在这短短的7年中,要设计战舰(并有大量的新装舰设备),建造战舰,完成舾装,并进行测试和试验,以便"勇敢"号能在2007年按计划投入服役。该方案是极其雄心勃勃的,并要依靠用于"海蝰蛇"及其相关设备"桑普森"多功能雷达等高创新项目的成功。对于该项目来说,45型的交付还要依靠用于新设备的一些国家项目的成功和及时供应。其中最显著的是新颖的IEPS。

有一个基本的假设,即参与"地平线"项目研制为45型设计建造提供了坚实的基础。但是无论如何,较重的雷达、意欲使用电力推进、为未来改进提供额外的空间以及一些逆转的妥协,这些都意味着,能从"地平线"工作中得到的借鉴很小。幸运的是,英国可以召集来有丰富经验的船舶设计师,这些人最近一直在"地平线"项目中磨炼自己的技能。参与"地平线"项目的两个主要的英国公司(GEC海洋公司和英国航宇集团)雇佣了其中的很多这样的工程师,并且GEC海洋公司拥有重要的造船设施。就在英国从"地平线"项目退出后不久,这两个公司在1999年11月合并组建成BAE系统公司。

英国国防部的意图是鼓励工业部门组成风险共担的联盟,但这样创新的采购安排不可能得到迅速的协商。凭借国防部的协议,BAE系统公司组建了一个全资的子公司,"45型总合同办公室(Type 45 Prime Contract Office)",该部门首先为设计提供了一份初始合同。一个国防部项目团队将定期审查和指导设计工作。这两个团队将以互补的方式组成一个综合项目团队一起操作。团队的所有成员都将有权访问项目管理工具,并将定期进行正式评审,监控进度和潜在的障碍,以实现阶段性的成本目标。

该项目的正式启动(与BAE系统公司在

英国皇家海军 45 型驱逐舰：拥有、维护和使用手册

1999年11月的组建一致）是该授予合同的第一阶段，对于总合同办公室来说是一份一年期的"用于验证准备"的合同。该合同要求总合同办公室全面负责"勇敢"号的开发（带有权威的整体设计），进行设备和材料的采购，并进行舰船的总装建造和试验。这与建造飞机不一样，对于飞机来说，BAE系统公司曾经是一个总承包商，而战舰在生产建造开始之前没有用于评估的原型舰。首艘战舰就需要投入服役，而不是像飞机原型机一样会退役。不幸的是，主承包商是不能直接控制合同中的关键发展项目

的，例如，"海蜂蛇"和远程雷达（LRR），因为国际合同已经垄断了它们的供应。作为这样一种结果，无论是总合同办公室还是国防部都不能直接控制这种设备研发的进度。

验证合同的准备

该合同是假设总体要求，以满足9个关键用户的要求。在此初始阶段，总合同办公室负责规划一个用于驱逐舰的设计大纲，并提供必要的证明，即它是可行的，并对首艘"勇敢"号的开发和生产提供成本评估。他们会对战舰设计提出更详细的工程规划，并用全面的承包商需求文档来固化这些要求。前所未有的是"勇敢"号80%的设备将是新投入服役的，并且是专门为其研发的。这意味着，在合同被下发前，不可能详细的指定战舰的特性和设备。装备创新和发展的高度，将与整个舰船并行进行，并带有必要灵活性，也就是说，技术规范的细节会演变，以适应日趋完善的装备的定义。

为了保持规范的一致性和完整性，以满足对于不断发展的设计构想能力，采用了一个需求管理工具。这样一种方法以前一直用于管理一艘战舰复杂的相互关联的作战系统，但还从来没有用到对整艘军舰的管理上。该工具能把设计和计划要求分配给指定的设备，这些要求

下图：两艘45型驱逐舰，皇家海军"勇敢"号和皇家海军"钻石"号，在朴茨茅斯海军基地停泊在第三批退役的42型驱逐舰皇家海军"格洛斯特（Gloucester）"号旁边。[史蒂夫·赖特（Steve Wright）]

1 45型驱逐舰的研发

的子集形成了假定分包合同的一个重要元素。

在这个短期合同执行期间,设计团队要决定设计方案的基本特征。对于新设备来说,需要估计重量、尺寸和服役要求(例如,电源、冷却系统等等)。将被容纳的设备范围包括,在舰船服务期间作为增量采购计划(Incremental Acquisition Programme)部分可能被采购的设备。这包括现有设备(例如,Mk41型垂直发射系统)和同时正在开发的项目以及未来不确定设备的许可。虽然这种灵活性将为舰船带来一些小的成本负担,但是其意图是显著减少后续成本以避免困难的和昂贵的改装,因为这种改装是必要的,这可以确保整个战舰的作战价值。

"地平线"项目已经研究了一些推进系统方案并决定采用相对简单的"柴燃联合动力(CODAG)"。但是无论如何,英国已经转向更灵活和高效的电力推进方案。14个可能解决方案的细节研究涉及到,进行燃气轮机、柴油发动机、发电机、电动机和螺旋桨类型的不同组合。IEPS显示了其相比于所有其他系统明显的优势,虽然这种推进系统还从未在这种尺寸的战舰上尝试过。它被认为是实现这种要求的最佳方法,主要是因为其降低了维护成本、燃油成本和全寿命周期成本。为了降低不确定性,决定授予一项电动舰船技术演示(ESTD)合同并立即开始研发。

演示合同和第一艘战舰的制造

直到此时,这一直是涉及大量合同阶段的普通军舰项目,当国防部审查项目并为下一阶段申请资金时,在合同之间的工作被放慢或停止。对于"勇敢"号来说,只有两个合同阶段,在它们之间是无缝过渡的。

45型驱逐舰主要的性能要求

1 45型驱逐舰,利用PAAMS,应当能够保障,脱靶率在(保密)%以下,所有单元应能在6.5千米内应对在(保密,数量略)秒内随机到达的多达8枚超声速掠海导弹。

2 45型驱逐舰应当能够提供防空作战态势感知,能探测到100个目标并跟踪其中500个。

3 45型驱逐舰应当能够对至少4个空中目标(固定翼飞机或机群)提供进近的战术控制。

4 45型驱逐舰上应当能够操作一架"梅林(Merlin)"和"山猫(Lynx)"Mk8直升机,但不是同时。

5 45型驱逐舰应当能够搭载30名可供作战部署的特种作战部队或陆战队员。

6 45型驱逐舰至少应当能携带114毫米中等口径火炮系统。

7 45型驱逐舰至少应当能在航行3000海里后,作战3天,并在20天内在没有支援的情况下返回。

8 45型驱逐舰应当能够升级到新的作战能力或扩展现有作战能力。

9 45型驱逐舰在不少于25年(最少有35%必须是在海上渡过)的时期内应当具有70%的作战在航率。

英国皇家海军 45 型驱逐舰：拥有、维护和使用手册

右图：演示和第一艘的制造计划（2002）。[作者]

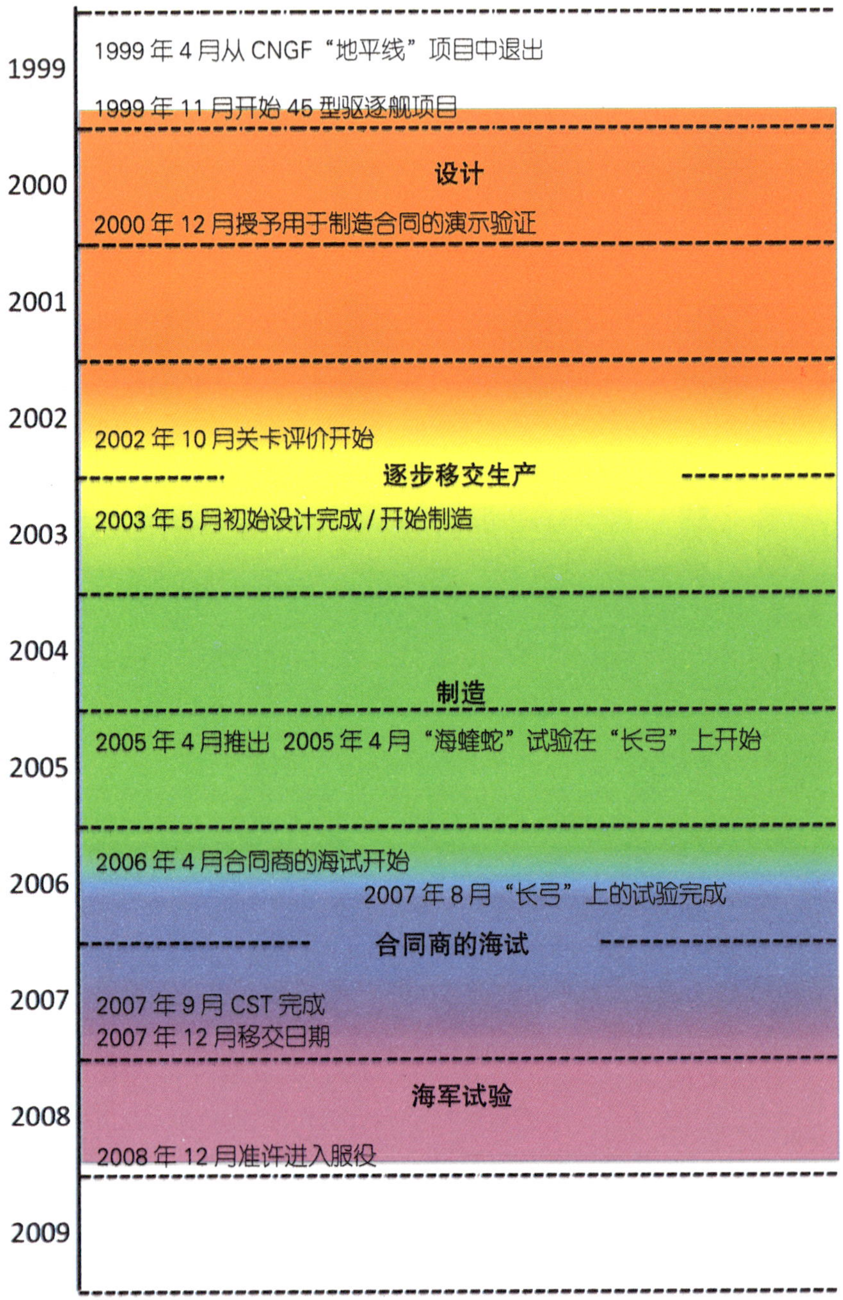

年份	阶段	事件
1999		1999年4月从CNGF"地平线"项目中退出
		1999年11月开始45型驱逐舰项目
2000	设计	
		2000年12月授予用于制造合同的演示验证
2001		
2002		2002年10月关卡评价开始
	逐步移交生产	
2003		2003年5月初始设计完成/开始制造
2004	制造	
2005		2005年4月推出 2005年4月"海蝰蛇"试验在"长弓"上开始
2006		2006年4月合同商的海试开始
		2007年8月"长弓"上的试验完成
	合同商的海试	
2007		2007年9月CST完成
		2007年12月移交日期
2008	海军试验	
		2008年12月准许进入服役
2009		

2000年12月20日，一个用于第二阶段的合同被授予给了总合同办公室。这份合同，被命名为演示和第一艘战舰的制造，涵盖了第一艘45型驱逐舰以及进一步的另外两艘45型驱逐舰的设计、研发和建造。该合同还包括为可能的进一步的舰船的制造供应6套"长周期（long lead）"的设备。对于舰船（后来被称为"勇敢"号、"无畏"号和"钻石"号）全面认可的交付计划分别是在2007年的9月、2009年3月和2009年9月。这大致与英国先前的"地平线"护卫舰的交付计划一致。

该合同在2002年2月18日进行了修订，以涵盖总共6个平台的交付，并带有增订两艘的一个选择权（这一选择权实际上没

1 45型驱逐舰的研发

有行使）。同时，无论如何，详细规划已经显示，该计划要求过高，延迟一年将是不可避免的。这在合同中可以被接受。

在头两年期间，总合同办公室将充实设计，补充细节，并批准开始生产。技术规范是合同商的系统需求文档，其在前面的准备演示阶段过程中已经制定了。进一步的细节将加入到这个技术规范中，并附有由设计团队在设计信息披露文件中制作的决定记录的依据文件。

总合同办公室还将负责为设备指定和放出主合同（通常通过竞标），并和造船商谈判和签订合同。但是无论如何，一些现有的设备（中口径火炮系统）和新研发的项目（特别是"海蝰蛇"系统）将被作为由政府提供的设备，因为对于这些设备的合同已经到位。

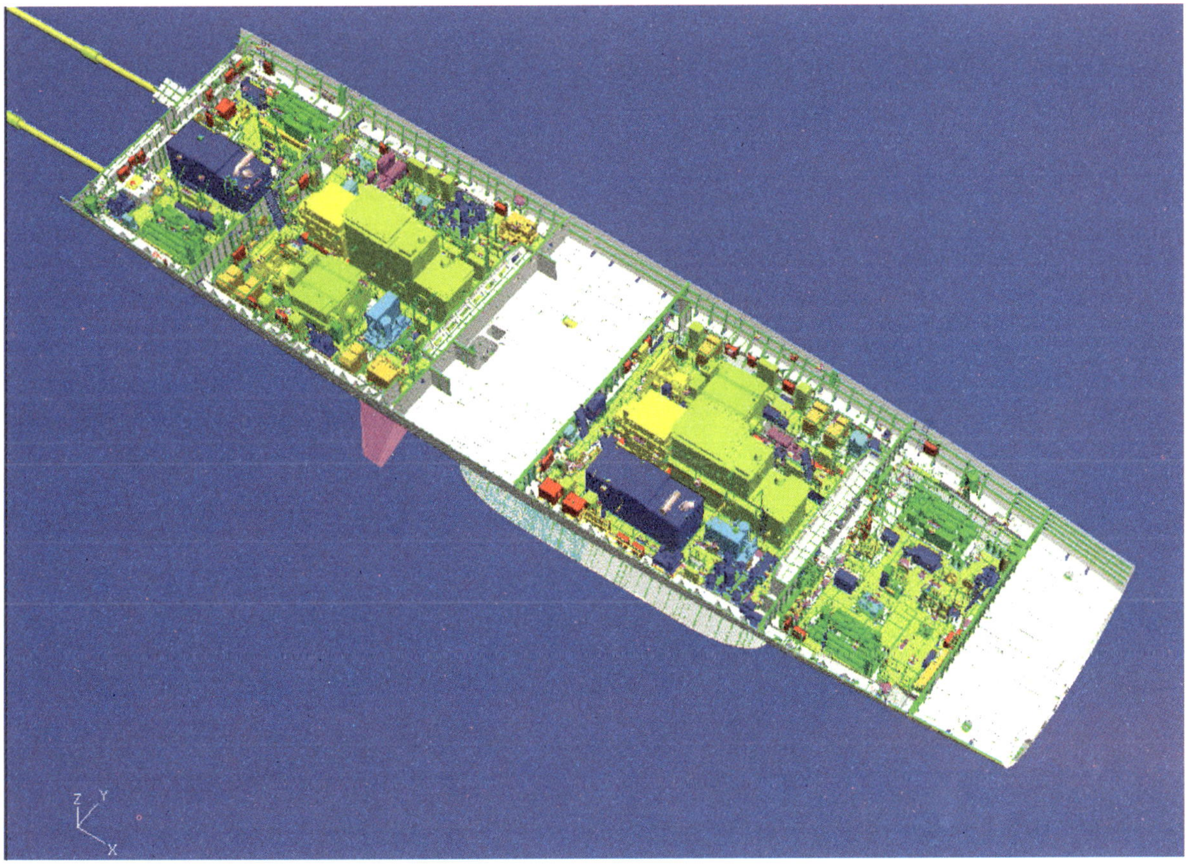

左图：3D舱室模型。[BAE系统公司]

英国皇家海军45型驱逐舰：拥有、维护和使用手册

"勇敢"号的设计研发

"勇敢"号的设计从准备演示合同到随后的演示和第一艘的制造合同继续无缝衔接。

当设计的细节得到完善时，工作的节奏必然加快。战舰的设计是高度互动的，因为在某一方面的一些小的变化在其他方面可能有潜在的重大影响。工作中几个相关的部分常常关联交互进行：

物理设计

作为设计演变，传统的2D总体布局图纸被3D设计所取代。随着设备的更多细节的展开，舰船服务系统（电源、冷却水等）的进展、重量和体积的估计更加准确。3D设计也被用来确定管道、服务和布线的路由。增加的数据量被整理成数据库，这些数据库最终将成为在建造期间用于舰船的设备数据库和数据源，例如物料清单。

舰船的3D描述允许用不同的计算机建模技术执行详细的计算，例如，模型结构强度能够暴露潜在方面的弱点。海上保持稳定能力还不能完全用计算机模拟，因此缩比模型被建造以在船模试验水池中测试舰体的性能。

在以前的战舰上，使用了特别的国防部标准，以确保舰船能够满足战舰的适当的一般要求，包括结构强度、稳定性以及一系列有关作战标准的因素。但是无论如何，多年来，英国国防部已经用劳氏船级标准（Lloyd's Register）发展了战舰分类标准：不止考虑强制性的商业安全和环保法规，还强调有关具体海军的运行状况（战舰会在作战中受到损害的方式）的标准。45型驱逐舰是第一艘遵守由商业船级协会

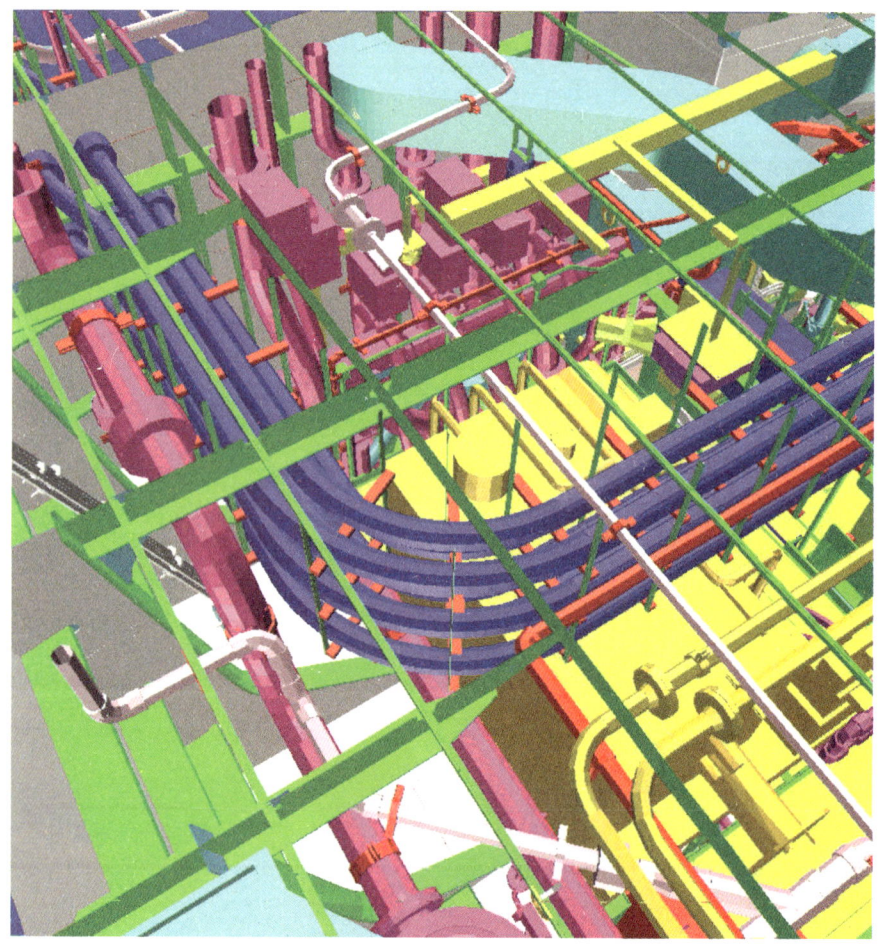

下图：3D管道模型以确定路由和潜在冲突。[BAE系统公司]

1 45型驱逐舰的研发

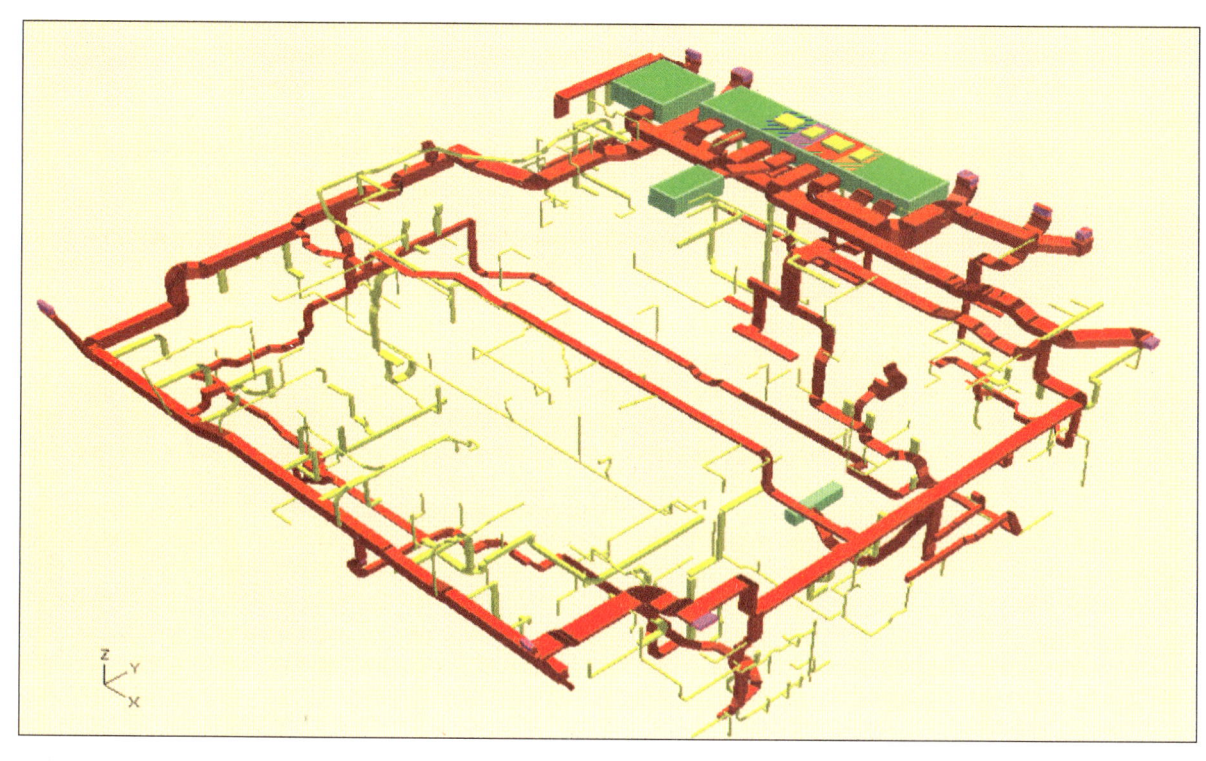

左图：电缆路由模式。
[BAE系统公司]

确定具体海军标准的战舰。

横向摇摆

设计因素，例如，生存性、安全性、可靠性、舰船的特征和电磁兼容性必须在舰船自身的范围基础上加以解决。设计师集中注意力的设计的单一方面（例如，推进系统或作战系统），不能独立工作。工程师如果要控制横向摇摆，必须确保任何一个系统所施加的影响都不能不相称，以使舰船实现总体设计目标。另外，建模技术被广泛使用以快速识别任何难度区域，以让设计师能集中精力对最紧迫的问题制定解决方案。例如，一个生存模型（使用QinetiQ公司的SURVIVE软件工具）被用于评估在各种威胁武器方案下装备的敏感性、脆弱性和可恢复性。复杂的电磁建模还用于研究舰船天线和它的上层建筑以及露天甲板设备之间的相互作用。这些研究可以减少不必要的相互作用，并确保，天线位于上层建筑的最佳位置上。

功能设计

"勇敢"号依赖于很多采用了重要软件

英国皇家海军 45 型驱逐舰：拥有、维护和使用手册

右图：结构模型。[BAE系统公司]

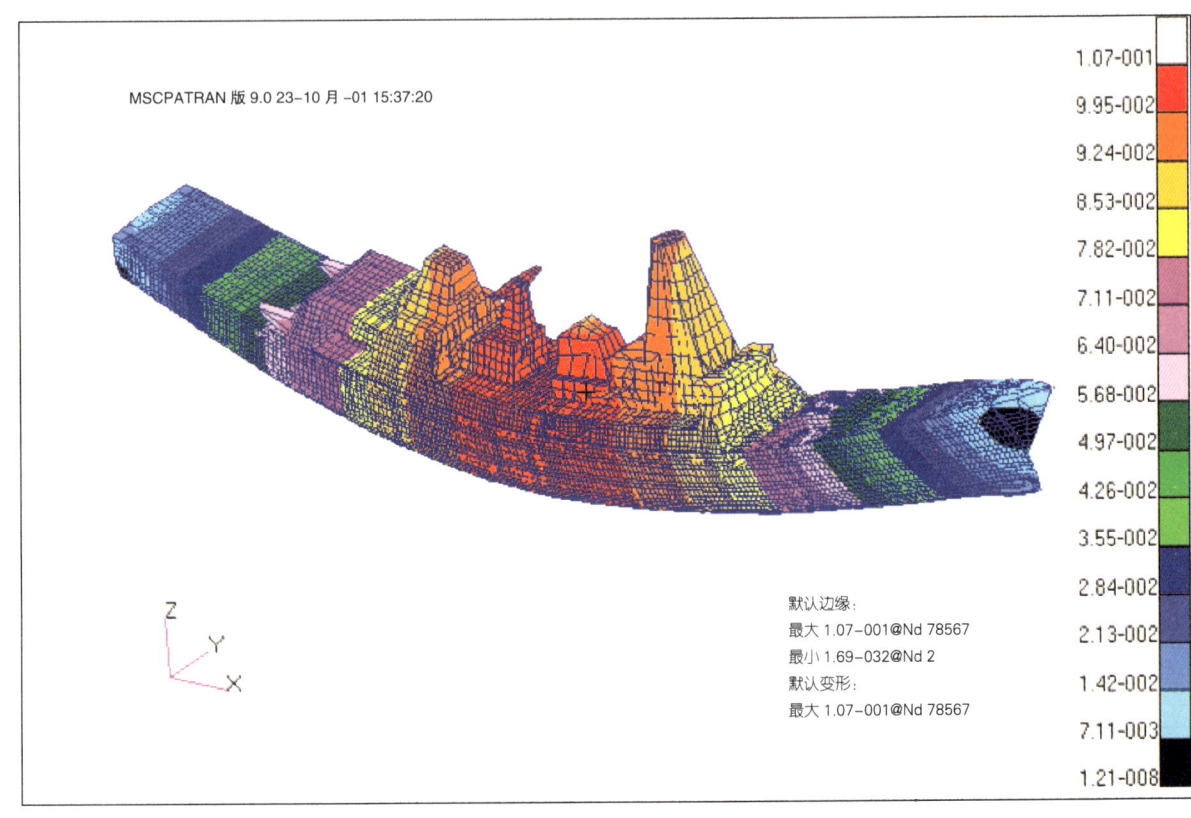

的子系统，尤其是作战系统装备和推进装备。这些系统还跟其他设备交换大量的数据，在编写软件前必须了解这些数据流。在这段设计时期，需要作很多努力来谈判和定义一组相互兼容的数据交换规范。这样就确保了每一类设备跟其他设备交换的数据对于设备的高效运作都是正确的。最初是为作战系统设备开发研制的，这些技术现在不仅更复杂，而且还被用于发展推进和舰船其他子系统（主要依赖于软件的系统）。

45型战舰有几个数据网络，并在早期阶段进行了规划，以确保为设备之间的数据交换提供充足的能力，并确保在必要的物理位置有连接。这是必要的，例如，许多通信终端和语音用户单元在整个舰上都能有数据连接。

签订合同

具体要求是必要的，以满足用一个需求管

1 45型驱逐舰的研发

左图：承担海上保持稳定性试验的物理模型。[QinetiQ]

左图：Haslar船模试验水池。[QinetiQ]

英国皇家海军 45 型驱逐舰：拥有、维护和使用手册

右图：抗毁伤能力模型。
[QinetiQ]

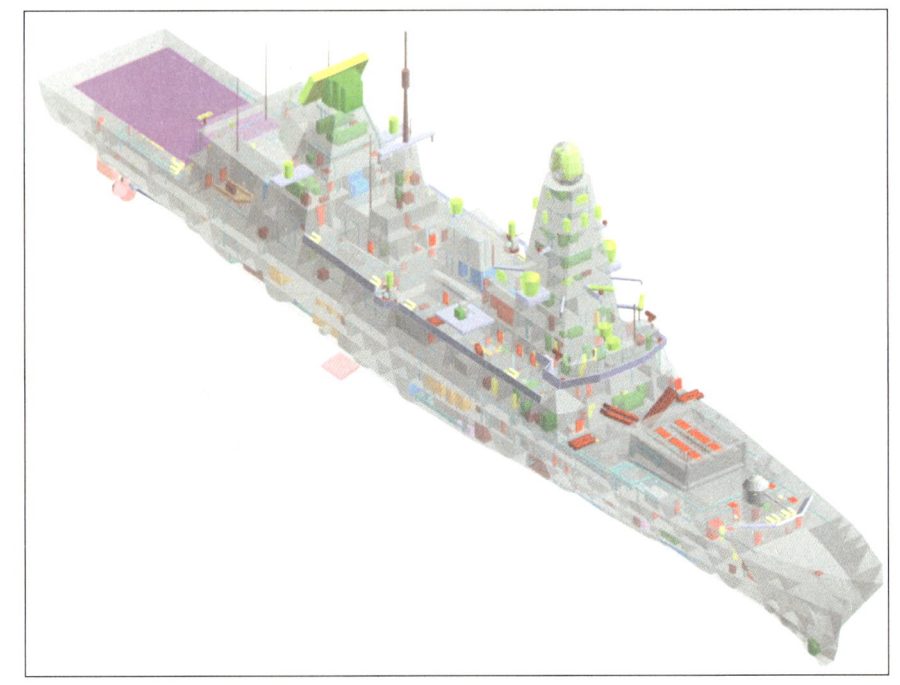

右图：电磁模型。[塞莱克斯ES（Selex ES）]

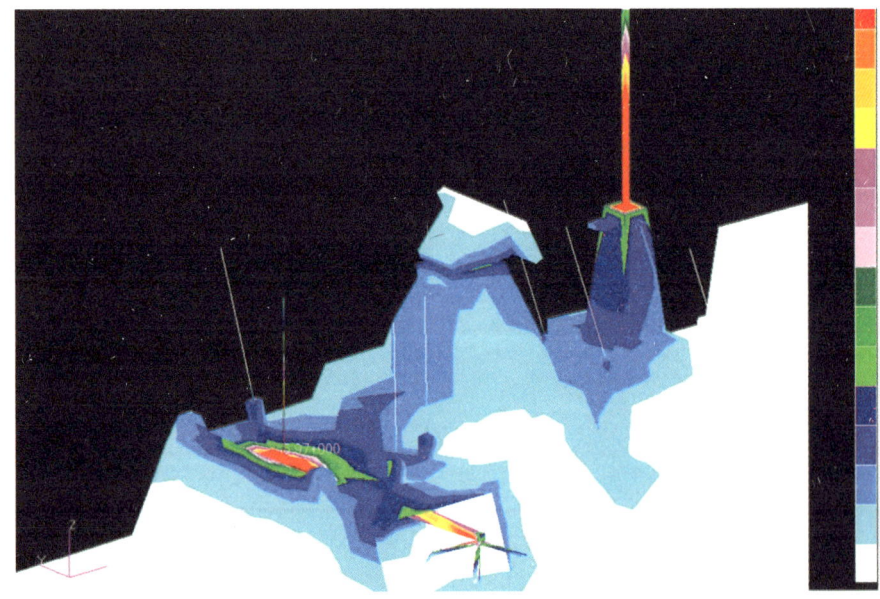

理计算机工具对主要用户的需求进行分析和扩展的需要。这就为由承包商供应的材料和设备确定了一套准确的和一致的规范。总合同办公室，作为BAE系统公司的一部分，借鉴了该组织的商业运营专长。通常是在竞标之后，在较早期的阶段甚至在战舰项目之前，选择供应商。到2002年中期，14个主要承包商（占供应量值超过80%）中的13个都已到位，其中包括两个造船承包商。到2003年底，全部到位，并与那些提供设备的供应商和以后在详细设计和施工中支持舰船设计过程的供应商签订了60个合同。超过400家承包商被确认了供应的标准设备和目录材料（大

1 45型驱逐舰的研发

约占总造价的10%）。这些合同将由造船厂来发放和管理。

项目管理

确定了一份详细的计划，以确认舰船交付必要的大量活动和重要的里程碑。可以预见的项目风险被与交付时间表和成本有任何错位可能的影响记录在一起。对于重大风险，制定了减轻策略。纵观该项目的最初几年，挣值管理（earned value management）被用来确定来自预算成本的变化，以指示潜在的计划超支或费用增加。

凭借这样一种创新的工具，对不可预见的、可能导致正在开发的设备延迟交付的技术难题有了真实的预见性。项目管理者的任务是去找出这些问题的影响，并设想出减轻后果的时间表调整。技术解决方案需要最优秀的工程师，并且在计划上上不会滑移出现可能不可能实现。当这种情况发生时，管理部门往往急切地要求道："更多的项目管理"。但是无论如何，提供的项目管理足以监控项目（并形成缓解策略），当然额外的项目管理无法解决严重的技术难题。这种难题的解决方案需要由有丰富经验的工程师来制定。

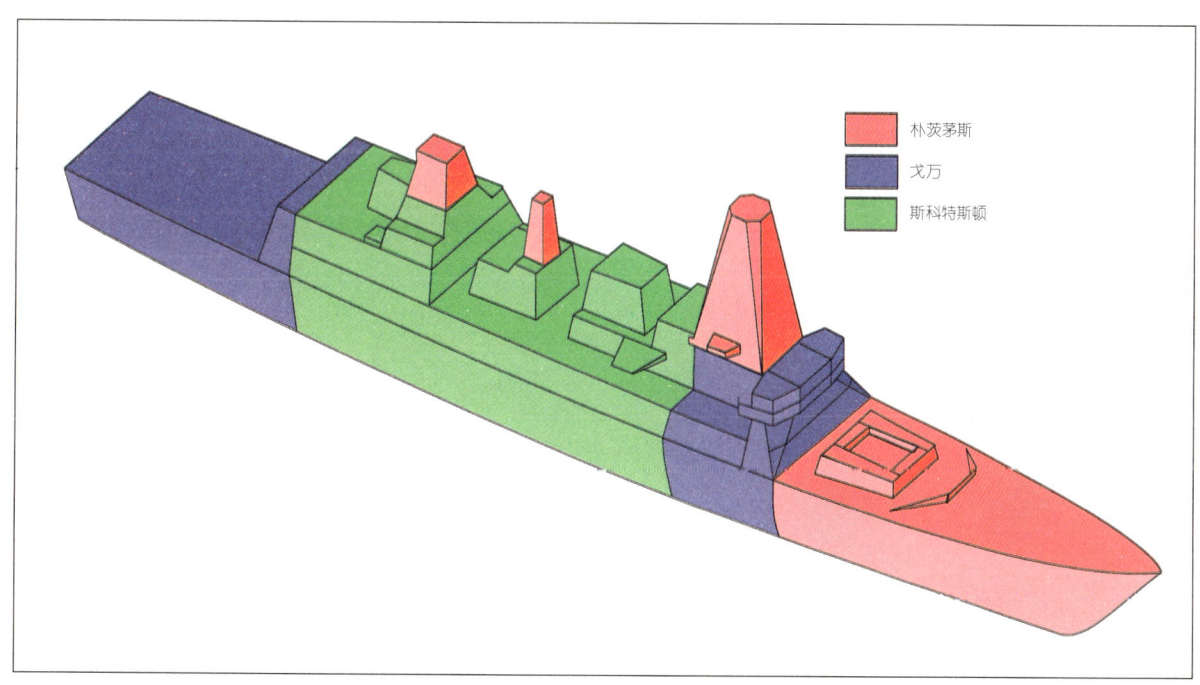

左图：45型驱逐舰舰船生产的工作分工。（作者取自BAE系统公司的信息）

建造策略

总合同办公室负责合同授予和管理始于2003年的造船活动。国防部打算命令总合同办公室把第1和第3艘45型驱逐舰舰体的建造授予给BAE系统公司,第2艘舰体给VT集团公司,这些造船厂是英国唯一能够承担这项工作的造船厂。另外3艘舰体的潜在扩展合同将成为竞争性招标的对象。报价较低的船厂将建造两个舰体,另一个以同样的价格提供给第三方。

但是无论如何,总合同办公室提出了另一种策略——一种整体计划,共同建造安排,其中每个船厂将建造舰船的一些分段。BAE系统公司的两个码头和VT集团在朴次茅斯的码头将各制造特定部位,然后在一个单独的造船厂组装成舰体。这一策略将使VT集团移出南安普顿占据宝贵的、但是开发能力不足的朴茨茅斯海军基地的设施,在这里他们将制作船头部分、桅杆结构和烟囱。

由这种安排所提供的商业稳定性可以让两家公司投资于先进的生产设施,例如覆盖大厅(covered halls)、新的船台、改进的干船坞设施、自动化机械,以及负载的码头。新设施的费用在朴茨茅斯是5000万英镑,那些与干船坞相关的设施在斯科特斯顿是2000万英镑。虽然这种双位置策略将涉及非经常性的采购一条运输驳船的费用和每次运输的费用,但是人们预计增效节支将远远超过这些费用。除了为未来获得一些训练有素的劳动力和现代化的设施之外,该策略还确保了潜在的未来竞争格局的形成。BAE系统公司在2009年10月收购了VT集团的造船设施,这两家公司将把他们之前的造船活动放在一家合资公司中大约15个月,从而把用于45型驱逐舰的建造设施整合进一个单一的组织机构中。

长期战略

在合同的第一年,有必要详细列出试验方案策略,第一艘的接收策略和当在服役时用于该级别舰船的训练和支持。

从研发过渡到生产

在设计开发期间,举行了一系列涉及客户代表的设计评审。这种审查确保了设计意图的一致性,并确保了客户对设计决策具有参与性。尽管来自研发设备供应商的信息仍然是试探性的,但是从2002年开始,一旦他们已经接受了阶段审查,船厂就会被要求制定某些舱室的详细生产图纸。从2003年中期开始,设计构型冻结,在此之后,任何改动不仅要受到严密的构型控制而且也会受到严格审查,以确保改

1 45型驱逐舰的研发

动的所有影响都更改到了图纸上。从此开始，设计方案被逐渐发放到船厂，以完成详细的3D设计和生产图纸设计。

在2003年早期，BAE系统公司决定，将重组其海军业务。为此，总合同办公室被吸收进了造船组织中，失去了其对项目的独立控制能力。同时一些有经验的工作人员也离开了，因为他们流动到了新的项目中或者被重组裁员。作为一种结果，与国防部有效和密切的工作关系消失。 在以往的设计中，国防部控制发展，然后把设计传递到造船厂去准备生产图纸。设计决策背后的妥协和理由并不总是能得到理解，即使这些被仔细地记录。结果发现，这种连续性的缺乏可能导致以前的决定被推翻，因为缺点似乎要比那些决定的理由和有益的让步更明显。其中一个原因是要让总合同办公室在过渡到建造阶段期间保持连续性，并监督设计意图的完整性得到维持。不幸的是，BAE系统公

下图：45型舰体分段和单元。[作者取自BAE系统公司的信息]

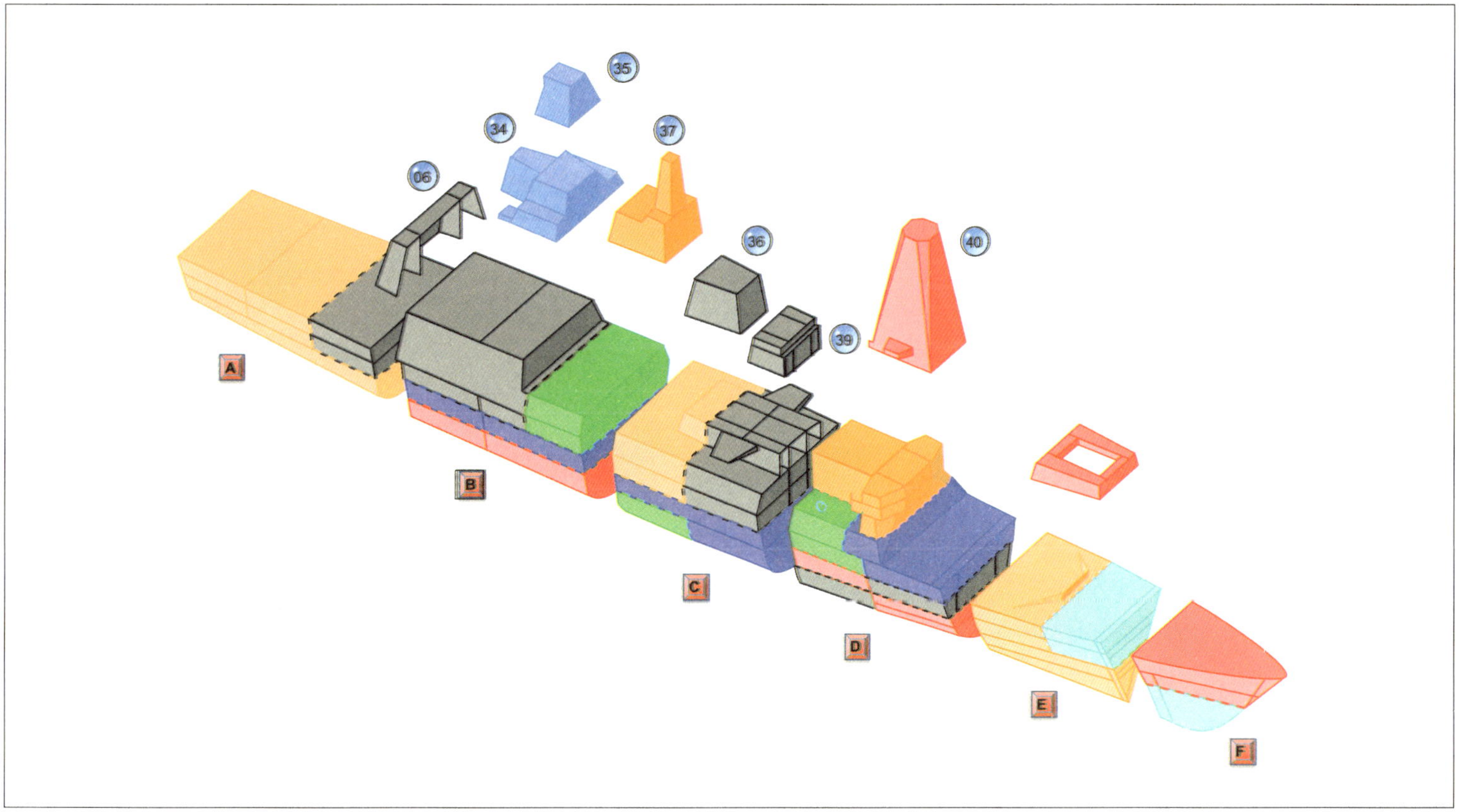

19

司对不相关商业原因的重组导致了一个动荡的过渡时期。

在2003年期间，在国防部和BAE系统公司之间关于主承包和涉及程度的意义有些争议，即哪一个工业部门可能是一个未经国防部废除其责任的设计机构。很明显，在这种情况下，只有国防部可以管理与"海蝰蛇"及其他相关项目（将作为政府提供的设备）的主要风险。在这个意义上，造船厂只能被称为主承包商，负责系统的建造和功能整合的分包。其相关方面的唯一的风险不会受到政府提供的设备和信息的影响。尽管名义上，BAE系统公司仍旧是设计权威，承担颁发设计证书的责任，但是很多权力已经收归于国防部所有。

使问题进一步复杂化的是，由于BAE系统公司其他海军项目和几个大型民用工程项目外部需求的延迟，导致了计算机辅助设计操作人员的紧缺。这进一步放慢了详细设计的进度。由于这个和其他的原因，造船厂谈判要求把项目进一步推迟到2004年，并把合同商的验收日期改为2009年5月。

建造

用于45型驱逐舰项目的第一根钢材在2003年3月28日切割，用于建造一个原型前桅。该桅杆最终被用于"桑普森"多功能雷达（Sampson MFR）的试验中，而没有用于建造任何一艘舰船。用于主船体的第一根钢材于2003年8月11日被切割。

"勇敢"号在三个不同的码头分段建造。然后用驳船把这些段运输到克莱德河（River Clyde）的斯科特斯顿，在试航前被装配成一个整体舰体。BAE系统公司在克莱德河装配"勇敢"号的大部分装备——在戈万设施上（Govan facility）装配A段（船尾）和D段，在斯科特斯顿码头装配B段和C段。机械段，B段和C段，组成舰船的中心部分。在它们连接到其他段之前，它们被装配了它们的大型推进设备，例如，GATs，柴油交流发电机和推进电动机。与此同时，舰艏部分（E/F段）和其他项目在朴茨茅斯制造。

在装配期间，各段被预装配了11500段的管子和管道。使用了开放的独木舟建造技术，其中，在未放置甲板之前建造各段的单元并安装设备。与此同时，甲板被颠倒建造，以便管子和管道能尽可能使用正手焊接安装。甲板然后被逐步翻转，焊接到位，以完成单元。在试航前，安装了超过2400个设备项目，其中包括90吨的燃气轮机模块和前面提到的其他推进设备。标准化部分被用来减少类型的数量和板厚、联轴器和支架的标准。这不仅提供了规模经济也降低了材料清单和安装标准的数量,提高了生产效率,并通过最小化库存减少了支持成本,提高了舰船部分互换的能力。

总计有2800吨的钢材被用来建造"勇敢"号的舰体——这些钢材足以建造布莱克浦塔(Blackpool tower)。在"勇敢"号试航前,桅杆是唯一没有被纳入的主要项目。用在舰体上的钢结构的面积大约是10万平方米(超过特拉法加广场面积的4倍多)。传统的溶剂型涂料被用于保护军舰,但是45型驱逐舰由粉末涂装工艺来提供保护。在这种创新的工艺不能使用的地方,用水性涂料取代,或者,对于露天甲板,使用耐磨防滑环氧涂料。所有这些涂料都满足当前严格的环保标准。

A段,700吨的船尾部分,在2004年12月,成功地从戈万运到了斯科特斯顿码头。在那里,它被移动到其在泊位上最终的试航位置,以准备与舰船其他部分的连接。

自推进模块式拖船被用来运送从朴茨茅斯和戈万(来自他们的驳船)到达的各段,并运送它们到达船台,并在那儿组装完成最终将试航的舰体。载运平台可以在船台上准确对准各段。

一旦各段舰体到了位于船台上的正确位

上两图:在模块总装之前,管道和线槽的平焊安装。[BAE系统公司]

英国皇家海军 45 型驱逐舰：拥有、维护和使用手册

置，该段的重量就被传递给一个同步升降系统的圆柱形液压千斤顶上。一旦该段受到液压千斤顶的完全支撑，多轮式载运平台就被移去。千斤顶中的液压测量实际重量和该段的重心，以让"勇敢"号的设计计算得到首次确认。顺着船台两侧，铺设了两个侧轨。当它们被连接组成舰体时，它们将支撑该段的重量。液压千斤顶然后同步放低该段，以便其重量被均匀地转移到侧轨上。

每一个到达船台的段（"输入段"）都有

上图：由驳船从朴茨茅斯运到克莱德河的45型的船艏部分（E/F段）、桅杆和其他单元。[约翰·克雷（John Crae）]

右图：45型的船艏部分正准备从驳船上卸载。（斯图尔特·卡梅伦[Stuart Cameron]）

50毫米的过剩钢材（"绿色"边际），这是用来焊接到相邻段。该段在船台上一起滑动，采用三点测量来验证配合的精密性。输入段被画好位置，伸出的金属被除去，该段被努力地移向它的相邻段，两段被用一个手推车安装的KAT振荡器焊接在一起。所有段被相继加入船台，组成舰体。最终，来自戈万的D段和来自朴茨茅斯的E/F段交付于2005年6月，并在当年10月被连接在一起。当这些舰体各段被连接时，在150千米的布线穿线前，舱室的预装配和流体系统的安装已完成。到2005年11月，这些段合并组成了一个5222吨的舰体。

在试航前，"勇敢"号各段之间管道和线缆的连接以及进一步的预装配在船台上进行，其中包括94个模块化住宿舱室的安装。机舱建造模块的标准化降低了制造和安装的成本（安装时间减少到建造定制机舱所需要的约25%的时间）。大多数交付的段是密封的、设施齐全的、并完成舾装准备。但是无论如何，对于那些有限制进入要求的位置中有26个是"扁平封装（flat packs）"，它们被分在段中组装。

下水

2006年2月1日，星期三，在高水位（此时河水达到最大深度）前半小时，"勇敢"号准备下水。她坐在船台上，包括两对木制平台，即所谓的滑轨（sliding way）和一个固定滑道（standing way），由4个被称为触发器的大型锁钩固定。没有这些触发器，重力的作用将会导致动滑道移动到固定滑道的顶部。赞助商威塞克斯伯爵夫人在舰艏打破了一瓶香槟，并正式把该舰命名为"勇敢"号。

当香槟被打破时，BAE系统公司的港口主任按下一个按钮，释放了触发器，当"勇敢"号滑进克莱德河时，加速到了5米/秒。释放触发器的电子机构虽然经过精心设计，但是在万一释放失败的情况下，会退回到使用传统的发射

上图："无畏"号船尾部分（A段）被运到船台上，在多轮式载运台上对准。[恩派克BV]

英国皇家海军 45 型驱逐舰：拥有、维护和使用手册

右图：一个船段被同步升降系统的圆柱式液压千斤顶放低，负载被转移到侧轨上。[恩派克BV]

右图：船台准备"勇敢"号的下水。[斯图尔特·卡梅伦]

方法——4位男士将使用大锤手动击发触发器！在到达河里后，舰船的速度被连接在舰船上的680吨的拖链减慢。拖链在出口一侧是40吨重，以便当"勇敢"号慢下来的同时，转向下游。

舾装

伴随着下水，"勇敢"号短距离移动到埃尔德斯利干船坞去完成建造和舾装。为了给像"勇敢"号这样的大型而复杂的舰船准备码头，进行了投资以整修码头设施。改动包括，一个新的安装声呐坑，一个原有安装声呐坑的扩展，一个新的拖机系统，对码头门的改进，对相邻于干船坞的新的模块化住宿和设施建筑的装配。

由于高度限制，"勇敢"号下水时没有安装前桅杆，一旦舰船进入干船坞后就会进入安装。后来在前桅杆上又进行了极具挑战性的任务，安装了"桑普森"多功能雷达（MFR），雷达重量超过7吨，需要在干船坞的一侧空中举起超过40米高度（由一个具有跨越干船坞并具有中途延伸能力的起重机来完成），并放低到前桅杆顶部的支撑环上。在下挂雷达的设备和其必须通过的支撑环之间只有一个很小的间隙。因此，雷达必

1 45型驱逐舰的研发

左图："勇敢"号正准备试航。[BAE系统公司]

须被极其准确地放置在正确位置。

　　远程雷达安装提出了新的挑战。因为桅杆是作为一个模块交付的，应该包含所有的预装设备。一旦主桅被焊接到上层建筑上，雷达天线就要到位并安装。在舾装期间，其他必须放到舰船上的重大项目是中口径舰炮（MCG）和6个"席尔瓦"发射模块。

　　在制造过程中，采用了许多商用现货技术，以加快舾装并降低热加工工作量。这些技术包括在下水前标准支柱焊接到位。在舾装期间，设备被螺栓连接到这些支柱上以避免进一步的焊接。此外，管道用连接套筒连接，也避

左图："勇敢号"从斯科特斯顿码头下水。[王冠版权，2006 FRPU(N)]

25

英国皇家海军 45 型驱逐舰：拥有、维护和使用手册

免了焊接。

"勇敢"号有几个数据高速通道互联了超过700个电路，使用了经常用于复杂路线的光纤网络。一个典型的线路虽然短于100米，但是要经过十几个甲板或舱壁，需要类似数量的直角弯头，并需要多达8条光纤缆线，以发送数据。采用的技术是吹制光纤。虽然常常用于几乎沿直线传输的远距离通信，但是这种技术以前一直没有在战舰上使用过。在该技术采用前，进行了该技术的主要试验。研究包括确定可以用于穿透甲板或舱壁的标准电缆密封的类型。这些贯穿，用于整个舰船，需要形成防水密封、一个防火屏障或者两者都具备。吹制光纤涉及到一个贯穿舰船的中空微导管网络的安装。当舰船接近完工时，几个光纤被压缩空气吹过其中的每一个中空导管。不仅证明了数据网络的快速安装，而且该技术还允许在不用进行重大破坏的情况下简单而迅速地改变光纤电缆的配置，从而为未来升级提供了充足的余地。

大约安装了20000根电源电缆，总长度超过

右图："勇敢"号下水的空中视图。[王冠版权，2006 FRPU(N)]

1 45型驱逐舰的研发

左图:"勇敢"号在干船坞进行舾装的空中视图。[王冠版权,2007 LA(Phot)Massey]

600千米。在以前的舰船上,电缆和数据线贯穿被焊接到位。在45型上,采用了新的防水、防火"橡胶垫套(可膨胀的)"电缆贯穿,因为它们可以更快安装并无需进行加热。橡胶垫套受热膨胀,从而形成了一道防火屏障。这种穿过还更适用于承载通过同一孔的电源电缆和数据高速微导管的混合线缆。例如,灵活的橡胶减少了电缆的应力并提供了一些噪音隔离。

综合电力推进系统(IEPS)的发展

45型驱逐舰的IEPS旨在为舰船提供推进装置,并同时为所有电驱动设备供电。在本质上,它是一个小的海上发电站,产生的电力足以供应一个邓迪市(Dundee)大小的城市用电。电源由两个燃气轮机交流发电机(GTA)供应,并由两个柴油发电机补充。推进系统具有双轴结构,每个螺旋桨轴由一个电动先进感应

右图:安装前桅杆。[BAE系统公司]

左图:"桑普森"多功能雷达的安装。[BAE系统公司]

右图：远程雷达天线的安装。[BAE系统公司]

左图：中等口径舰炮的安装。[BAE系统公司]

右图:安装一个"席尔瓦"导弹发射器模块。[BAE系统公司]

左图:"勇敢"号在干船坞舾装接近完工的空中视图。〔王冠版权,2007 WO1 伊恩·亚瑟(Ian Arthur)〕

33

英国皇家海军45型驱逐舰：拥有、维护和使用手册

右图：电动舰船技术演示器演示了先进感应电动机和四象限负载发电机。[GE能源公司]

对页图：电动舰船技术验证器单线图。[作者取自GE能源公司的信息]

电机（AIM）驱动。

多年来，在皇家海军的军舰上，推进动力主要是由燃气轮机来提供的。需要大而笨重的减速箱来匹配涡轮机的转速，以满足螺旋桨转速的需要。但是无论如何，耐久性需求的需要和降低运行成本的需要，要求给45型驱逐舰提供一个新的、更有效的安排。IEPS发展的一个主要挑战是在军舰舰体所施加的物理约束内要能提供足够的动力。这种高能量密度是通过对两个推进电动机施加先进的空气冷却来实现的，这将让螺旋桨不用减速箱。这些电动感应电机发展自标准的三相、15通道工业感应电机。这些电动先进感应电机在定子和转子之间有较大的间隙，以满足海军舰船对于承受水下爆炸冲击的要求。脉冲宽度调制控制、波形类型和多相设计意味着，这些电机具有低噪音特征，并降低了谐波励磁电流。

为了建造45型驱逐舰，对两个燃气轮机的动力机组进行了评价——简单-循环的GE LM2500燃气轮机和罗尔斯-罗伊斯WR-21船用燃气轮机。WR-21是唯一可用的先进的循环船用燃气轮机，和第一个把压缩机中间冷却和废气流换热技术（该技术能在发动机整个工作包线内提供低的燃料消耗）结合在一起的生产型

1 45型驱逐舰的研发

航空衍生动力装置。选择在价格诱人的LM2500和新的WR-21（更复杂、价格更高，但是使用更经济）之间进行。除了在高或低的功率提供更低的和更均匀的燃油消耗之外，WR-21的进一步优势是中间冷却和换热单元能从热废气中回收能量，这降低了军舰的红外特征。两台机器占用的空间相似，但是WR-21的中间冷却和换热装置意味着它超过甲板更高，体积大约大25%，并且比LM2500船用燃气轮机重125%。

多年来，降低整个寿命周期的使用和维护成本一直是人们的愿望，但它往往牺牲为降低初始购置成本（单位生产成本）的权宜之计。在这种情况下，无论如何，在寿命级燃油成本上升的风险和降低维护成本的需要获胜时，WR-21最终被选用。

到1999年45型驱逐舰项目开始建造时，WR-21刚刚在前国家燃气涡轮研究院完成测试。这些测试涉及了从一个减速器到两个静态测功机，由WR-21提供的动力。虽然试验结果表明先进的循环燃气轮机能满足所有期望的性能特性，但是作为整个IEPS的一部分的布局（将首先在"勇敢"号上被演示）还必须被证明。为了研发国防部委托的IEPS，在一份英法联合项目中，ESTD试验区作为研究和证明"勇敢"号和未来舰船（例如皇家海军"伊丽莎白

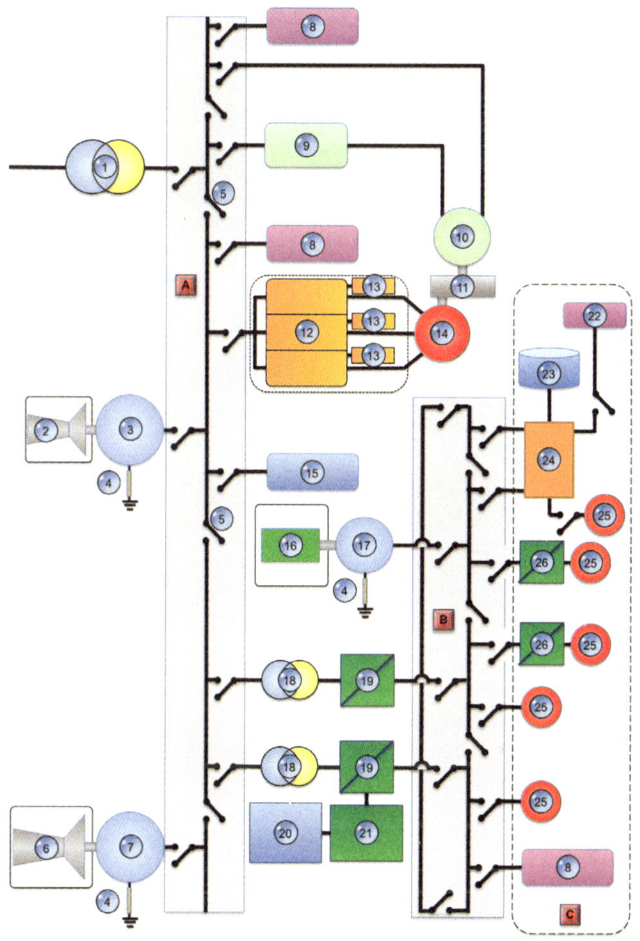

1 11KV/4.16kv 变压器 11MVA 50HZ；
2 "台风"燃气轮机；
3 发电机 4MWe4.16V AC；
4 中性点接地电阻器；
5 母线槽；
6 WR-21 燃气轮机；
7 发电机 21MWe；
8 负荷组 4.16V A 23 MVA；
9 四象限负载变换器；
10 四象限负载机器；
11 减速箱；
12 vDm25000 三通道 15ø 转换器；
13 动态制动电阻器；
14 先进感应电机；
15 滤波器 4.16kV；
16 柴油发动机；
17 发电机 1 MWe 440V AC；
18 4.16kV/440V 变压器；
19 转换 AC 到 AC 或 DC；
20 散装储能模拟器；
21 散装储能器；
22 负载；
23 飞轮；
24 分区供电单元；
25 马达；
26 转换 AC 到 AC；
A 4.16kV 配电板；
B 440V AC 或 800V DC 配电板；
C 440V 负载。

女王（Queen Elizabeth）"号航空母舰）的大功率电力推进系统的一个手段。该演示将首次把WR-21、它将驱动的交流发电机、电动先进感应电机以及电力推进系统的其他部件（例如转换器）等汇集在一起。这将允许推进系统独立于"勇敢"号确定。不等待在"勇敢"号上进行（或者说其需要的设备将不搭载在"勇敢"号上）的试验，可以脱离开战舰的研发和建造单独进行。

因为IEPS未经证实，ESTD提供了一个降低其技术风险和"勇敢"号不确定性（尤其是，任何系统的集成问题）的手段。重要的是，它演示了整个推进系统的性能，而不仅仅是独立的、单个设备的性能。此外，它还允许探索系统的电磁兼容性和数学软件模型的验证。设备和系统的这样的模型减少了进行大量岸基试验的需要并有助于舰船的后续设计。ESTD是实际推进系统的一个全比例布局，允许详细研究这种船用工程技术的潜力和边界。在进入驱逐舰推进系统服役很久以后，该试验装置还继续影响着国际军舰项目推进系统的发展。

ESTD的建造始于2001年，两年之后完成。初次试验重点在21MWe4.16千伏 WR-21 燃气涡轮交流发电机套件上，接下来是阶段1试验的调试准备的一个激烈的时期。最初，全套设备有两个额外的动力源：一部4MWe4.16千伏"台风"燃气涡轮发电机和一部MWe440V柴油发电机。一部12MVA 4.16千伏 50赫兹的供电从11千伏电网通过变压器获得。该设施还有两个来自推进系统的设备项目，一个VDM25000转换器和一个20MW 电动先进感应发电机。转换器生成正确的波形驱动电动先进感应发电机。连接到这种电机法兰盘（flange）上的是一个新颖的和重要的试验设备，即四象限负载。这对所有电流和电压情况给马达输出提供了一个电负载，无论正还是负，以模拟一个螺旋桨最大程度（20兆瓦）的机械负载。这一试验因此也能复制电动先进感应发电机所经历的所有情况（当

下图：先进感应电机的背对背试验。[GE能源公司]

1 45型驱逐舰的研发

在海上给螺旋桨供电时）。

除了4.16千伏（中压）设备之外，全套设备还有440伏（低压）设备，包括2兆瓦的440伏负载，转子（电机）和定子。为了全面测试系统，产生谐波失真的负荷也被包括在内。整个系统的主要负载是一个双输入300千瓦的分区供电单元，可以提供不同电压和频率的多个输出，以便模拟军舰上所有独立的440伏负载。分区供电单元以机械形式用一个200千瓦的飞轮储存能量，以便在失去440伏电源的情况下提供一个高功率备份。

在全套设备上的阶段1试验开始了发动机的全功率测试。推进电机、船舶服务链接转换器和能量存储体进行整套试验。这些最终以"七种情况（seven scenarios）"达到高潮——一整个系列的艰巨的任务测试。这些测试涵盖了船舶电力系统曾经进行过的最繁重的测试，其中包括，全4.16千瓦和440伏短路、崩溃逆转、满负荷跳闸事件和交流发电机的同步异相。试验还包括两个电动先进感应发电机的背对背试验。在这些试验中，两台电机的轴是物理连接，以便左侧电机转动右侧电机。右侧电机则充当一个交流发电机，其转换器把它产生的波形形成直流波形。通过互连两个转换器，产生的能量可以用于输送给左侧电机。功率因此在两个电极之间循环，

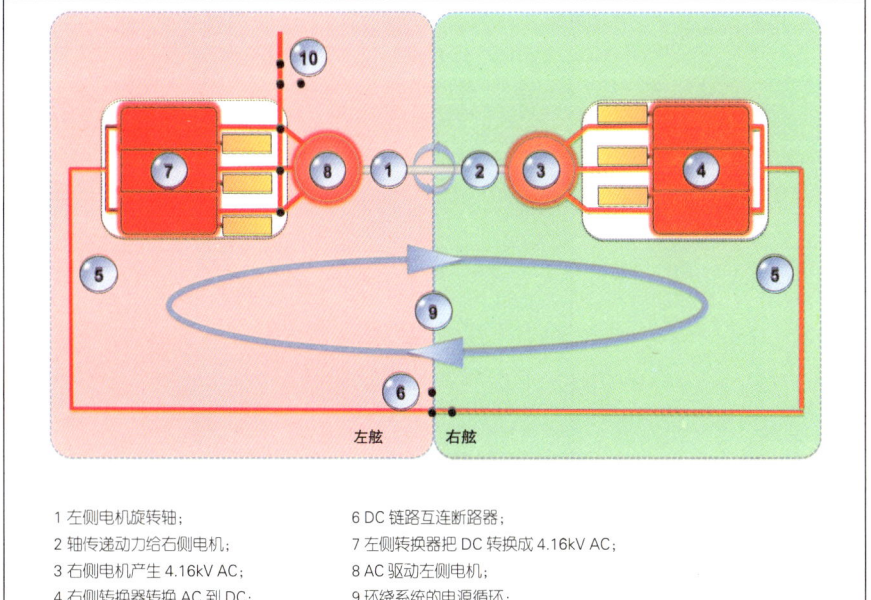

1 左侧电机旋转轴；
2 轴传递动力给右侧电机；
3 右侧电机产生4.16kV AC；
4 右侧转换器转换AC到DC；
5 DC链路互连；
6 DC链路互连断路器；
7 左侧转换器把DC转换成4.16kV AC；
8 AC驱动左侧电机；
9 环绕系统的电源循环；
10 交流电源系统抵消亏损。

上图：背对背试验构型的单线图。[作者取自GE能源公司的信息]

左图：制动叶片安装用于靠岸的全功率推进试验。[GE能源公司]

37

英国皇家海军 45 型驱逐舰：拥有、维护和使用手册

右图：45型岸基集成试验设施单线图。[作者取自GE能源公司的信息]

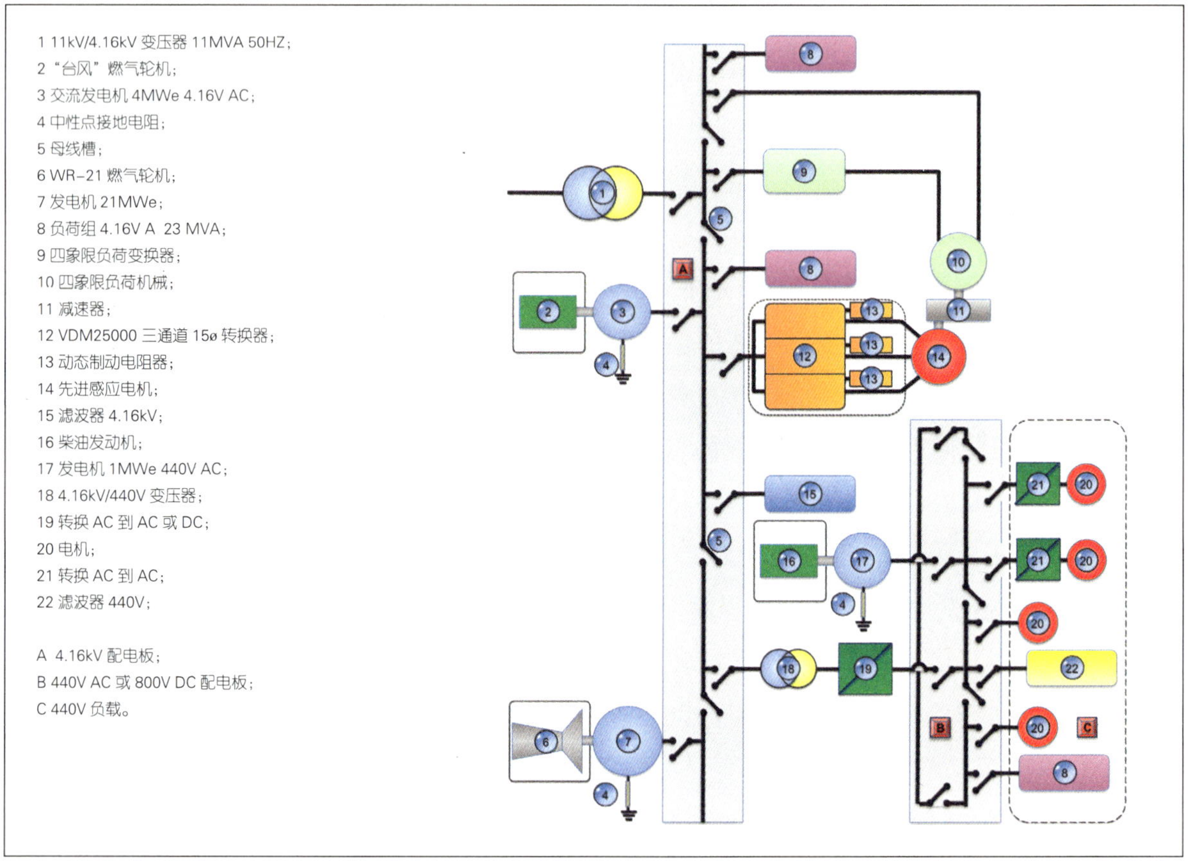

1 11kV/4.16kV 变压器 11MVA 50HZ；
2 "台风" 燃气轮机；
3 交流发电机 4MWe 4.16V AC；
4 中性点接地电阻；
5 母线槽；
6 WR-21 燃气轮机；
7 发电机 21MWe；
8 负荷组 4.16V A 23 MVA；
9 四象限负荷变换器；
10 四象限负荷机械；
11 减速器；
12 VDM25000 三通道 15ø 转换器；
13 动态制动电阻器；
14 先进感应电机；
15 滤波器 4.16kV；
16 柴油发动机；
17 发电机 1MWe 440V AC；
18 4.16kV/440V 变压器；
19 转换 AC 到 AC 或 DC；
20 电机；
21 转换 AC 到 AC；
22 滤波器 440V；

A 4.16kV 配电板；
B 440V AC 或 800V DC 配电板；
C 440V 负载。

右图：工厂第3版。[作者取自BAE系统公司的信息]

1 被试作战系统设备；
2 情景生成器和场景动画；
3 迷你作战管理系统；
4 软件和集成测试工具；
5 数据传输系统的测试环境；
6 耦合器；
7 高层建筑场景的高速数据线；
8 模拟器；
9 战斗系统装备模拟器；
10 点对点硬接线连接。

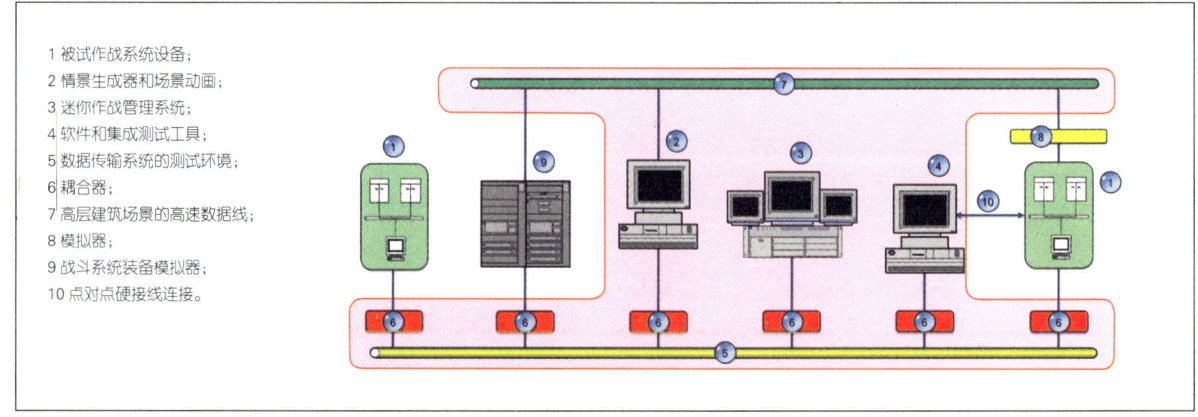

1 45型驱逐舰的研发

交流电源仅仅补偿系统损耗。

在阶段2试验期间进行了更详细的研究,其中包括试验测量设备的效率和噪音特征以及电磁兼容性的研究。ESTD试验在2005年10月圆满结束。在许多情况下,设备效果明显超过预期。验证模型交付并由系统自动记录了大量数据以供将来分析。

与阶段2试验并行,该试验区还改进到了包括45型驱逐舰IEPS的岸基集成试验。对于这些试验,舰船的设备包括,4.16千瓦和440伏谐波滤波器,一台船用变压器和一部功率2兆瓦的柴油发电机组被加入,以创建两个相同的电源系统中的一个来供应给"勇敢"号。该试验研究了谐波滤波器的操作,4.16千伏和440伏电源的质量以及当平行生成时燃气轮机交流发电机和柴油发电机的操作。为在下水前岸上集成实验对勇敢号在下水前完成推进系统安装调试可谓居功至伟。

一旦"勇敢"号的发电和推进系统完成安装调试,船厂就将在战舰停泊在港区时完成全功率推进实验。这样的试验以前从来没有进行过,因为一直无法对舰体进行制动军舰的运动,传递给螺旋桨的推力将破坏停泊中的船体。不过,通过用特殊设计的制动桨叶更换可

左图:海事一体化和支援中心。[克里斯·冈斯(Chris Gunns)]

英国皇家海军 45 型驱逐舰：拥有、维护和使用手册

调螺栓螺旋桨叶片，即使是在"勇敢"号这样动力的军舰也是可以进行这样的试验的。叶片旨在充分吸收推进动力而产生很小的推力。潜水员可以在几个小时内用正常叶片取代制动叶片，从而可以让船舶出海试验，而不需要在干船坞进行进一步昂贵和费时的调试。

作战系统的研发

作战系统包括几个新的主要子系统，它们是专门为45型开发的。这些子系统相互高度依存并且是软件密集型的。最大的挑战是要确保其软件要以一种集成的和一致的方式发展。这通过使用采用了原型硬件和软件的一些测试设施来实现。

作为作战管理系统（CMS）关键子系统，使用了一个作战系统初步整合设施来发展。该设施的部分形成了一系列厂家支持环境，被提供给其他作战系统设备的开发商。这些环境包

下图：海上一体化及支援中心的示意图，展示了在初始战斗系统集成期间的典型安排。[作者取自BAE系统公司的信息]

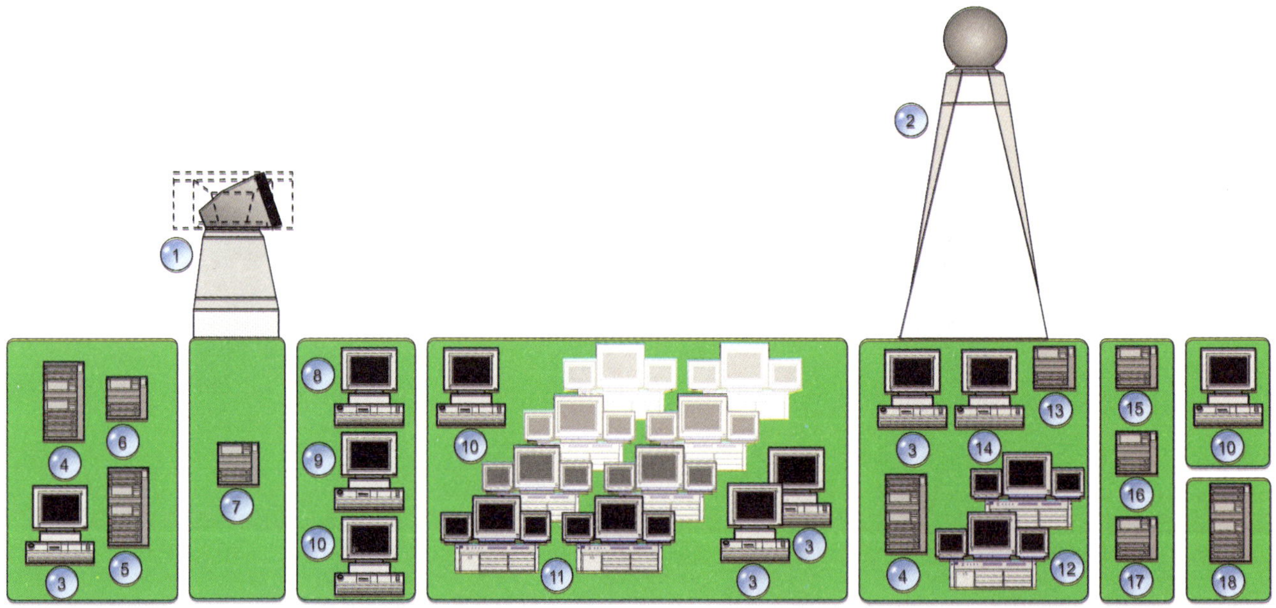

1 远程雷达和设备；
2 带有"桑普森"雷达原型的前桅杆；
3 软件和集成测试工具；
4 作战管理系统服务器；
5 数据传输系统设备；
6 精确的时间和频率设备；
7 试验记录和一体化设备；
8 导航系统；
9 气象和海洋装备；
10 情景生成器和动画；
11 8 个 CMS 原型操纵台；
12 两个 CMS 原型操纵台；
13 "席尔瓦"发射模拟器；
14 "桑普森"雷达集成工具；
15 光电炮控系统处理器；
16 中口径火炮模拟器；
17 小口径火炮模拟器；
18 中频声呐处理器。

1 45型驱逐舰的研发

左图：在朴茨茅斯母港中的皇家海军"勇敢"号，背景是海上一体化及支持中心。[克里斯·冈斯]

括通信设备、数据传输系统（DTS）和"桑普森多功能"处理软件，以帮助测试他们的设备和战斗系统其余部分的接口和相互作用。

工厂支持环境使用了CMS软件和硬件的原型版。随着时间的推移，研制了三个版本，其中每一个版本都比它取代的那个版本更高级。最后一个版本包括一个场景发生器、一个软件和集成试验工具和DTS。这也被用作DTS的测试环境，以确保在最大容量操作时，DTS功能正常。通过连接到工厂支持环境和一个模拟器（其可以演示其他作战系统设备的软件响应）上，设备开发人员测试他们的设备。必要时，模拟器给被测设备提供输入。例如，雷达处理软件的测试，需要逼真的雷达航迹输入。

传统的作战系统首次汇聚在第一级（First of Class）上。但是无论如何，随着作战系统复杂性和软件使用量的增加，这个过程已经花了更多的时间。为了从舰船项目中分离作战系统的集成，采取了一种新的方法。这就是建立一个海上一体化和支持中心，其将把用于研发的原型设备和已经定型的硬件设备（子系统的研制在逐步完成）整合在一起。在安装在真正的舰

船上之前，作战系统因此可以被全面测试。该设施将始终有最新的软件版本，并促进其最终的发展。利用这样的外部设施能在舰船计划的早期发现和解决问题。

海上一体化和支持中心提供了与驱逐舰上一样的前桅杆和远程雷达桅杆，以及一部原型"桑普森"多功能雷达和一部作战型远程雷达。整个建筑体现了驱逐舰的轮廓。这确保了任何有关外部设备的性能问题和干扰问题都能在舰船生产的早期得到发现和处理。

"海蜂蛇"（45型驱逐舰制导武器系统）的发展

"海蜂蛇"防空系统是45型驱逐舰的主要武器装备。这是"PAAMS防空导弹系统（由一个与法意团队平行的三国团队联合研发）的英国改型。这两个改型虽然在开始有很多共同点，但是也有很多不同。例如，"桑普森"多功能雷达是专门为"海蜂蛇"开发的。两个系统都使用了"紫苑"-15和"紫苑"-30导弹，但是在确保两个改型都能跟这些导弹交换数据上面临一个挑战。"紫苑"-15导弹开发已经进入尾声，大约在"勇敢"号研发的初期就进入了法国海军服役。

鉴于45型战斗系统与"海蜂蛇"之间复杂的和相互依存的接口，很大的工作量被消耗在同意接受数据交换规范上，并确保它们单独和共同满足它们的性能要求。用极其严格的时间表调整"海蜂蛇"设备计划——在45型项目启动前确定——与45型计划有特殊的难度。

从本质上讲，初衷是为了有两个互连架构。在正常作战情况下——约90%的工作时间——"海蜂蛇"将由作为综合作战系统（其为战舰的所有作战任务下达作战命令）一部分的舰船作战室控制。在遇到干扰这样作战的故障或损坏行动的事件中，"海蜂蛇"可以由来自"席尔瓦"发射器附近的"海蜂蛇"设备室局部控制。这将需要配备来自法意"普雷斯波尔"防空导弹系统（安装在他们的"地平线"护卫舰上）的指挥和控制操纵台。在紧急情况下，皇家海军操作员将使用不熟悉的操纵台。这种安排将需要在法意设计的操纵台和"桑普森"多功能雷达和CMS之间发展额外的软件接口系统，这两个系统中任何一个都没有被安装到"地平线"护卫舰上。

在与"海蜂蛇"项目及其分包商的复杂谈判中，总合同办公室同意修订架构，这样在操作上更令人满意并且对供应商有益。修订后的架构用额外的CMS操控台取代了"地平线"操控台。一对备用的CMS服务器也被从复杂的操作

1 45型驱逐舰的研发

间（the Operations Complex）移到"海蜂蛇"设备室中。不再需要开发复杂的软件，以管理到紧急安排的复杂过渡，从而显著降低了由一个以上的配置提出的并行开发要求。这也减少了在"海蜂蛇"主处理单元上的功能负荷，因为它不再需要处理移交功能或者接手任何CMS功能。

虽然现在只有一套系统，但是"海蜂蛇"能从两个战位用同一系统的不同组合进行操控。用于两个位置的常见的CMS控制台的使用呈现出常见的人机界面，这种界面具有减少"海蜂蛇"操作员必要训练时间的优势，并在激烈的战斗中最大限度地减少混乱。这也降低了开发难度和舰载配件的配备，并简化了维护。

对"地平线"安排的进一步改变是重新配置发射器，从三对横向运行改变到到两套三个的前后运行。考虑到该发射器的访问要求，这是一个比较节省空间的安排并给予了更大的意外（即，

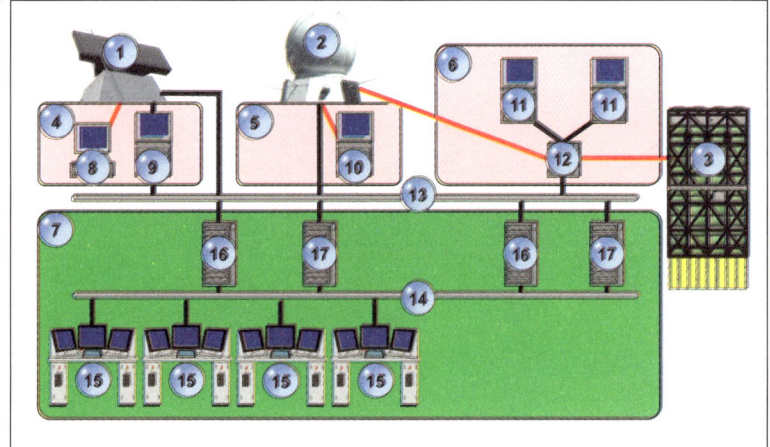

左图："海蜂蛇"初始命令和控制架构。[作者取自BAE系统公司的信息]

1 远程雷达；
2 "桑普森"多功能雷达；
3 "席尔瓦"发射器；
4 LRR 设备室；
5 MFR 设备室；
6 "海蜂蛇"设备室；
7 复杂的操作；
8 LRR 维护设施；
9 LRR 操纵台；
10 MFR 操纵台；
11 C2 操纵台；
12 C2 主处理器单元；
13 数据传输系统；
14 CMS-1 局域网；
15 CMS-1 控制台；
16 CMS-1 1 号服务器；
17 CMS-1 2 号服务器。

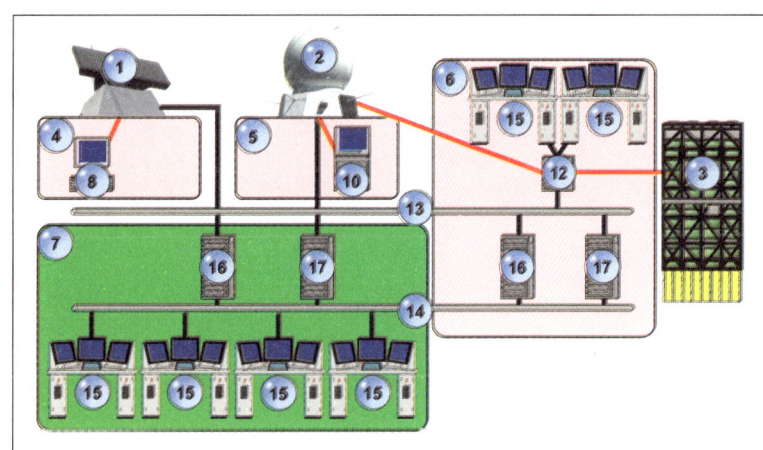

左图：改进后的"海蜂蛇"命令和控制架构。[作者取自BAE系统公司的信息]

1 远程雷达；
2 "桑普森"多功能雷达；
3 "席尔瓦"发射器；
4 LRR 设备室；
5 MFR 设备室；
6 "海蜂蛇"设备室；
7 复杂的操作；
8 LRR 维护设施；
9 （在新的构型中被删去）；
10 MFR 操纵台；
11 （在新的构型中被删去）；
12 C2 主处理器单元；
13 数据传输系统；
14 CMS-1 局域网；
15 CMS-1 控制台；
16 CMS-1 1 号服务器；
17 CMS-1 2 号服务器。

右图：用在法意护卫舰上的最初的"席尔瓦"垂直发射系统。[作者]

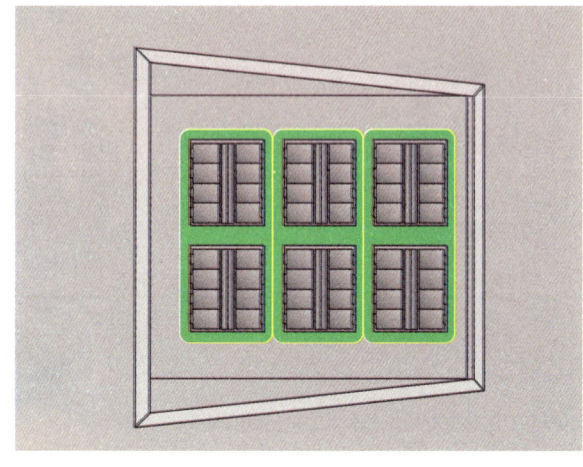

右图：改进的"海蝰蛇"垂直发射系统。[作者]

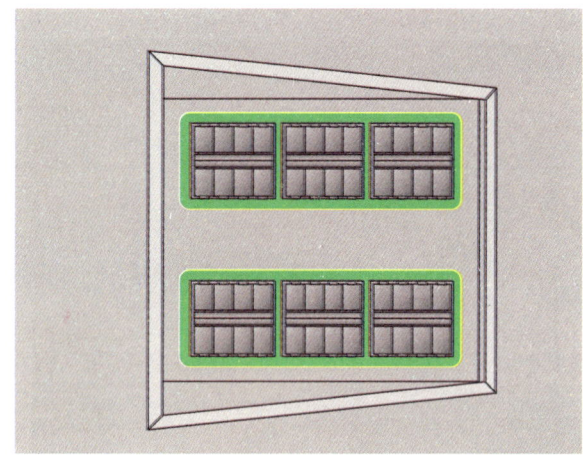

如果在它们研发期间，发射器的尺寸增加的话）。通过采用额外的纵向结构也提高了舰船的强度。

"海蝰蛇"系统的实验

与所有的复杂系统一样，"海蝰蛇"试验开始了详尽的单个元素的测试；只有当这些测试圆满完成后，它们才能集成在一起演示一个完整的系统。

复杂和强大的"桑普森"多功能雷达，对于"海蝰蛇"很独特，进行了一系列试验，旨在在越来越真实的环境中逐步测试雷达的性能。总的来说，建造了三台原型机（分别被称为P1，P2和P3）并进行试验。在制造完成后，所有的"桑普森"多功能雷达都在制造商的天线试验设施中进行了试验。该设施是一个大型飞机棚式建筑，可以允许在高度控制的条件下进行测量。其中布满了雷达吸波材料，以便雷达自身的波束不会由于墙壁反射而产生不必要的干扰。

在朴茨茅斯，驱逐舰前桅的上部4个甲板的一个翻版，是舰船建造计划建造的第一个项目。这个原型被用来证明制造技术，并测试加载驱逐舰的主桅到海轮驳船上的过程，该驳船用于运输生产型主桅到苏格兰的装配码头。它被短距离海上运输到怀特岛（Isle of Wight），然后卸下，由公路运输到雷达工厂。在那里，把它架设起来并把"桑普森"多功能雷达P1样机安装在其上，以证明主桅和雷达之间的物理接口合理。这是第一次，可以对主桅上的"桑普森"多功能雷达的性能进行研究。不久之后，

1 45型驱逐舰的研发

第二个翻版主桅可以安装在同一地点进行P2的试验。一个典型的雷达试验在"桑普森"多功能雷达下雷达电子支援措施（RESM）设备天线的位置测量了能量。旨在探测来自任何雷达照射舰船的发射，这些天线极为敏感，所以有一个担心，"桑普森"多功能雷达附近强大的发射量会造成不可接受的干扰。这样的影响是很难准确预测的，因此减缓技术已经制定了，但事实证明，没有必要。并在类似的主桅上进行了进一步的测试和认证活动。

除了主桅试验外，"桑普森"多功能雷达试验还需要代表作战系统其余部分的软件。从项目开始，就在为"海蝰蛇"系统和作战系统的其余部分开发软件。在整个试验过程中，厂家支持环境提供有代表性的输入数据和作战系统其余部分的响应。

2006年6月和2006年7月，

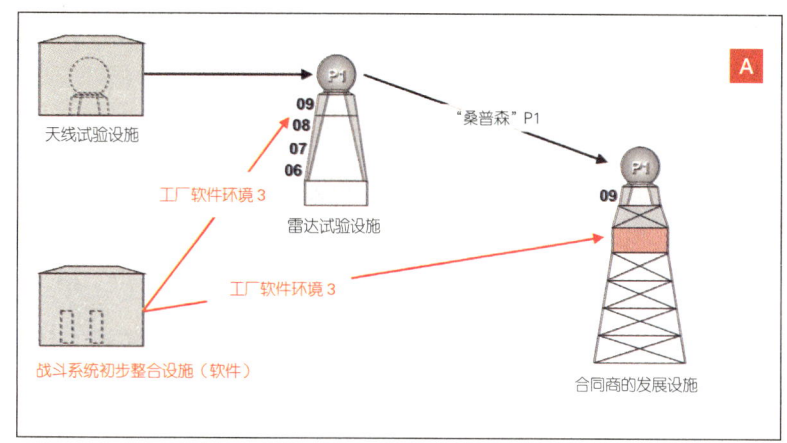
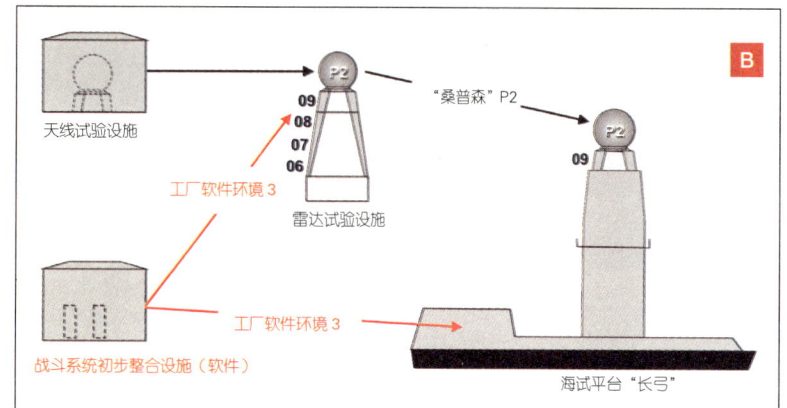
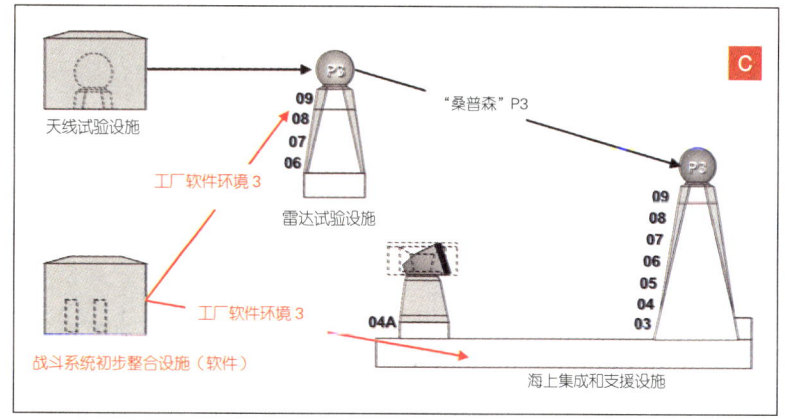

左图："桑普森"多功能雷达原型天线的试验和测试：
A）在承包商的研发设施上；
B）在海上试验平台"长弓（Longbow）"上；
C）在海上一体化和支持设施上。[作者]

45

英国皇家海军 45 型驱逐舰：拥有、维护和使用手册

右图："桑普森"多功能雷达在天线试验设施中（考斯（Cowes），怀特岛）进行试验。[BAE系统公司]

原型机P1和P2分别完成了工厂验收试验。P1然后转移到在坎布里亚郡（Cumbria）海岸边的克米尔斯靶场的承包商研发设施上。它被再次安装到有代表性的主桅上，但是现在升高到对应于在45型驱逐舰上的"桑普森"多功能雷达的高度。从2007年1月起的几个月，雷达要在越来越逼真的代表海上和陆地上空中攻击的环境中进行试验。

P2被安装在试验驳船"长弓"上准备用于"海蝰蛇"的系统测试。最后的原型——P3被安装在海上一体化和支持中心的一个完整的45

右图：原型1"桑普森"多功能雷达安装在试验主桅上，原型2正准备用于雷达试验设施(考斯（Cowes），怀特岛)中的第二个主桅上。[BAE系统公司]

46

1 45型驱逐舰的研发

型主桅上,作为具有代表性的作战系统的一部分进行集成和测试。

而"桑普森"多功能雷达正在陆基基地进行研发和测试,为海试做准备。在2001年期间,BMT国防服务有限公司对用于"海蝰蛇"海试平台的、12000吨的制导武器试验驳船"长弓"号进行了广泛的研究和补救保护。他们还进行了必要的设计工作,以适应有代表性的"海蝰蛇"装备,其中包括一台"桑普森"多功能雷达、八单元的A50模块和所有必要的试验设备。"长弓"安装了一个旨在支持"桑普森"多功能雷达的26米的主桅(在水线上34米的高度),这代表了在驱逐舰上的高度。

BMT后来承担了管理和操作"长弓"、监督修理、改装和驳船本身调试,以及具体"海蝰蛇"设备后续的安装和调试的任务。这些系统,安装了最新的软件,对于"长弓"试验计划是不可或缺的。翻新工程2005年5月(用于海试的初步日期)完成。此时,负责开发"海蝰蛇"的三国PAAMS项目办公室正把注意力集中于替换法意版本的防空系统上。对于"海蝰蛇"指挥和控制软件以及技术先进的"桑普森"多功能雷达有时间上的延迟。到2005年初,"桑普森"的砷化镓发射/接收模块的性能低于预期以致于要重新设计,这进一步延迟了海试的时间。

为了试验,"长弓"有两个CMS操控台,可以用于在本地配置(这是驱逐舰在舰船上的作战管理系统损失的情况下使用的)上发射导弹。截至2005年6月底,作战管理系统控制台、气象与海洋学统和具有充分代表性的数据传输系统的设置工作,都已经在"长弓"上完成。同时,海上一体化和支持中心的设置工作也已被完成,凭借8个操控台的作战管理系统,允许启动整个作战系统的整合工作。这将使"桑普森"多功能雷达原型P3用作战系统的多个部件进行了测试和集成。

紧随着"桑普森"多功能雷达发射/接收模

上图:"桑普森"多功能雷达安装在承包商研发设施(克米尔斯,坎布里亚)的试验主桅上。[BAE系统公司]

英国皇家海军 45 型驱逐舰：拥有、维护和使用手册

右图：改换和舾装了"海蝰蛇"试验设备之后的"长弓"海试平台。[BMT集团公司]

右图：土伦（Toulon）附近的接触网锚定支柱系泊塔楼。[BMT集团公司]

块的重新设计之后，在2008年初在起身前往地中海开始一次发射试验之前，"长弓"进行了围绕怀特岛的雷达跟踪试验。在该中心启动导弹试验时，"长弓"被系泊到一个系泊深水锚定系统的悬链锚定支柱的11米直径的塔楼浮标上。地面系泊条件不理想，所以提出这种复杂的锚固系统要求，以实现必要的精确定位。

作为法国导弹系统的一部分，"紫苑"-15和"紫苑"-30导弹已经在2002年和2003年被证明合格。在2008年6月和2009年2月之间，"长弓"上的试验成功展示了"海蝰蛇"跟踪多个超声速和亚声速目标的能力。该导弹发射计划

左图:"米拉奇"100/5靶机。[塞莱克斯·伽利略(Selex Galile)]

也证明了系统的有效性。

第三个和最后的预认证试验在2009年5月进行,用两枚导弹的齐射发射向一个米拉奇(Mirach)100/5低空机动靶机。但是无论如何,这是"海蝰蛇"交付计划的一个重大挫折,导弹没能拦截住目标。

2009年11月,再次重复试验,还是没能成功。分析表明,"桑普森"多功能雷达和指挥控制系统都与这次故障没有关系。后来归因于在导弹制造期间的工程改动,这种改动对结构完整性产生了不利的影响。2010年6月,在故障整改后,从"长弓"齐射的两枚"紫苑"-30导弹成功拦截了低空的"米拉奇",尽管该目标执行了一个回避高过载"急转弯(dog-leg)"机动,但仍被击落。

承包商海试(CST)

CST是一系列试验,着手测试舰船舰体和系统所有方面的基本操作。作战系统和实弹射击的试验,无论如何,一旦军舰交付给军方,就会进行。这些CST平行进行,但是独立于"海蝰蛇"试验和陆基作战系统试验。

2007年7月18日,"勇敢"号用第一套(阶段1.1)CST起航。这些试验主要是验证第一艘全电军舰的有效性。它也用来测试"战舰"的"舰船"部分——平台自身,包括推进系统、控制、关键武器工程系统、导航、雷达和陀螺仪,以及舰上的居住区域,包括厨房、宿舍、

右图：2010年8月17日，"紫苑"导弹从"长弓"成功发射。

1 45型驱逐舰的研发

海水淡化、通风和照明。作为一类任务，还将进行结构测试。例如，进行主炮射击以评估对舰船结构的影响。

在4周的试验期间，"勇敢"号航行了大约3600海里（6600千米），每天平均用35立方米的燃油，并且只加了一次油。虽然比42型驱逐舰的排水量大了50%，但是这个燃油消耗是其前任型号的四分之一。事实上，"勇敢"号只用42型装机功率的5%就可以达到11节（20千米/时）的航行速度。

航速指标是28节，凭借其40兆瓦的推进系统，"勇敢"号从起动到到达到这一目标只用时70秒。并且经过短短的120秒就可以达到最大航速。在大约5.5个舰船长度内就可以从30节（55.6千米/时）的航速突然停止。这些试验还展示了"勇敢"号执行一个完整的转弯半径

下图：在克莱德湾试验期间，"无畏"号演示了战术直径。[BAE系统公司]

英国皇家海军 45 型驱逐舰：拥有、维护和使用手册

右图：2009年11月28日，"无畏"号离开克莱德河前往她的朴茨茅斯皇家海军母港。[斯蒂芬·瓦格斯塔夫（Stephen Wagstaff）]

下图：试验前，作战管理系统的设定工作。[BAE系统公司]

1 45型驱逐舰的研发

（或者战术直径）的机动性——不到三个舰身长度。

在2008年3月30日和5月2日之间，进行了阶段1.2试验。这些试验涉及了远程雷达试验、导航系统的演示、武器校准试验、续航试验和主炮试射。

在2008年8月26日和9月22日"勇敢"号阶段1.3海试期间，完全集成通信系统（FICS）测试了其有限性，30多个操作员同时在整个舰上的位置测试了该系统的所有方面。还与其他船舶和岸基操作员进行了通信测试。这表明，FICS能无缝操作和管理全方位的通信频率，其中包括，通过卫星的视频会议。全体船员还以这次试验为契机开展了准备用于该船舶转移给皇家海军的熟悉和训练活动。

海军试航

2008年12月10日，"勇敢"号移交给皇家海军，蓝旗换为皇家海军旗（white ensign）。她航行到朴茨茅斯，在她的母港开始了更进一步的试验（阶段2），这一阶段的试验不由承包商进行。

在2009年7月23日朴茨茅斯举行的仪式上，皇家海军"勇敢"号由韦塞克斯伯爵夫人（the Countess of Wessex）命名，进入皇家海军现役军舰的名单。

海军将进行进一步的试验，让舰船进入全面的作战准备中，例如，与其他舰只一起进行高速机动和通信演习。这保证了皇家海军"勇敢"号能在2010年春天准备承担她的第一阶段集约化作战海上训练。这些逼真的训练演习要测试战舰和全体船员是否能执行作战职责。

作为该级别的第一艘军舰，在这些试验期间还学习了很多关于驱逐舰在前线部署作

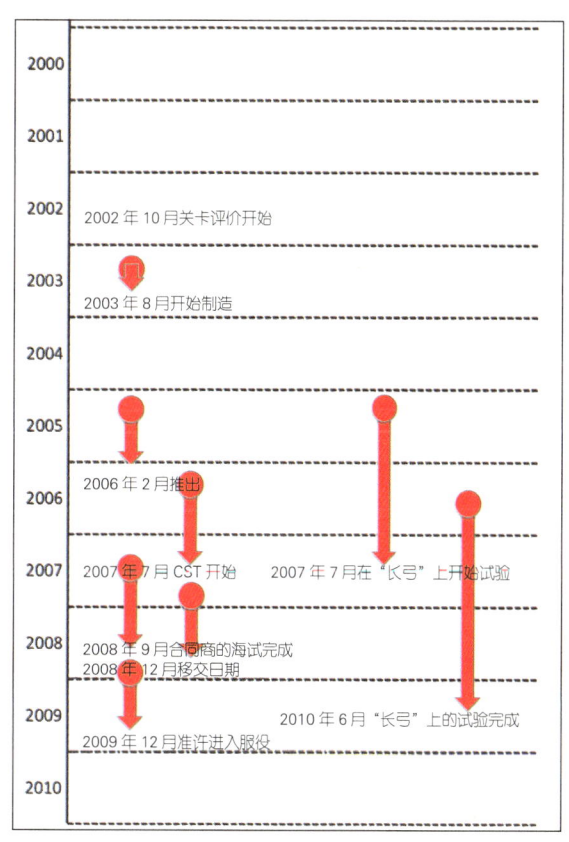

海军俚语

为了充分地准备作战职责，皇家海军战舰进行了广泛的海上作战演习（被称为"升起（work-up）"），并在逼真的空中、水面与水下演练中达到高潮。

左图："勇敢"号实现的计划展示了从2004年以来计划的进程。[作者]

英国皇家海军 45 型驱逐舰：拥有、维护和使用手册

1 45型驱逐舰的研发

战中的经验教训。在进一步的工作之后,包括安装"密集阵"(Phalanx)近迫武器系统(CIWS),皇家海军"勇敢"号进行了持续了8周的进一步海上作战训练演习。她取得了"非常满意"的分数(大多数舰船取得的是"满意"的分数)。

对于作战的因素来说,从一艘45型驱逐舰上在海上发射"海蝰蛇"导弹,是第一次由第二艘45型战舰皇家海军"无畏"号在2010年10月1日成功的进行的演示,并直接命中了在9000米高度、以200米每秒飞行的目标。皇家海军"勇敢"号在2011年5月17日用"海蝰蛇"成功地命中了目标。

作为完全形成战斗力的标志,在2011年10月期间,皇家海军"勇敢"号作为一艘45型驱逐舰首次参加了北约的重大演习。为了展示其

对页图:全体船员就站在皇家海军"勇敢"号的战舰前面。[王冠版权,2009 LA(Phot)克里斯托弗·布朗(Christopher Browne)]

左图:2009年7月23日,在朴茨茅斯,皇家海军陆战队的军乐队在皇家海军"勇敢"号的命名仪式上演奏。[克莱尔·帕克(Clare Parker)]

右图:"勇敢"号和"无畏"号第一次驶过怀特岛进行协同作战演习。[王冠版权,2010]LA(Phot)伊恩·辛普森]

左图：2010年10月1日，皇家海军"无畏"号，第一次进行"海蝰蛇"发射试验。[MBDA]

上图:皇家海军"勇敢"号与美国海军"企业"号航空母舰(CVN65)在美国东海岸的演习中。[美国海军照片,2010 MCSS 亚历克斯·R.福斯特(Alex R. Forster)]

强大的能力,皇家海军"勇敢"号被分配负责保卫美国海军"企业"号航空母舰及其护卫舰队周围的空域。在返航的路上,皇家海军"勇敢"号对纽约进行了友好访问。

45型驱逐舰的首次作战部署始于2012年1月11日,当时,皇家海军"勇敢"号作为长期驻扎于中东舰队的一部分,通过苏伊士运河进入了海湾水域。皇家海军"勇敢"号和她的船员与其他伙伴国主要部署作为海上联合武装力量的一部分,她的任务包括从海上安全、打击海盗到更广泛的海上安全努力以保持该地区的稳定。在7个月的部署期内,皇家海军"勇敢"号航行了35000海里(64900千米)的距离。

后续建造

在"勇敢"号开工一年之后,朴茨茅斯和戈万开始着手第二艘军舰、"无畏"号的模块建造工作。到这时,戈万的设施已经完成升级改造,因此"无畏"号和所有后续的45型驱逐舰都在新改进的戈万船台上总装,并从这里下水。在"勇敢"号建造期间,B段和C段被加入组成了一个2568吨的"超级舱段(megablock)"。用于随后舰船的A段、B段、C段和D段都在戈万制造,并在船台上连接组成

1 45型驱逐舰的研发

了舰体。由于高度限制,"勇敢"号在斯科斯特顿的试航中没有安装前主枪,而在戈万,舰船用到位的前主枪进行了试航。

用于5艘后续舰船的生产计划将每年开工,并在约28个月之后下水。在下水之后,这些舰船越过克莱德河到斯科斯特顿的埃尔德思利干船坞进行舾装。

为了加快进度,提高效率,在各段建造期间,更多的舾装在岸上进行。这减少了在斯科特斯顿进行舾装的时间。承包商海试时间也被减少;在"勇敢"号和"无畏"号试验之后,在承包商海试阶段的该级别剩余的舰船只有两艘,而不是三艘。

"邓肯"号,第6艘也是最后一艘45型驱逐舰在2013年3月交付皇家海军。

下图:皇家海军"勇敢"号造访纽约。[王冠版权,2010克里斯汀·惠伦·萨莫德(Kristen Whalen Somody)]

英国皇家海军 45 型驱逐舰：拥有、维护和使用手册

右图：皇家海军"勇敢"号正在通过苏伊士运河。[王冠版权，2012 LA（Phot）基思·摩根（Keith Morgan）]

右图：皇家海军"邓肯"号，第6艘也是最后一艘45型驱逐舰。[戴夫·塔斯吉斯（Dave Taskis）]

1 45型驱逐舰的研发

上图：在船台上，C段被移到D段后面。[BAE系统公司]

上图：各段被在船台上连接。[BAE系统公司]

左图："邓肯"号，第6艘也是最后一艘45型驱逐舰，从戈万下水。[王冠版权，2010POA（Phot）伊恩·亚瑟（Ian Arthur）]

2
舰体和基础设施的剖析

45型驱逐舰在海战和敌对海上环境苛刻的条件下仍然必须能够执行一系列的任务。此外,军舰也必须成为舰员在数周部署期间的居所。

左图:在演习期间,皇家海军"钻石"号上的海上工程师正在控制舰船的推进和电力系统。[BAE系统公司]

皇家海军"勇敢"号的概述

皇家海军"勇敢"号和她的45型姊妹舰可以通过她们高耸的、金字塔形前桅顶部的巨大的、几乎球形的"桑普森"多功能雷达来辨认。舰体和上层建筑体现出了坡度平缓的巨大的平坦区域。舰体和上层建筑的任何开口都被包覆起来,以便使它们衔接于船舶的结构,因此在外观上几乎很不明显。这些简洁的线条都强调了外部设备的最少化。虽然这些设计特征在美学上赏心悦目,但是这种外观形式是由功能驱动的。它们是"隐形"的措施,使军舰不太容易被雷达探测到。使一艘8000吨的舰只无形是不可能的,但是雷达特征可以明显减少,使雷达探测更困难,并使舰只的对抗措施更有效。

穿越整个军舰长度的最高甲板被称为1-甲板。在这层下面的甲板是舰船的舰体,按顺序编号为2-甲板,3-甲板,4-甲板等。该舰的水线大致在3-甲板的高度。在1-甲板的上部是上层建筑和桅杆结构,它们的甲板被命名为01-甲板,02-甲板等等一直到09-甲板——这是前桅杆最高的甲板,用以支撑"桑普森"多功能雷达天线。

该舰被水平分成17个部分。用字母表示,从A,船头,到M,船尾最尾部。字母I被略去,以避免与数字1混淆。在舰体内,各部分的垂直

2 舰体和基础设施的剖析

右上图：皇家海军"无畏"号的全视图。[王冠版权，2011 LA（Phot）珍妮·洛奇（Jenny Lodge）]

下图：45型驱逐舰的剖面图。[亚历克斯·彭（Alex Pang）]

英国皇家海军 45 型驱逐舰：拥有、维护和使用手册

右图：皇家海军"勇敢"号的外观示意图。[作者]

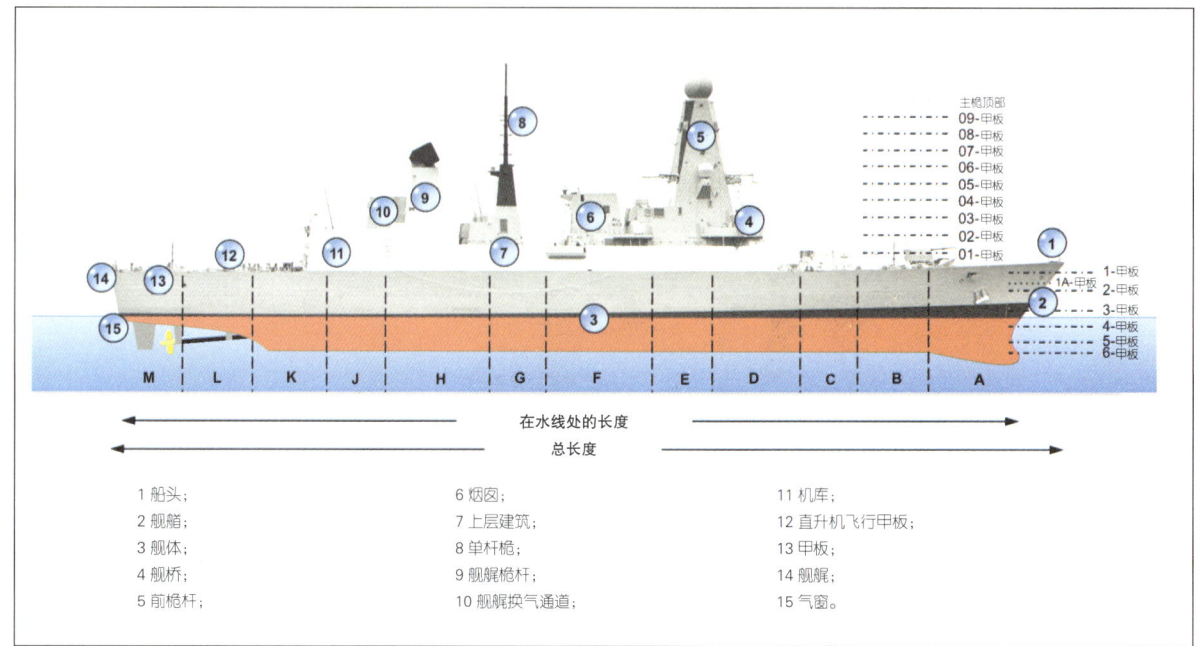

1 船头；	6 烟囱；	11 机库；
2 舰艏；	7 上层建筑；	12 直升机飞行甲板；
3 舰体；	8 单杆桅；	13 甲板；
4 舰桥；	9 舰艉桅杆；	14 舰艉；
5 前桅杆；	10 舰艉换气通道；	15 气窗。

下两图：当45驱逐舰在干船坞时，可见到用于中频声呐的球鼻艏：
（a）新安装的[BAE系统公司]
（b）5年后，防污的效果展示。[BAE系统公司]

2 舰体和基础设施的剖析

舱壁均是水密舱壁，其开口可被密封，以防止进水蔓延对军舰造成进一步损坏。在本书中所使用的海军术语在附录1有更详细的说明。

像所有的皇家海军战舰一样，这些驱逐舰涂装了传统的灰色涂装，但是低阳光吸收涂料（low solar absorption paint）也被使用。在明亮的阳光下，这种涂料要比普通涂料吸收更小的热量，因此这样的结构有助于减少舰船的红外特征。舰体有同样的灰色涂装，一直向下延伸到黑色的水线部——持续暴露于海水和空气中的区域——这是特别容易受到舰底附生物污染的地方。

水线下方的防污带用于防止腐蚀，并抑制舰底附生物，这两者都会增加舰船的推进阻力并增加燃油消耗。环保型防污涂料不包含任何的生物杀灭剂，它也是耐用的，需要在干船坞用较少的、昂贵的周期来重建它。

露天甲板由无毒、阻燃、耐磨的环氧树脂（由玻璃鳞片颗粒来增强）来提供保护，以确保这些涂层表面防滑。这种增强的防护系统是抗腐蚀的，并形成了一种耐冲击的屏障。

舰艏

一艘45型驱逐舰的前甲板非常整洁，在舰艏旗杆和保护中口径舰炮基座的防波板（旗杆后20米处）之间是没有任何装备的。很多传统容纳在露天甲板中的设备包含在封闭艏楼甲板下面。这是一种隐形措施，但是也保护了设备，并有利于在恶劣天气下的操作。该甲板包括两个固定绞车、两个五吨的系泊绞车、不锈钢护柱和导缆。一个大的航海驾驶开口从封闭甲板向上通向露天甲板。为了承受巨浪的冲击，由坚固的复合材料构成。其大到足以容纳身着呼吸装置的人员，其开关是由液压辅助的。

当停泊在港口时，45型驱逐舰由中央舰头锚固定，锚链通过中央锚链管。主锚位于右舷船头的稍微后部。锚的锚链向下通过2-甲板，到达右舷的锚链管。

在艏楼甲板下方是储藏室、压载舱和用于中频声呐（MFS）的圆顶。当正面发生碰撞时，有一个防撞舱壁，以防止海水涌入。

> **海军俚语**
>
> 用到皇家海军军舰上的厚厚的灰色海军涂装，被起的绰号为"Pusser's Crabfat"，因为这是一个与用于对付舰体附着生物的厚厚的果酱相似的颜色；任何发给皇家海军的材料都被称为"Pusser's（原词来自于purser）。顺便说一下，就是因为制服的颜色，英国皇家空军的军官被海军人员俗称为"螃蟹（crabs）"。

左图：皇家海军"勇敢"号整洁的前甲板。前甲板航海驾驶舱口和舰体上的水雷观察位置都打开着。[Airfix]

英国皇家海军 45 型驱逐舰：拥有、维护和使用手册

1 航海驾驶开口（Seamanship opening）；
2 舰头锚；
3 封闭的舱楼甲板；
4 前甲板；
5 声呐导流罩；
6 主锚；
7 防波板；
8 中口径舰炮；
9 预留改进空间；
10 "海蜂蛇"发射单元。

上图：舰艏的剖面图。[亚历克斯·庞/作者]

左图：水手在调整锚链，这是皇家海军"保卫者"号封闭的艏楼（照片是向着船头方向拍摄）。[王冠版权，2012皇家海军"保卫者"号]

下图：在靠泊期间，水手们正在把绳子固定在一对护柱上。[王冠版权，2011）LA(Phot) 凯尔·海勒（Kyle Heller）]

海军俚语

在艏楼的中央锚链缆索被称为"斗牛（Bullring）"，因为锚链通过它固定舰船的方式与绳索通过连接一个鼻环的方式控制一头公牛的方式相同。

2 舰体和基础设施的剖析

上图：当皇家海军"保卫者（Defender）"号的水手在投放锚之前布置工作时，艏楼的视图（照片是从船头向后方拍摄）。[王冠版权，2012皇家海军"保卫者"号]

英国皇家海军 45 型驱逐舰：拥有、维护和使用手册

上图：舰长罗宾逊（Robinson）在皇家海军"勇敢"号舰桥上。[王冠版权，2012 LA（Phot）基思·摩根（Keith Morgan）]

上图：舰桥的右侧部分，包括舰长的座椅。[丹尼尔·费罗]

左图：皇家海军"钻石"号舰桥中的舰长座椅。[丹尼尔·费罗（Daniel Ferro）]

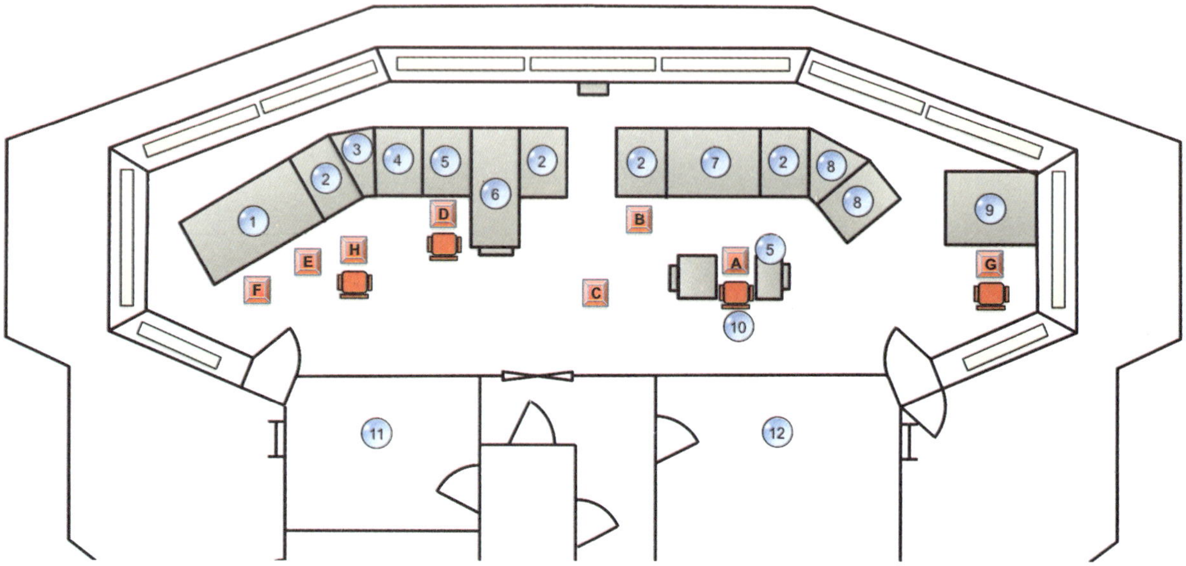

英国皇家海军 45 型驱逐舰：拥有、维护和使用手册

1 海图桌；
2 导航多功能控制台；
3 左拐角控制台；
4 平台管理系统控制台；
5 导航多功能显示器；
6 导航系统控制台；
7 值班人员多用途操纵台；
8 作战系统控制台；
9 通信控制台；
10 指挥官的位置；
11 导航员的座舱；
12 联合海图室和 METOC 办公室；

A 舰长；
B 领航员；
C 值班人员（大副）；
D 舵手；
E 二副；
F 水手长的队友；
G 战术通信长；
H 高级官员的座椅（设计预留）。

上图：舰桥布置示意图。
[作者取自BAE系统公司信息]

在露天甲板上，上层建筑的稍前面，有额外的护柱和导缆用于在操作期间（例如停泊），固定线缆和绳索。

舰桥

在正常职责期间，驱逐舰由舰长从舰桥指挥操舵，除非这个职责被交给了舰上值班人员。舰桥配备了各种显示器和必要的操控台，包括转向、发动机控制、导航、通信以及气象和海洋装备。

在舰桥中的其他观察人员包括：舰上值班人员（大副）、航海长、舵手（操纵舰船，并控制发动机和推进系统）。虽然舰桥是完全电子化的，但是还有传统的导航地图可用。当舰只在作战时，舰桥功能由综合操作室（Operations Complex）和舰只指挥中心承担。

在任何时候，舰长都有对舰船的最终决定权，因此他的宿舍位于舰桥和综合操作室之间。舰长的值班房间是一个办公室和休息室的组合，在那儿，舰长可以接待来访者。当登舰时，特遣队的指挥官有一个毗邻于舰长舱的小舱室。

2 舰体和基础设施的剖析

NavS1型导航系统

导航系统以电子海图、显示与信息系统（ECDIS）为基础。这是国际海事组织批准的商用系统，经修改包含有用于军舰的安全秘密级信息（所谓额外军事图层）。该系统采用了全球的电子导航地图，其中包括商用S57地图（可用的）、电子版的由金钟光栅海图服务（Admiralty R"紫苑"Chart Services）提供的硬拷贝地图以及秘密级军用地图。两个1047型I波段导航雷达提供关于附近水面的特征和舰只的信息。它们的2.95米的天线安装在前桅杆的左侧和机库屋顶的右后侧，以便它们的信号组合可

左图：皇家海军"勇敢"号舰桥上操作站中的舵手（近处）和军官。[BAE系统公司]

左图：罗宾逊舰长在他的日常办公区向访客汇报工作。[王冠版权，2012 LA（Phot）基思·摩根]

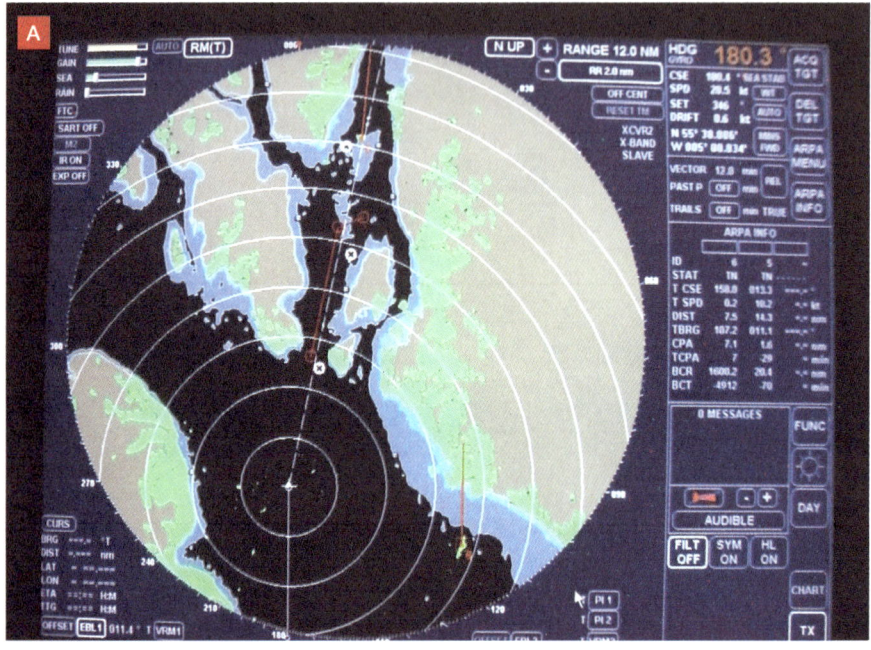

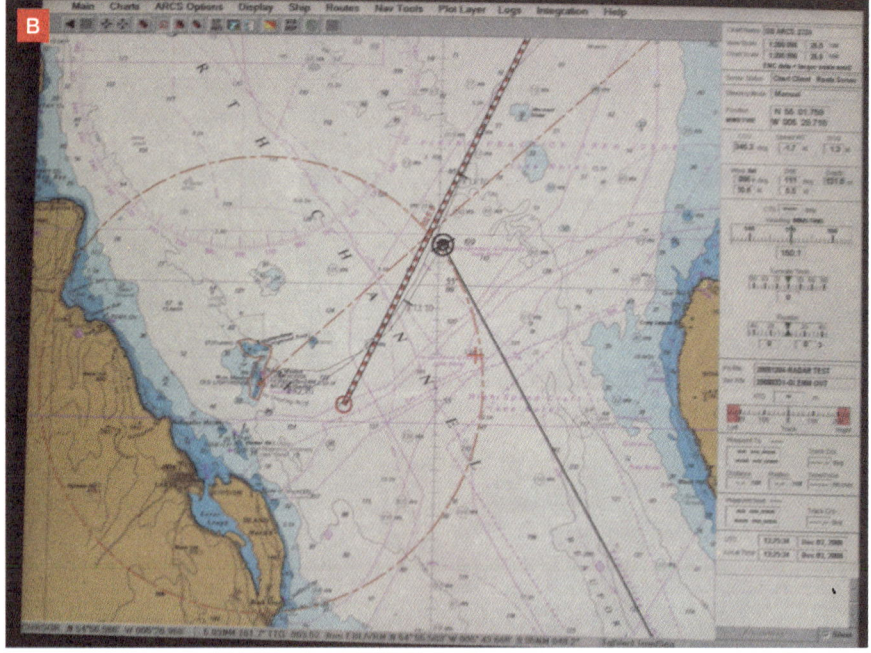

以得到360°的全覆盖。这些雷达还配备了C波段敌我识别（IFF）型RRB，以使它们能用于直升机指挥。该导航系统也能从1048型E/F搜索雷达接收输入，其3.48米的天线安装在前桅杆前表面的中央。导航雷达和搜索雷达都以28转/分钟的速度旋转。导航系统使用了一个自动的雷达标图仪，以探测雷达跟踪并预测接近的最近点和接近跟踪目标舰船的最近时刻。操作员可以选择信息显示，来自单纯雷达的信息、一个图表的显示或者包含这两类信息的信息显示。

附近商业舰只的识别由集成自动识别系统协助。该系统，由国际海事组织授权，是一个以甚高频（VHF）运作的商业海上数据链路，并安装在所有300吨以上级别的舰只中。其信号提供舰船的名称、位置、航向和速度，旨在避免碰撞并协助海岸警卫队管理拥挤水域的交通，例如在英吉利海峡就是这样。

在舰桥中的导航系统控制操纵台是导航员与导航系统的主要接口。在舰桥中有4个导航多功能控制台，其与导航系统控制操纵台有着相似的硬件，其中包括23英寸的液晶显示器。在操作室还有一个多功能导航控制台，一个在海图室。后者连接到航行数据记录仪上。

除了多功能导航控制台之外，在舰桥上的两个位置、驾驶桥楼翼台、海图室和整个舰

2 舰体和基础设施的剖析

左图:皇家海军"钻石"号舰桥中的官员用望远镜获取方位并扫视周围环境。[王冠版权,2010 LA(Phot)本·萨顿(Ben Sutton)]

海军俚语

术语"Log"的起源可以追溯到早期航海,当时,舰船的速度是通过在一侧扔一块木头并计算其通过舰船长度的时间来确定。

海军俚语

光学手段仍旧是舰舰导航的基础,如45型驱逐舰上的MK1型眼球状光电装置。

对页图:导航显示:
(A)导航雷达[雷松·安修斯(Raytheon Anschütz)]
(B)电子地图显示和信息系统[雷松·安修斯]

75

下图：前桅杆的剖面图。
[亚历克斯·庞]

上的位置（例如飞行指挥的后部着舰指挥台（caboose））都有带有较小的10英寸液晶显示器的多功能导航显示。

导航系统通过两个相同的数据分发单元接收来自多个数据源的导航数据。采集的数据包括：

（1）来自两个海上惯性导航系统的俯仰、横摇和舰船的航向数据，每一个惯性系统都包括三个垂直安装的激光陀螺仪环；

（2）来自一个磁罗经的舰船航向；

（3）来自两个P（Y）代码全球定位系统（GPS）接收器的舰船地理位置；

（4）来自一个罗兰（LORAN）和差分GPS组合接收器的舰船的地理位置；

（5）声呐测定的海底深度，回声测深仪有两个安装在舰体的传感器，一个是用于深海的低频（12千赫兹），一个是用于浅海的高频（200千赫兹）；

（6）来自双轴电磁记录系统的通过水面的纵向和横向速度。

导航系统与战斗系统完全集成，并为其提供重要的数据。虽然导航数据的处理和给其他系统的分发是完全自动的，但是舰船的导航依赖于传统的航海技能。这意味着，用视觉识别来验证导航数据并手动获得导航特征和其他舰只的方位仍非常重要。

主桅和上层建筑

前桅是45型驱逐舰的一个标志性特征，可以让它们一眼被认出。安装在前桅顶部的1045型"桑普森"多功能雷达极大程度地决定了主桅的尺寸和形状。但是无论如何，主桅还支持了几个传感器和通信天线。与天线有关的设备主要容纳在这宽敞的结构中。

上层建筑的长度几乎是45型驱逐舰一半的长度。其包括舰桥、主桅、烟囱结构、小艇吊放舱。主要使用的上层建筑的露天甲板是01-甲板。它包括左舷和右舷开放的侧甲板，从舰桥翼台后部的下方一直延伸大约45米。侧甲板大约4.5米宽，由烟囱后部一个7米宽的全交联甲板连接。侧甲板的内侧是上层建筑，由一个1米高

2 舰体和基础设施的剖析

1 1045型"桑普森"多功能雷达；
2 雷达电子支援措施天线；
3 卫星通信天线（左侧和右侧）；
4 1048型天线（搜索）；
5 通信横桁；
6 1047型天线（导航）；
7 EOSP（左侧和右侧）；
8 国际海事通信卫星天线；
9 气象与海洋学天线；
10 舰桥；
11 舰桥翼台（左侧和右侧）。

左图：前主桅和舰桥顶部传感器和天线。[作者/丹·格兰特（Dan Grant）拍照]

英国皇家海军 45 型驱逐舰：拥有、维护和使用手册

1 舰桥和舰桥翼台；	4 进气口；	7 烟囱结构；	10 单枪；	13 小舱吊放舱；
2 前主桅；	5 可移动的防波板；	8 排气口；	11 远程雷达后桅；	14 机库。
3 RAS 制高点；	6 SCG 平台；	9 密集阵舰；	12 后部排气口；	

上图：上层建筑部件。[作者/美国海军照片，2012托马斯·伊普斯（Thomas Epps）]

的防波板（bulwark）限定侧甲板朝海的程度。防波板不仅仅是一种保护，它还减少了舰船的雷达横截面。它们在甲板层有排水孔排掉积水。防波板的纵截面可以降低，舱门打开后可在01-甲板上用于海上补给、救生筏的放出和进行靠港货物装卸。

从01-甲板到上层建筑内部空间有6个门。在上层建筑上还有很多门通向储物柜和隔间用于拿取设备，例如，诱饵弹弹药箱、小口径弹药弹药箱和机枪射手掩体。所有上层建筑的门

2 舰体和基础设施的剖析

都是防水的。有4个可转动的补给缆绳固定点，以便舰船可以接受燃油和干货的转移，燃油和干货都用缆绳和油管从补给船运至01-甲板。

上层建筑左侧和右侧的武器是相同的：在01-甲板的每一侧有一个"密集阵"CIWS和两个诱饵发射器，一个小口径机枪（SCG）被安装在02-甲板层任一侧的一个平台上。

通道

在港口时，进入舰船的主入口通过一个由舵手人员把守的登舰舷梯（brow）进入飞行甲板。前甲板还有另外一个舷梯位置。在1-甲板舰体的左侧和右侧也有门，几乎完全位于舰体中央，通向舵手大厅。无论是在锚泊还是在航行中，这些都是供

左图：来自01-甲板舷侧突出部的右侧的"密集阵"近迫武器系统。[丹·格兰特]

79

英国皇家海军 45 型驱逐舰：拥有、维护和使用手册

右图：从01-甲板到上层建筑的路径。[作者]

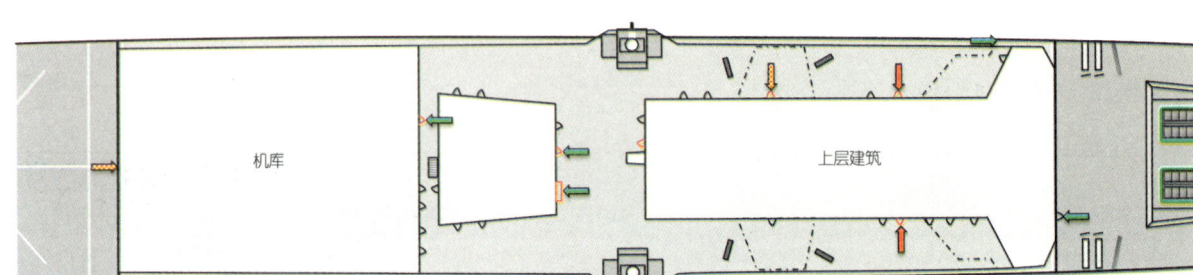

下图：到电梯（左侧）的气密和水密门和进入上层建筑的门（右侧），凭借一个斜板（前景），可以让装卸货物的轮式装卸车越过电梯门的门槛。[Airfix]

客人和全体船员使用的同样的入口，他们借助小艇抵达并爬上舷梯。舷梯通常保存在一个存储处，沿着舰船在船尾从舰体门口运行。储存处是在一个10米长、在顶部垂直开口闭合铰接的后面。当需要时，舷梯铰链向下放到水平，尾端放低到水面。

从飞行甲板、前甲板和01-甲板到上层建筑访问有几个门。所有这些门都是防水的，并且在01-甲板上的3个门也是气密的，并且遭遇化学-生物-核放射性状况时，这些是在作战待命期间（action stations）唯一使用的门。其中的两个门允许通过气闸室（airlock）进入，第三个通过一个洗消站（cleansing station）（供那些遭受NBC武器袭击的人使用）。在机库的前端还有一个气闸室和一个洗消站，供那些在机库和飞行甲板上工作的人使用。通到01-甲板上中央货物

2 舰体和基础设施的剖析

电梯的门也是气密和水密的。4个巨大的弹簧帮助人们打开电梯巨大的大门。所有人员的门道都有合适的铰链以耦合于上层建筑的倾斜。

在战舰上，2-甲板上的主通道从"席尔瓦"发射器前端一直延伸到封闭式甲板的尾部——距离大约90米。这个通道相似于其上的较短的1-甲板通道。两个通道都有一个最小允许净宽度和净高度，分别为1.25米和2.1米，以保证设备和人员容易通过。即使小的通道和辅助通道也有一个0.95米和2.1米的最小净宽度和净高度。

所有的内舱壁门都是水密门，并有1.94米的净高，以允许头戴钢盔的消防员进入。当受到攻击时，通过关闭某些气密隔板门，舰船可以被划分成单独的、气密区域。隔板门是一种新设计，可以用一个单杆操作机械打开和关闭，但是当关闭时，在几个点上被限幅。这种设计使新的硅聚合物密封成为可能，可以用比橡胶密封件少得多的压力来压缩。

关于门的规定反映了这个事实，即战舰会"去危险的地方"并且可能会遭受战斗损伤。因此，在2-甲板下面的甲板上没有门道通过水密舱壁。在较低的甲板（3-甲板及其以下），在相邻水密部分的舱室之间移动必须爬升到2-甲板，通过一个水密门道到下一个部分，并再

左图：2-甲板主通道。[王冠版权，2012 皇家海军"保卫者"号]

> **海军俚语**
>
> 主通道经常被称为"要道（Main Drag）"，因为它处在舰船最核心的位置。

下图：水密门道，在这里，2-甲板通道通过了一个水密舱壁。[王冠版权，2012 皇家海军"保卫者"号]

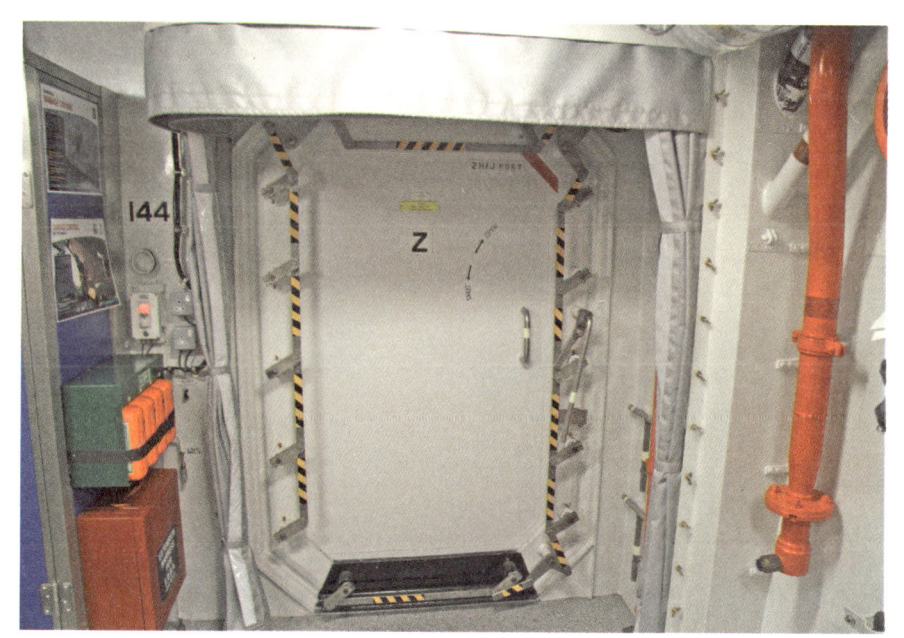

英国皇家海军45型驱逐舰：拥有、维护和使用手册

右图：位于2-甲板通道的水密和气密门道，在远处是带水密门道的通道。注意靠壁放置的木头用于门道之间通道的损害控制。[王冠版权，2012 皇家海军"保卫者"号]

右图：在皇家海军"保卫者"号2-甲板通道中的一个舱口，打开后有一个通往下层甲板的梯子。[王冠版权，2012 皇家海军"保卫者"号]

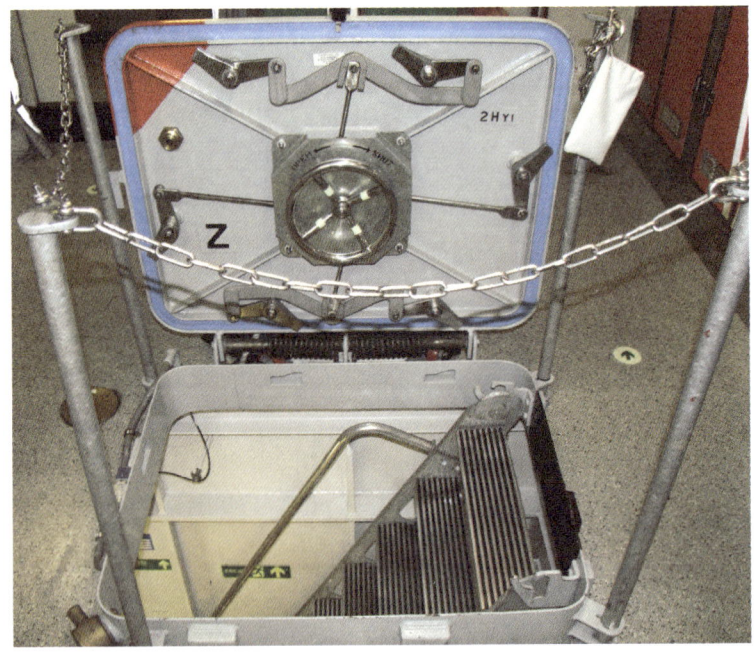

次下到需要的甲板层。

垂直进入甲板通过通向舷梯的舱口来进入。这些舱口也已重新设计为一个单杆操作，并且反平衡，以使它们易于打开。

尽管通道较大，但是设备规格的规范仍旧保持以前的级别。无论如何尽可能保证，任何尺寸都不应超过760毫米，并且任何设备都不重于50千克，当沿着通道运输更大和更重的设备时，将需要特制的设备。超过这些尺寸和重量的设备和部件，例如，燃气轮机模块和柴油发动机，需要预先计划拆除和更换路线。这样的路线可能包括取下或涉及可能临时打开的甲板区域。临时开口可能是螺栓紧固板或者，"临时补板（soft patches）"——该区域被设计为可切断，然后再重新焊接。

主电梯从01甲板上的补给区下到5-甲板。它把食物和食品运送到主干食品储藏处、冷藏室和冷冻室。冷藏室和冷冻室从

2 舰体和基础设施的剖析

左图：在皇家海军"保卫者"号上的主要干食品储藏处。[王冠版权，2012 皇家海军"保卫者"号]

下图：皇家海军"保卫者"号上一个冷藏食物储藏处。[王冠版权，2012 皇家海军"保卫者"号]

英国皇家海军45型驱逐舰：拥有、维护和使用手册

右图：皇家海军"保卫者"号上在2-甲板上（毗邻于厨房）的中央储藏电梯。[王冠版权，2012 皇家海军"保卫者"号]

右图：在皇家海军"无畏"号上，在一个设备的备件库房的供应链物流管理人员。[王冠版权，2012 LA（Phot）尼可拉·威尔逊（Nichola Wilson）]

海军俚语

对于装储食物饮料（"victual"（发"vittle"的音））是指搭载在舰上的食品和日常用品。食物因此被称作victual，所以水兵们通常用这个词表示吃饭。

一个绝缘密封舱进入，该绝缘密封舱也用作乳制品的一个温控储藏区（5℃±1℃）。隔热帘被用在入口处，并跨越其存储架。密封舱通向一个土豆冷藏室（6℃±1℃），一个水果和蔬菜冷藏室（5℃±1℃，）和冷冻室（-20℃±2℃）。隔热帘安装在这些舱室的入口。当厨房需要从储藏处取食物时，电梯可以把食物运送到2-甲板的一个大堂，该大堂毗邻于厨房。该系统避免了大量的人工劳动，在早期的军舰上从下层贮藏室取出与分袋都必须由人工完成，尤其是对于高周转率食品。该电梯还用来运输设备配件（运进/运出下层储藏室）。

厨房和餐厅

与此前的皇家海军驱逐舰不同，只有一个厨房为全舰人员提供就餐服务。为了能让厨师们为全舰准备和烹饪大量的饭菜，厨房装有先进的设备。厨房位于

左图:皇家海军"保卫者"号的厨房。[王冠版权,2012 皇家海军"保卫者"号]

左图:皇家海军"钻石"号上的厨房中,厨师们正在准备食物。[王冠版权,2013 PO(Phot)保罗·庞特(Paul Punter)]

右图：皇家海军"保卫者"号上的水兵餐厅。[王冠版权，2012 皇家海军"保卫者"号]

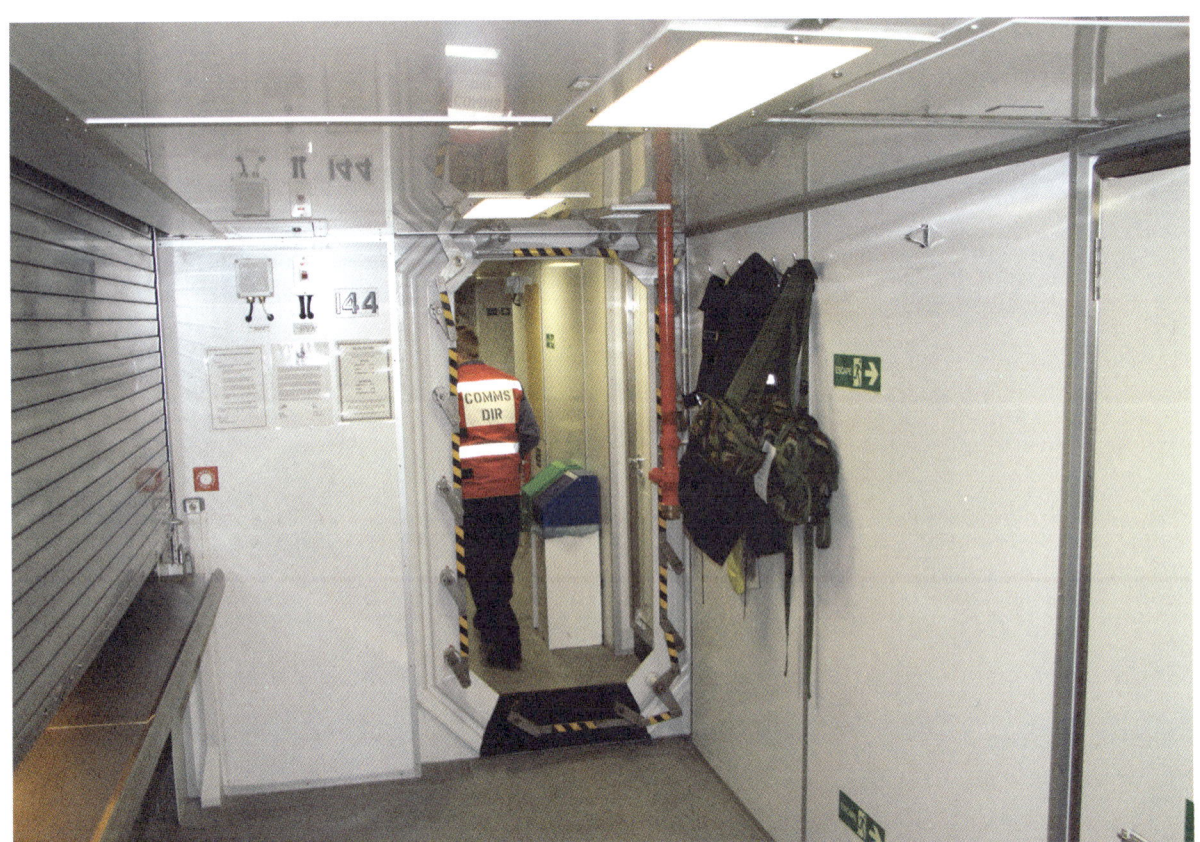

右图：在皇家海军"后卫"上的水兵餐厅备餐间。[王冠版权，2012 皇家海军"保卫者"号]

2 舰体和基础设施的剖析

水兵餐厅和军官餐厅之间。上面的军官餐务员（Wardroom Steward）的餐具室由一个"哑巴服务员（dumb waiter）"电梯来服侍。因此，一日三餐（除了舰长的）都由几米内的厨房提供。特殊的安排保证为舰长以及在会客室中用餐的客人的餐饭保持温度。整个舰上人员的伙食相同，但是军官通常要为这个小小的奢侈支付额外的伙食费用，例如，鲜榨的橙汁和更多样的奶酪的选择。

水兵餐厅有40个就餐座位。一系列菜肴就以在餐厅外备餐的方式送达。食品有时要适合于舰船的观察系统。在就餐的高峰时期，水兵们把他们用过的盘子返回到餐厅一侧的洗碗处，在那儿，它们由被选择轮流当值的士官来清洗。

住宿

在上一代的皇家海军军舰上，水兵们住的很混乱，吃饭、睡觉和娱乐都在一起。但是无论如何，为了招聘和留住必要的高素质、多样化的人才来操作先进的、复杂的军舰，提供现代化的设施很有必要。从传统的实践出发，每

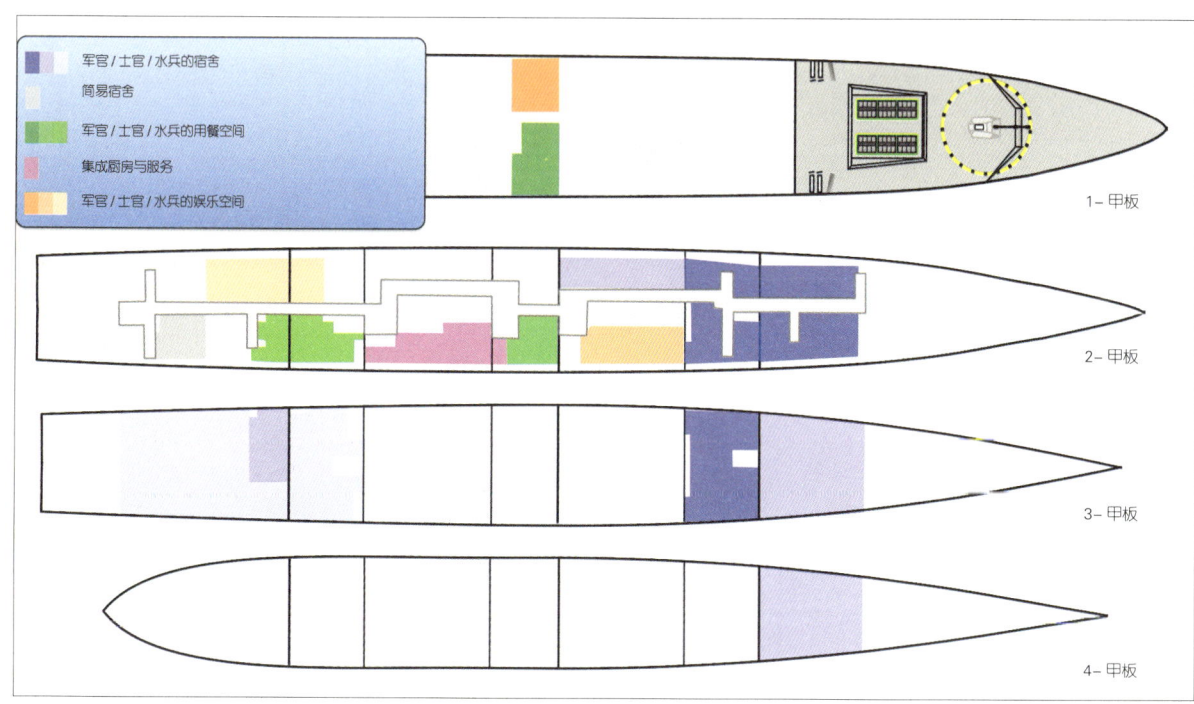

左图：皇家海军"勇敢"号上，军官、士官和水兵的住宿和生活空间配置示意图。[作者取自BAE系统公司的信息]

英国皇家海军 45 型驱逐舰：拥有、维护和使用手册

右一图：皇家海军"保卫者"号上的高等级人员的双卧铺船舱。[王冠版权，2012 皇家海军"保卫者"号]

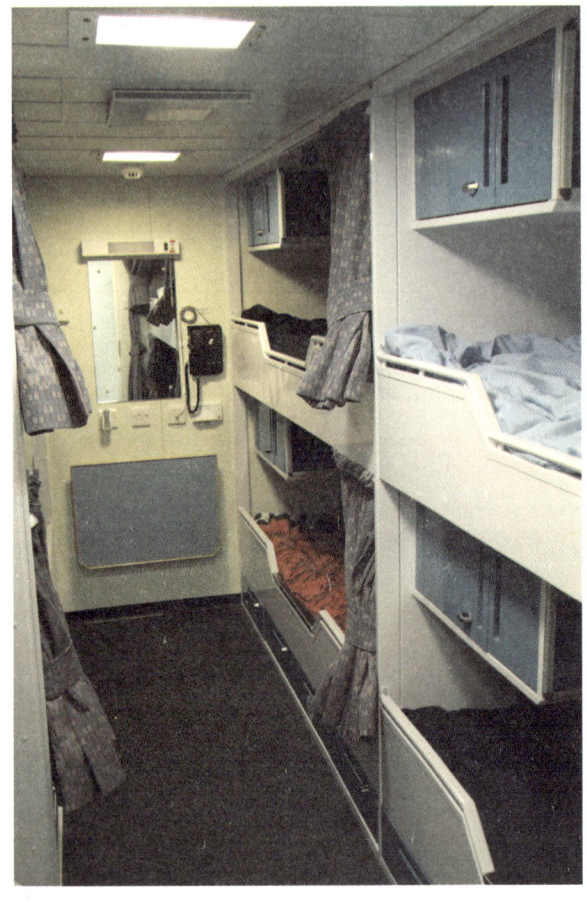

右二图：皇家海军"保卫者"号上的低等级人员的6卧铺船舱。[王冠版权，2012 皇家海军"保卫者"号]

一个功能都有专门的空间，并凭借设施满足皇家海军最新的乘员舒适性标准。此外，整体的人均居住面积比现役的其他军舰大40%。皇家海军"勇敢"号是皇家海军第一艘真正实现性别平等的战舰，例如，用于全部44个浴室、54个莲蓬头和100个盥洗盆的独立设施。

所有在舰上的机舱都铺有地毯，并配备了擦拭干净的家具。水兵共用6个卧铺机舱。这些卧铺至少1.97米长，这是认识到在近几十年来，英国整个族群（男人和女人）的平均身高已经在增加，并预计在该舰的寿命期内，将会进一步发展。卧铺的宽度至少850毫米宽，并设置为三组，高两层（在以前的战舰上，用三层铺位分层睡）。双层布置为个人空间提供了足够的高度，以使乘员能坐起来阅读或使用电子设备。每一个卧铺都有一个阅读灯、用于个人

2 舰体和基础设施的剖析

电子设备和互联网连接的电源插座。出于安全原因，互联网只供有授权的舰上便携式电脑使用，所有这些都建立了适当的安全措施。作为卧铺的一部分，每一个等级的人员都有个人的更衣柜、下拉式壁橱和抽屉。机舱还有一个用于挂放制服和便衣的衣柜。

皇家海军"勇敢"号旨在全球作战，因此设计了暖气、通风和空调系统，以确保从北极到海湾的各种极端温度下让船员舒适工作。

一些士官住舱毗邻于水兵住舱，但是大多数高等级住宿处是朝前的。士官用的是两个卧铺的住舱，而有更大责任的部门用的是单卧铺机舱。军官（除了上舰实习的海军军校学员外）使用单人间，住舱对他们来说是双重办公区，因此，配备了办公桌和文件柜。床可以折叠起来变成座位。这些住舱还有一体式洗手盆。

舰上的人员是191人，但是卧铺大约有235个，以允许外来的人员住宿，例如，搭载一支舰上作战分队，用他们自己的武器和装备来完成任务。舰上作战分队的部分士兵将使用简朴的住宿。虽然它们相较于舰上的其余部分的标准较简陋，但是这类住宿，10个三层铺位带一个单独的个人柜子，与42型驱逐舰上的标准住宿相似。这种住宿仅适于短期使用。

左图：皇家海军"保卫者"号上的军官的个人住舱/办公室。[王冠版权，2012 皇家海军"保卫者"]

左图：皇家海军"保卫者"上的简单的铺位。[王冠版权，2012 皇家海军"保卫者"]

英国皇家海军 45 型驱逐舰：拥有、维护和使用手册

娱乐空间

水兵和士官的娱乐区域是相似的，分别位于各自的卧铺附近。在45型驱逐舰上，所有人员都有专用的、宽敞的娱乐场所，包括三个相互连接又自成一体的空间，有86个舒适的座椅。它们提供了一个供所有人员（男性和女性）都可以休息的空间。鉴于餐厅是基于军阶而分开的，而这一系统却可以允许所有的人员聚集在一起，形成一种更强大的团队精神。

主要部分有酒吧设施，包括啤酒冷却器。相邻的空间有视听娱乐设备，例如电视和DVD播放器，最后部分是安静的阅读学习区域，并提供茶和咖啡。把电视区从社交区和安静区分离出来，这样的区域划分是合理的。在皇家海军"勇敢"号服役之前，人们还会担心这样设计可能会导致失去以前的餐厅–甲板上那种同事间的友情，但是宽敞舒适的娱乐空间并没有导致这种情形的发生。

在海上时，皇家海军人员保持健康是至关重要的。虽然许多皇家海军舰船现在都带有训练设备，但是皇家海军"勇敢"号是第一艘在甲板上设计有专用的、永久性健身中心的皇家

右图：皇家海军"保卫者"的水兵们在低等级人员的娱乐空间中。[王冠版权，2012 皇家海军"保卫者"]

2 舰体和基础设施的剖析

海军战舰。供整个舰上人员使用的健身设备，位于4-甲板上的水兵住舱下方。健身中心提供了岸上可见的正常范围内的健身设备，例如，跑步机、走路机（step machines）、交叉训练机（cross-trainers）、飞旋器（spinners）、自行车、划船机（rowing machines）和多用途健身器材（multi-gym equipment），但由于船舶运动的影响，没有提供力量（free-weights）训练器材！当然，舰上的人员还可以通过在宽大的飞行甲板（飞行甲板的十圈，相当于跑一千米）或01-甲板空间上慢跑来健身。

在1-甲板上，靠近主控制室，是军官室和军官休息室。军官室是军官吃饭的地方。通常容纳30名军官，但是如果必要也可以容纳40名军官。饭菜由来自厨房的电梯输送，由军官服务员提供服务。

军官休息室是军官休息的地方。它配有简单的椅子和一个酒吧。还有一个电影投影仪和屏幕，每周放映传统的电影。

一体化电力推进系统（IEPS）

45型驱逐舰是第一艘装备有一体化电力推进系统，并用电动机直接旋转螺旋桨的重要战舰。当然，除了推进系统，该战舰还使用电力来驱动所有的舰上设备和服务，例如照明、加热和空调，这些系统都连接到了一体化电力推进系统上。电力由4台主发动机产生——两台燃气涡轮机和两台柴油发动机——每台都连接有它自己的交流发电机，交流发电机工作在4.16千伏，电压推进设备使用变压器把这一电压降低到常规的440伏，以满足舰船作战系统和生活设施的需要。

一体化电力推进系统包括两个相同的，但交叉连接的，由电源管理系统（EPMS）控制的电力系统。电源和推进系统的冗余，标志着回到了以前的皇家海军的作法，以增加舰船的灵活性、可用性和舰船的生存能力。

电力推进系统的两部分被物理性独立分成左侧系统和右侧系统，每一个在正常运行时都

上图：皇家海军"勇敢"号健身中心的健身器材。[王冠版权，2012 LA（Phot）摩根·基思]

英国皇家海军 45 型驱逐舰：拥有、维护和使用手册

上图：皇家海军陆战队正在皇家海军"勇敢"号01-甲板上训练。[王冠版权，2012 LA（Phot）基思·摩根]

驱动适当的螺旋桨。每一半部分都包括：

- 一台WR-21先进循环燃气轮机，功率为25兆瓦，连接到一台4.16千伏/21兆瓦交流发电机，统称为一台工作在3600转/分钟的燃气涡轮机发电机组；
- 一台直接耦合到一台4.16千伏/2兆瓦交流发电机的柴油发动机（统称为一台柴油交流发电机）；
- 一个脉宽调制变换器，由三个（每个五相）通道组成；
- 一台15相的先进电动感应电机，在165转/每分

海军俚语

后甲板在航行舰船的舰艉，当指挥舰船时，是舰长和观察官的位置。

右图：皇家海军"保卫者"号上的军官室。[王冠版权，2012 皇家海军"保卫者"]

2 舰体和基础设施的剖析

额定功率为20兆瓦；

- 一台2兆瓦 4.16千伏/440伏舰船变压器；
- 两台谐波滤波器，一个用于4.16千伏，一个用于440伏；
- 两个配电板，一个用于4.16千伏，一个用于440伏；
- 三个动态阻断电阻器；
- 两个主轴，每个以与马达同样速度旋转一个5桨叶的螺旋桨。

左图：皇家海军"保卫者"号上的军官休息室。[王冠版权，2012 皇家海军"保卫者"]

1 燃气涡轮机；
2 交流发电机；
3 柴油发动机；
4 4.16kV 配电板；
5 母线槽；
6 变压器；
7 动态阻断电阻器；
8 舰船的变压器 2.5MVA；
9 推进马达；
10 440V 配电板；
11 舰船的生活用电，440V，三相 60Hz；
12 螺旋桨轴；
13 螺旋桨；
14 4.16kV 中继馈线；
15 440V 中继馈线。

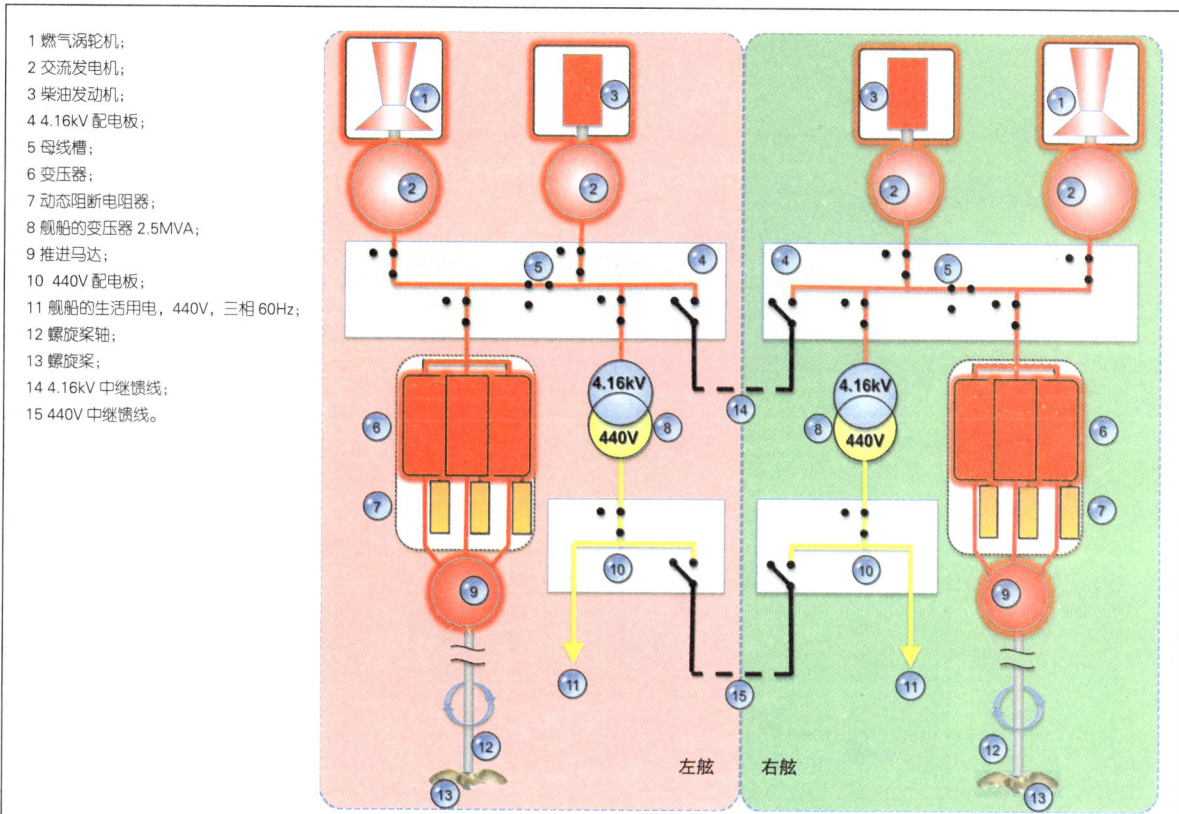

海军俚语

术语"wardroom"衍生自wardrobe——该词在帆船时代是指箱子，用于保存军官的备用制服并作为财宝的储藏处。随着航行的舰船越来越大，这个箱子演化成了一个独立的空间，被称为"Wardrobe Room"或Wardroom，成了军官通常吃饭的地方。

左图：一体式电力推进系统单线图展示了"双岛（twin-island）"全功率配置（4.16 kV的滤波器被简化略去）。（作者取自GE能源公司的信息）

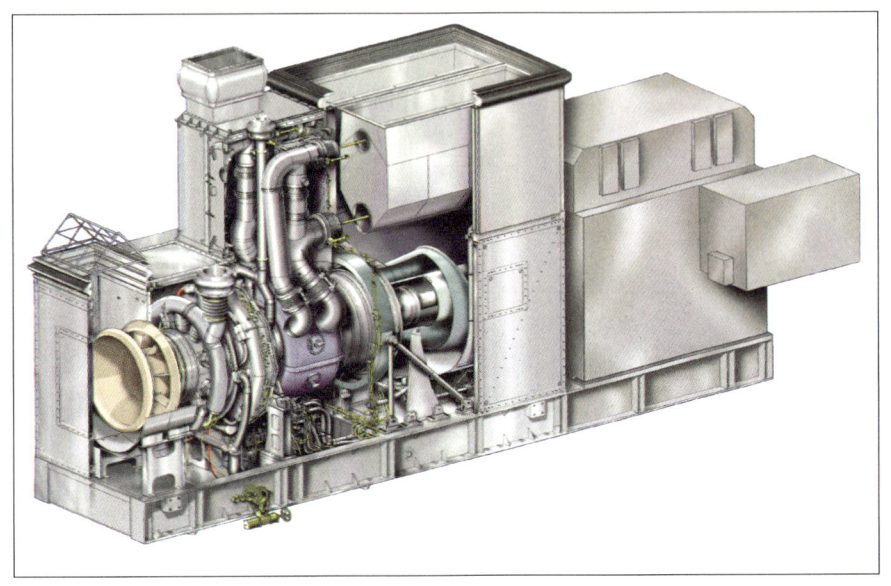

在满功率时,两个系统独立运行,但是在它们之间电源有区分。然而,该系统是非常灵活的,依靠需要的功率和损伤(适当的)的恢复程度,采用不同的配置。例如,在平时低速状态时,整个舰船的电源可能由一台单独的燃气涡轮机提供。

电力的主要来源是两台燃气涡轮发电机,它们由革命性的WR-21燃气轮机驱动。交流发电机是非常紧凑的,这得益于先进的冷却系统,并旨在承受电力推进系统高度的典型谐波。WR-21和交流发电机安装在一个普通的基

上图:带有交流发电机附件的WR-21先进循环燃气涡轮机的剖面图。[罗尔斯–罗伊斯公司]

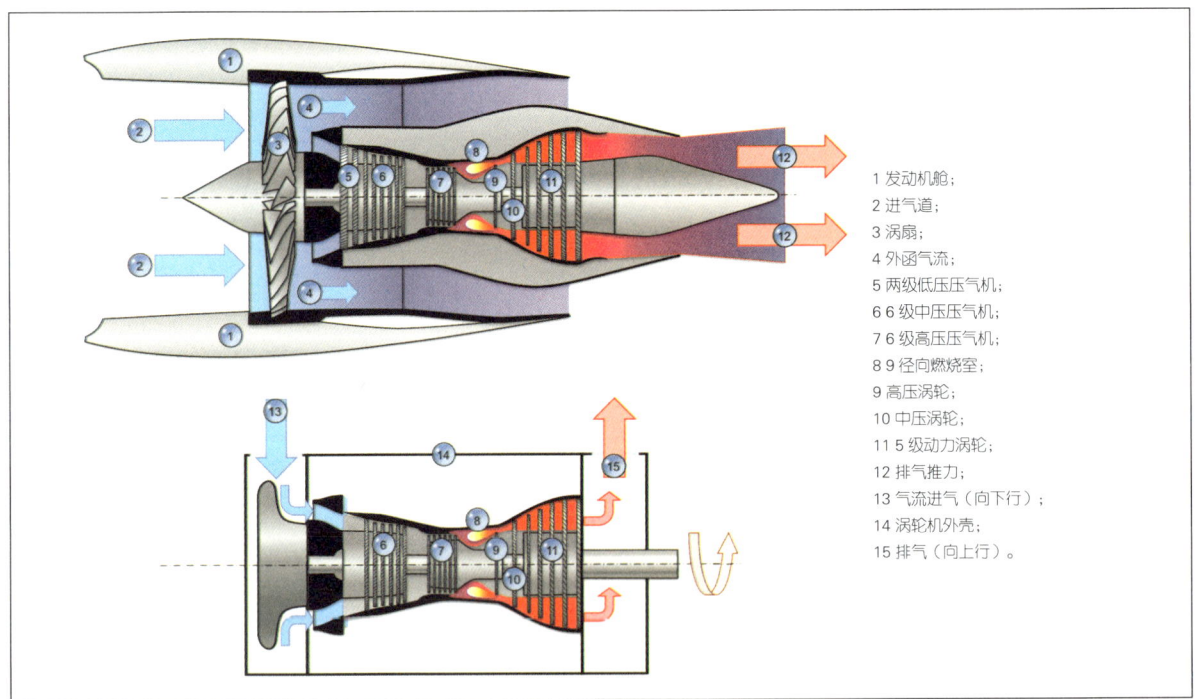

1 发动机舱;
2 进气道;
3 涡扇;
4 外函气流;
5 两级低压压气机;
6 6级中压压气机;
7 6级高压压气机;
8 9径向燃烧室;
9 高压涡轮;
10 中压涡轮;
11 5级动力涡轮;
12 排气推力;
13 气流进气(向下行);
14 涡轮机外壳;
15 排气(向上行)。

右图:衍生自航空发动机(上部)的船用燃气轮机(下部)。[作者取自罗尔斯–罗伊斯公司的资料]

2 舰体和基础设施的剖析

板上,反过来也就是说,有弹性地安装在舰船上,将任何振动都传递给舰体。燃气轮机交流发电机的所有方面都由一个全权限数字发动机控制系统控制。

WR-21是一台衍生自航空发动机的船用燃气轮机,但包裹在一个强制通风的气密和水密的外壳中。得益于先进的航空发动机技术,制造的高压涡轮叶片可以承受涡轮机高速旋转和极热废气对它们的特殊要求。每个叶片都是由一种单晶的特殊合金制成的。这种晶体是在一个真空炉中冶炼成的,采用这种技术以确保晶体成长时,让一系列复杂的空气通道作用在冷却叶片的操作上。在使用热屏蔽涂层前,用令人难以置信的精确激光打孔来创建外部冷却孔。这种涂层优于航天飞机上瓷砖涂层的性能,并可以在燃气温度中使用,这一温度不仅超过了叶片合金的熔点,而且大大超过了400℃。

WR-21是世界上第一款先进循环燃气轮机,其采用了中间冷却和回热循环,该技术特性使得其优异的动力效率和燃油经济性得以实现。这两种技术都采用了逆流板翅式换热器(plate-fin heat exchangers)以再利用热量,防止浪费。

压力越大,燃气的温度就越高,因此离开中压压气机的空气要比输入的空气更热。中间冷却器减少了离开压气机的气流温度,从而减少了在第二级(高压)压气机压缩空气需要的功率。中间冷却器也降低了高压压气机的排气温度,从而提高了下一节能循环(回流换热器)的性能。

离开发动机的第三级和最后的涡轮的低温排气燃气,进入换热器,在这里,在其进入燃烧室之前,对压缩空气进行预热。换热器的操作由液压作动的可变区喷嘴进行增强,以让它被充分利用。换热器不仅提高了燃烧效率,而且降低了排气离开时的燃气温度,从而降低了战舰的红外特征。

WR-21船用燃气轮机的中冷和回热循环采

上图:一台带有外壳的 WR-21船用燃气轮机的维护。[罗尔斯-罗伊斯公司]

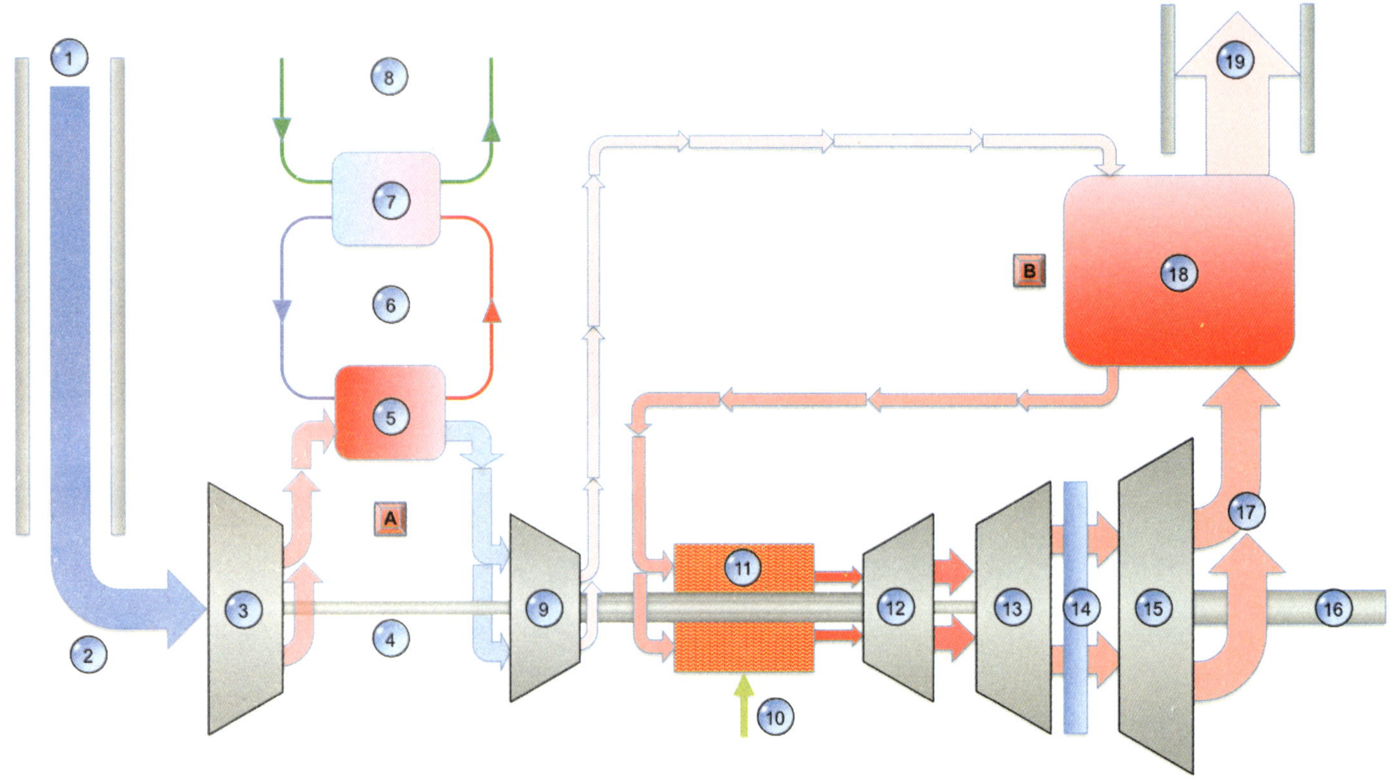

英国皇家海军 45 型驱逐舰：拥有、维护和使用手册

1 下行气流；	4 轴；	7 热交换器；	10 燃油喷射；	13 中压涡轮；	16 输出轴；	19 上行排气；
2 空气进气口；	5 中冷器；	8 海水冷却液循环；	11 压缩器；	14 可变区喷嘴；	17 排气废气；	A 来自中冷器的 25% 动力增加；
3 中压压缩器；	6 水 / 乙二醇循环；	9 高压压气机；	12 高压涡轮；	15 动力涡轮；	18 换热器；	B 来自中冷器的 30%–40% 的燃油消耗减少。

上图：WR-21中冷和回热船用燃气轮机的示意图。[作者取自罗尔斯-罗伊斯公司的资料]

用了一套全新的燃烧系统，明显不同于常规的燃气轮机。该燃烧室采用了一种反射空气喷雾燃油喷射的燃烧方法。这实现了燃油和空气的混合控制，允许空油比更高（稀薄燃烧型），同时保持足够的火焰稳定性。这是减少可见烟的一个重要因素。

两个柴油交流发电机负责提供辅助的4.16千伏电源，在港口时给舰船提供服务电源。跟随着燃气轮机交流发电机，每一个柴油发动机和它的交流发电机都连接到一个减振浮筏上，反过来说就是，有弹性地安装在舰船的结构上。每一个柴油发电机都包含在隔音罩内。柴油发

2 舰体和基础设施的剖析

燃气轮机交流发电机主要特性

功率（燃气涡轮/交流发电机）	25 兆瓦/21.6 兆瓦电力（4.16 千伏，0.9 的功率因数滞后）
耗油率	大约 0.86 立方米/kWh
尺寸（L x W x H）	8 米 x 3.56 米 x 1.13 米
重量主模块湿（Weight main module wet）	45974 千克
重量总干	49693 千克
中压压缩器	带中冷器的 6 级
高压压缩器	带排气热换热器的六级
燃烧室	9 径向燃烧室
高压涡轮	单级 8100 转/分钟（135 rev/sec）
中压涡轮	单级 6200 转/分钟（103 rev/sec）
动力涡轮	五级 3600 转/分钟（60 rev/sec）

动机的转速设置了交流发电机的输出频率，并由一个自动电压调节器控制。一个辅助调节器，位于配电板机箱内，控制它的输出电压。

用于主动力系统的柴油被装在舰体底部的油箱中。发动机的燃油从使用的油箱（定期从储藏油箱中补充）中抽出。为了减少油箱中海水的量，柴油残油清舱系统除去海水、残留和受污染的燃油。在使用前，燃油过滤，进一步除去污染物。当燃油（以及其他物资）被装载和扩充时，舰船重量的平衡被改变。为了维护舰船的配平和稳定性，燃油在各储油罐间传送方便配平，此外，5个海水压载舱调整和补偿重量的变化。舰船在舰体的底部还有固态压舱物，但这只在改装（改变永久的设备）时改变。固态压舱物的重量不到舰船排水量的1%。

为了驱动舰船的螺旋桨，可反转的先进

柴油交流发电机关键特性

功率（发动机/交流发电机）	2.0 兆瓦/1.73 兆瓦电力 (4.16 千伏, 0.9 功率因数滞后)
燃油	柴油或轻质燃油
缸径/冲程	200 毫米/240 毫米
重量	27000 千克
转速	1500 转/分钟 (25 rev/sec)
在 60 赫兹，2.0 兆瓦电力电源连续运行（平均 24 小时，90% 负载）	
有限时间功率（最大连续时间是 300 小时，每年最大 500 小时），在 60 赫兹，2.0 兆瓦电力。	

右图：6-甲板上的油箱。
[作者取自BAE系统公司资料]

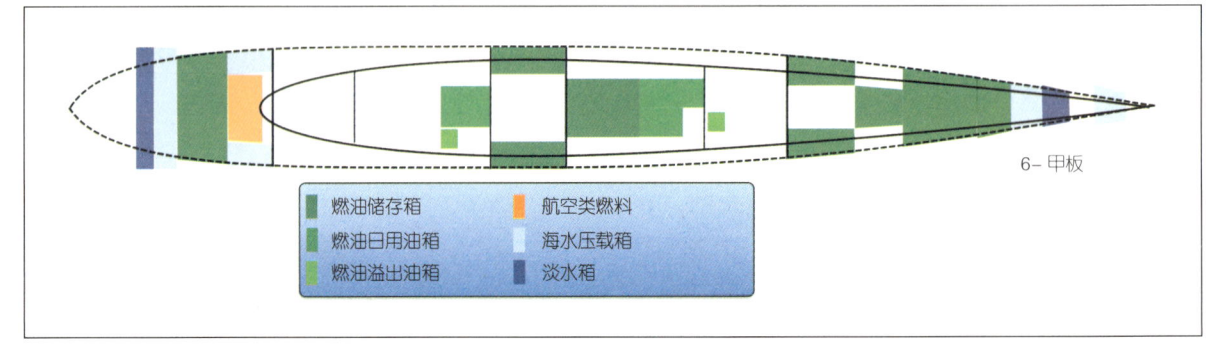

图例	
燃油储存箱	航空类燃料
燃油日用油箱	海水压载箱
燃油溢出油箱	淡水箱

电动感应电机必须以相对较低的速度和高转矩操作。为满足舰船空间的限制，它们还必须有一个非常高的功率密度。在性能上没有任何损失的情况下，这已经实现了，通过优化电磁设计，提供了一个100千牛/平方米的气隙剪切应力。这一功率密度量值是标准大工业感应电机的7倍多，并接近永磁同步电机。20兆瓦的输出功率因此可以用一个只有100吨、体积36立方米的电机就可以实现。

先进电动感应电机的强度进一步增强，通过构造转子，其最脆弱的部分，从简单的实心铜导体变成包含在一个铁芯槽内，并且不用

右图：柴油交流发电机外壳。[王冠版权，2012 皇家海军"保卫者"号]

左图：20兆瓦的先进感应电机。[王冠版权，2012 皇家海军"保卫者"号]

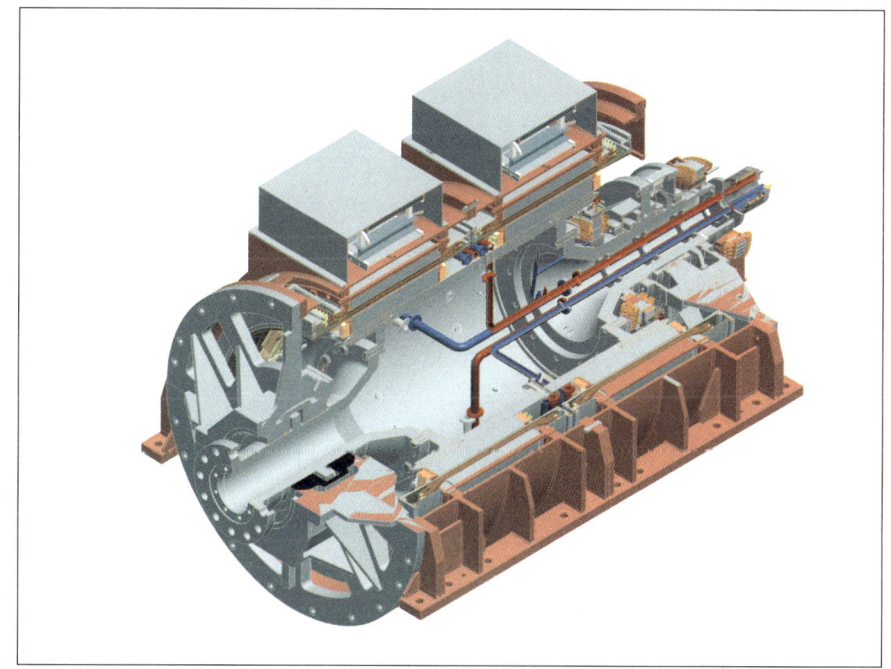

下图：一台先进感应电机的剖面图。[GE能源公司]

电气绝缘。这种转换器配置允许在操作上具有更大的灵活性，并有利于优化电磁设计。反过来说，在转子和定子之间允许有更大的空气间隙，增强了其抗冲击能力。因此，先进电动感应电机对于严格的国防部（MoD）抗冲击标准来说是合格的。

先进电动感应电机每个都由4个变速风扇冷却，使电机内的空气流通。转子和定子的构造采用了径向通风管道，被称为"销孔"（pin-vents），提供了一种从绕组中除去热量的方法。循环空气通过转换器海水冷却系统的热交换器冷却。

先进电动感应电机直接耦合到螺旋桨轴，

右图：VDM25000转换器。[GE能源公司]

右图：高电压谐波滤波器。[GE能源公司]

2 舰体和基础设施的剖析

不需要传统的减速箱或可调螺距螺旋桨系统。每一个电机根据可用的转换器通道都可以在5、10或15相上运行,无论优先级是低噪声特征还是高效率。低辐射噪声特征(安静模式操作)需要全部相,而高效率对于要求的功率输出需要最小数量的相。

45型驱逐舰上值得注意的是,对于战舰上一个电压源主推进转换器的首次实现。每个转换器,直接从它们各自的4.16千伏配电板提供,控制先进电动感应电机的转速和功率。转换器改变电动机的供电频率和因此而来的电机的转速。转换器在两个阶段提供可变的频率供应。首先,它们借助一个晶闸管整流管把60赫兹、4.16千伏的交流电变换成直流电。一个绝缘栅双极型晶体管逆变器然后使用脉宽调制器构造正确的波形,用正确的转速驱动电机。转换器有三个单独安装的通道,每个驱动与其相关先进电动感应电机的五相。当舰船没有动力时,转换器的气冷动态制动电阻器从推进电机吸收动力。这能使螺旋桨轴快速降低转速,然后反转其旋转方向。这明显有助于45型驱逐舰优越的停止能力。

转换器包含全权限数字发动机控制器(这大大提高了系统的稳定性),并通过其他功能,在可用的发电量内维持推进功率。

4.16千伏转换器和非线性440伏负载通过产生额外的高频分量都产生电源波形畸变。两种电压的谐波滤波器都被连接到配电板上,以减少这种畸变,以及因此在发电机上产生的热效应。440伏滤波器是有源滤波器,还可以补偿由440伏系统自身产生的谐波。

电源管理系统响应来自平台管理系统

下图:主推进系统的工艺图。[亚历克斯·庞]

(PMS)和自动配置综合电力推进系统的命令。例如，输入到平台管理系统的舰船速度变化的要求将导致电源管理系统调整转换器频率去改变电机转速，从而改变推进器速度。电源管理系统的其他自动控制功能保证，正在运行的发电机是平衡的，以维持系统电压，同步将被连接的发电机。如果有一个一台发电机将会失效的告警，那么在预期的紧急情况下会自动启动主动力。

增稳器和转向齿轮

电动液压主动鳍状物稳定系统是用来减少恶劣天气下军舰的横摇运动。稳定系统为舰上人员创造了一个更舒适的工作环境，因此提高了他们的工作效率。这也使得舰船成为更有效的武器平台，并使得直升机的作战包线提高到更高的海况状态下。该系统有两个流线型从舰体朝向舰尾突出的鳍状物。它们会自动转动以在舰船横摇的反方向产生水动力，因此减少了横摇。

驱动舵机包括两个电动液压操纵舵。在正常操作情况下，舰的航向可以用一个自动驾驶仪自动设置。所以，例如，舰船可以按照预先设定的路线来标注电子海图、显示与信息系统。正如预期的那样，对于这样一个重要的系统，有备选和备用的配置，以确保可以实现操舵的条件，即至少有一个舵仍能工作。在紧急情况下，舵可以使用位于舵机附近的一个应急手泵和手轮来操作。

右图：右主轴的示意图。
[作者取自BAE系统公司的资料]

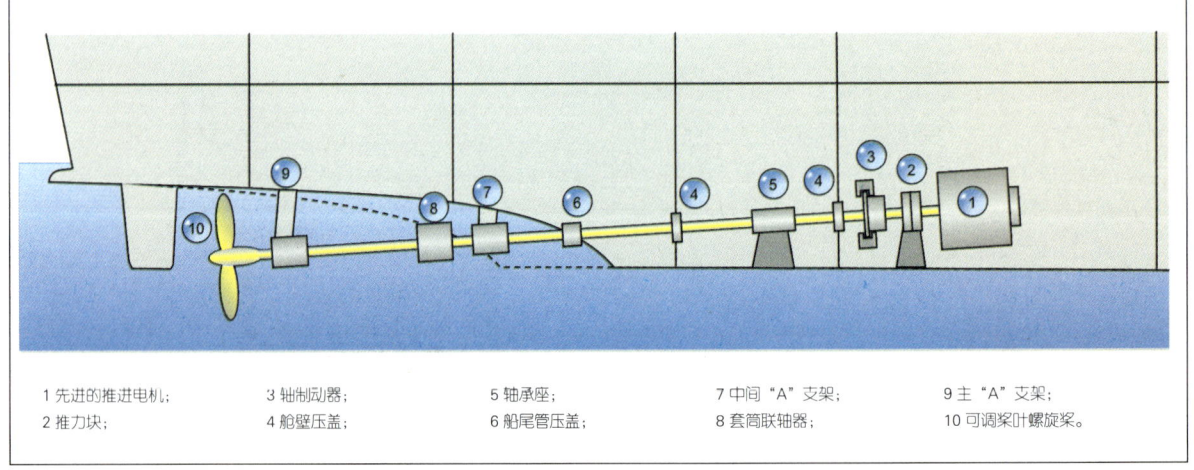

1 先进的推进电机；　3 轴制动器；　　5 轴承座；　　　　7 中间"A"支架；　　9 主"A"支架；
2 推力块；　　　　　4 舱壁压盖；　　6 船尾管压盖；　　8 套筒联轴器；　　　10 可调桨叶螺旋桨。

2 舰体和基础设施的剖析

440伏交流配电

左舷和右舷4.16千伏配电板都各自连接到一个舰船上的提供440伏交流电的变压器上。每一个440伏配电板然后给整个舰上的设备分发400伏、三相、60赫兹交流电。在440伏配电板上的断路器是空气断路器,或者对于用户负载来说,是塑壳断路器(moulded-case circuit breakers)。在平时的低负荷条件下,这些配电板可以被互连,并且所有的440伏电源可以从一个单独的变压器上抽取。

正常情况下,前向(右舷)和船尾440伏配电盘每一个都可以给以下设备供电:

- 两台空调压缩机;
- 一个海水泵转换器;
- 两个高压海水系统泵;
- 一个热风机;
- 6个(前向配电板)或7个(后向配电板)电源分发中心。

每一个还有一个损害控制连接和一个应急配电板的连接。

下图:在海上大浪中的皇家海军"勇敢"号。[王冠版权,2012 LA(Phot)卡罗琳(CAZ)戴维斯(Caroline (Caz) Davies)]

右图：双舵作动舵机。[罗尔斯–罗伊斯公司]

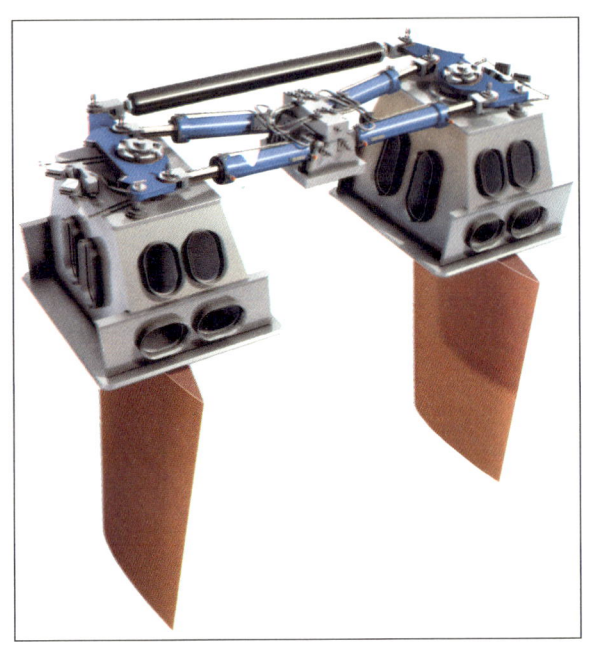

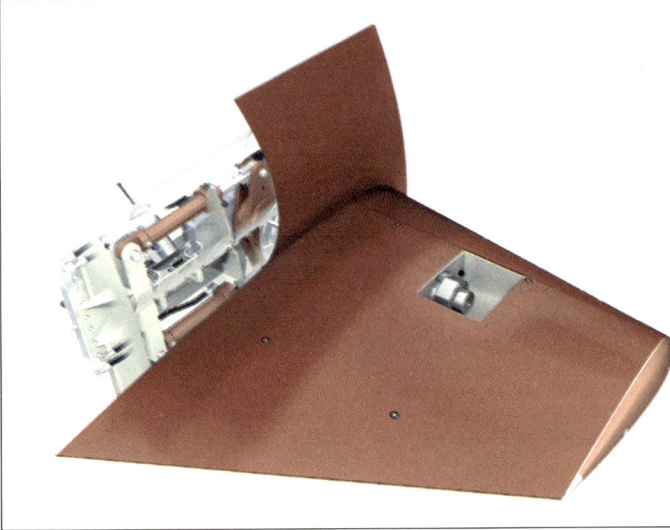

上图：来自舰尾的右舷稳定鳍状物。[罗尔斯–罗伊斯公司]

右图：在皇家海军"保卫者"号舵机舱中的操纵电动–液压作动器。[王冠版权，2012皇家海军"保卫者"号]

2 舰体和基础设施的剖析

除了大的功率负载由配电板直接供电之外，大多数设备由位于整个舰上的电源分发中心之一来供电。大部分舰上设备是440伏但该中心还包含：

- 提供115伏，单相，60赫兹设备；
- 逆变器，提供给400赫兹设备；
- 变压器整流单元，提供给24伏直流设备。

如果到左（后向）或右配电板的电源发生故障，那么它的配电中心被连接到其他配电板，以便继续供电。这种转换是通过自动转换开关来迅速实现的，以确保440伏和115伏的供电几乎无缝恢复。当功能良好的配电板被全部13个电源分发中心连接时有超载的可能性。为了防止这一点，每一个中心都设有到440伏设备和115伏变压器的连接开关，它们都可以被电源控制和管理系统自动断开。但是无论如何，只要有足够的容量，故障配电板的热风机然后可以被手动连接到无故障的配电板上。

还有第三个（应急用的）配电板，通常由右舷440伏配电板通过一个自动转换开关来供电。如果前向配电板没电，该开关可以立即把供电切换到左舷440伏配电板上。应急配电板给重要设备（那些需要水密完整性和挽救生命的设备）和关键设备（那些必要的即时操作功能和舰船的舵机）供电。在4.16千伏系统的总电源故障的情况下，一个应急柴油发电机被连接到紧急配电板上以给重要和关键设备提供电源。该发电机备有可供使用几小时的燃油。

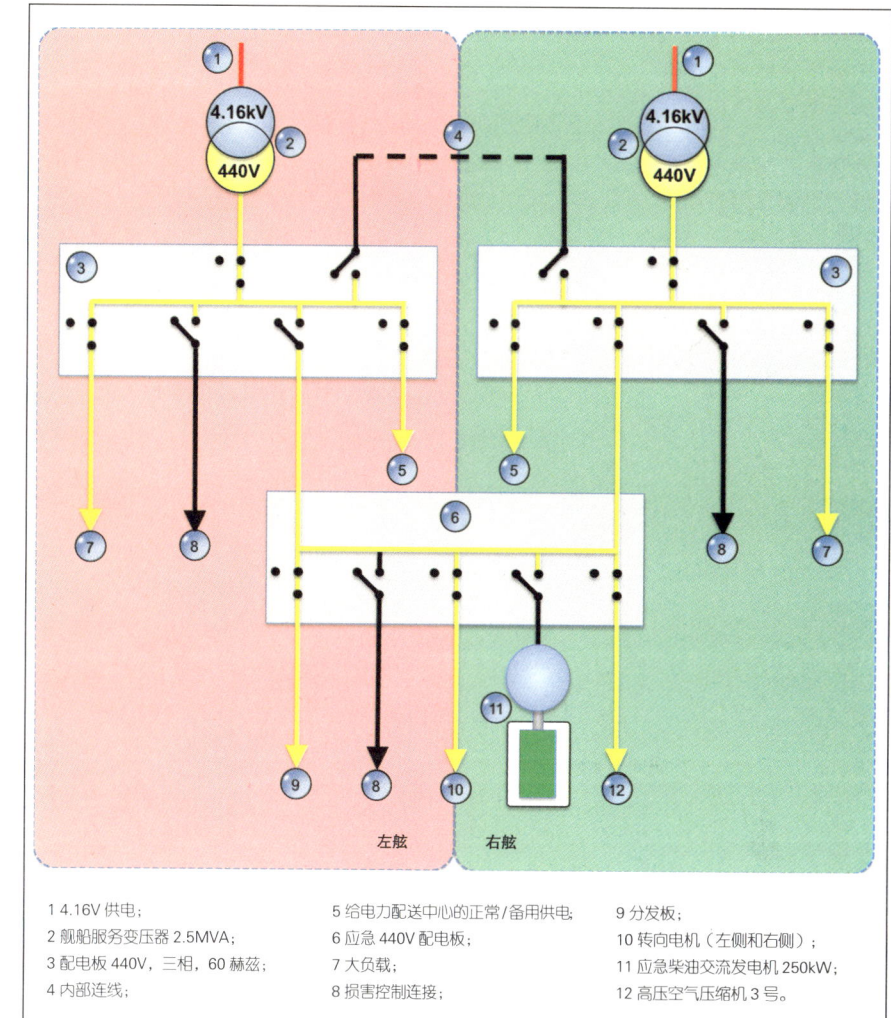

1 4.16V 供电；
2 舰船服务变压器 2.5MVA；
3 配电板 440V，三相，60 赫兹；
4 内部连线
5 给电力配送中心的正常/备用供电；
6 应急 440V 配电板；
7 大负载；
8 损害控制连接；
9 分发板；
10 转向电机（左侧和右侧）；
11 应急柴油交流发电机 250kW；
12 高压空气压缩机 3 号。

上图：在航行列队中用两台燃气涡轮交流发电机在线（为简单起见，440伏滤波器和岸基连接被忽略）的440伏交流配电系统的单线图。[作者取自GE能源公司的资料]

105

机舱

巨大的左侧和右侧燃气涡轮发电机分别位于前燃气轮机舱和后燃气轮机舱。为了适应燃气涡轮发电机，这些舱室有两层甲板高，从5-甲板延伸到4-甲板的天花板。它们占据了这些甲板的整个宽度和高度。舱室中还包含先进电动感应电机和大量的辅助设备。来自后部电动机的轴驱动右侧螺旋桨。前部电动机通过一个长轴（还通过后部燃气轮机房）驱动左侧螺旋桨。由这个轴占据的空间意味着，后部柴油交流发电机必须适应后部机舱空间，而前部柴油交流发电机也要适应前部燃气轮机机舱。

在后部燃气轮机机舱上部的3-甲板是高压和低压设备舱室。前者包括一个4.16千伏配电板、一个4.16千伏谐波滤波器、一个自动电压调节器和三个在该甲板下面的与燃气涡轮发电机有关的推进转换器。此外，隔间里还包含用于后部柴油交流发电机的自动电压调节器、一个蓄电池柜及其电池充电器。

低压设备舱室包含一个440伏配电板、一个440伏谐波滤波器、一个4.16千伏/440伏变压器和一个用于440伏重要设备的不间断电源。前部高压配电舱室和低压配电舱室位于前部燃气轮机舱（只不过是它们后部对应设备的镜像）的上面。

从前部燃气轮机和柴油发动机产生的废气通过在舰船中心线的一个管道向上排升，通过烟囱，离开04-甲板层的上层建筑。后部燃气轮机废气，在弯曲和连接后部柴油发动机向上排到远程雷达主桅下部，再往上到雷达主桅后部的04-甲板上的出口。所有北约军舰都采用了废气冷却的方式，以减少舰船的红外特征，通常通过往上的几个环形喷口来夹带冷空气，向下送气到燃气轮机舱，然后其燃气轮机通过过滤器从部分封闭的空间吸取空气，以减少海水的进入。由于向下结构的构造要比向上的结构简单的多，因此它们被设计成燃气轮机模块（如果需要替换）的拆除和运送路线。

> **海军俚语**
>
> 不像比较宽敞的综合电力推进系统机舱，老式舰船，尤其是那些使用蒸汽系统的舰船，机舱空间分布着大量管道。这样的管道经常被描述为"像两条结婚的蛇（snakes' wedding）"，现在这个词通常用来形容情况的复杂。

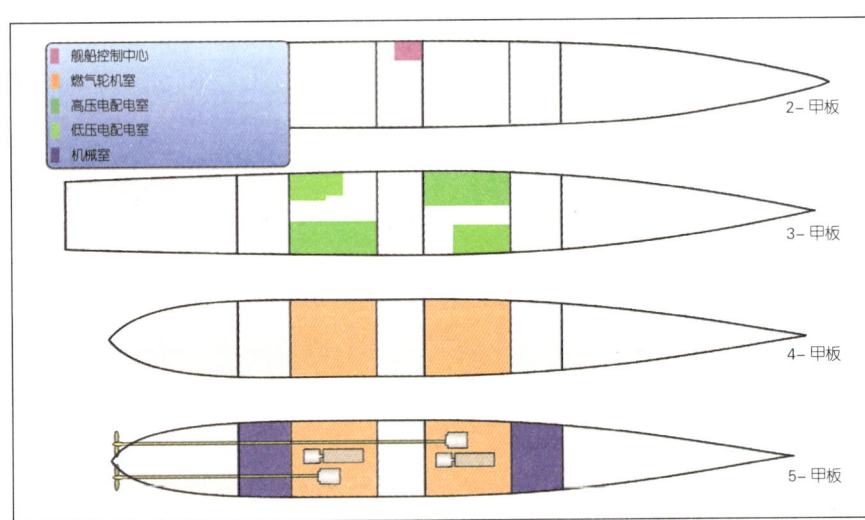

下图：机舱图。[作者取自BAE系统公司资料]

2 舰体和基础设施的剖析

舰船控制中心（SCC）和平台管理系统（PMS）

位于2-甲板上，在前、后机舱部分之间，舰船控制中心是主要的场所，用于控制舰船推进系统和舰船系统的所有方面。当舰船在行动时，这个地方由舰船工程师团队管理，并为舰上人员提供一个可用的环境。这也是损害管制的协调中心。

为舰船工程师执行任务提供便利的系统是平台管理系统。其把驱逐舰所有的支持服务集成成了一个单一的实体，此外，集成系统，也为舰船的机动性和持续作战能力做出了贡献。它允许操作人员从一个单一的固定工作站去访问、监控和控制所有这些功能。所有工作站都能运行机器控制和监控、损害监测和控制以及平台管理支持服务的所有功能。它自动化了很多机械和辅助控制流程，从而大大简化操作人员的日常工作。机械控制和监测系统的可编程逻辑控制器能够自动执行复杂的机器重新配置——例如，允许操作人员只用一个点击就可以启动一个燃气涡轮机发电机。

固定工作站每一个都有两个显示屏（并排），两个轨迹球（tracker-balls）（每个显示器一个）和一个键盘。由舰船观察工程师军官使用的工作站，还有相似于舰桥上的推进速

上图：在皇家海军"保卫者"号的高压设备舱室中的高压配电板。[王冠版权，2012皇家海军"保卫者"号]

下图：皇家海军"保卫者"号的低压设备舱室。[王冠版权，2012皇家海军"保卫者"号5]

107

英国皇家海军 45 型驱逐舰：拥有、维护和使用手册

右图：用于排出燃气轮机和柴油发动机废气的前部和后部的向上排气管。[王冠版权，2011 LA（Phot）本·苏通（Ben Sutton）]

度控制杆。所有工作站都可以通过其显示器上的虚拟杆控制这一功能。从任一一个工作站，就能查询450个工作中的设备的图形工作状态示意图，其特别设计了直管的操作，操作人员都可以控制和监控舰船的推进和服务设备。操作人员可以选择，或分配，特定的系统去监控和控制。这些系统和它们的状态都被显示在左手的显示器上，右手显示器用于显示被选系统的示意图。该示意图可以用来控制被显示的系统——例如，起动或停止泵或改变压力。

除了在舰船控制中心中有5个固定的工作站外，在整个舰上还进一步有7个相似的、双显示、固定工作站，和5个便携式单一显示笔记本工作站，其可以插入20个专用的船用宽带接口（ship-wide）中的任一个位置上。这些便携式工作站还可以在舰船上任何有以太网连接的地方连接到平台管理系统中。因此有近一百个站口，可以建立正常维护或损害控制站。

左一图：前部向上排气管的细节，展示了巨大的燃气轮机排气口和较小的柴油发动机的向上排气口。[艾伦·帕克斯顿（Alan Paxton）]

左二图：两个后部向下的过滤器的细节（在远处，右侧，过滤器下面带有通风百叶窗）。

左图：皇家海军"钻石"号待命时的舰船控制中心。[工冠版权，2013PO（Phot）保罗·庞特（Paul Punter）]

 英国皇家海军 45 型驱逐舰：拥有、维护和使用手册

上图：皇家海军"钻石"号的值班工程军官在装有发动机控制杆的舰船控制中心。[王冠版权，2011 PO（Phot）保罗·庞特]

2 舰体和基础设施的剖析

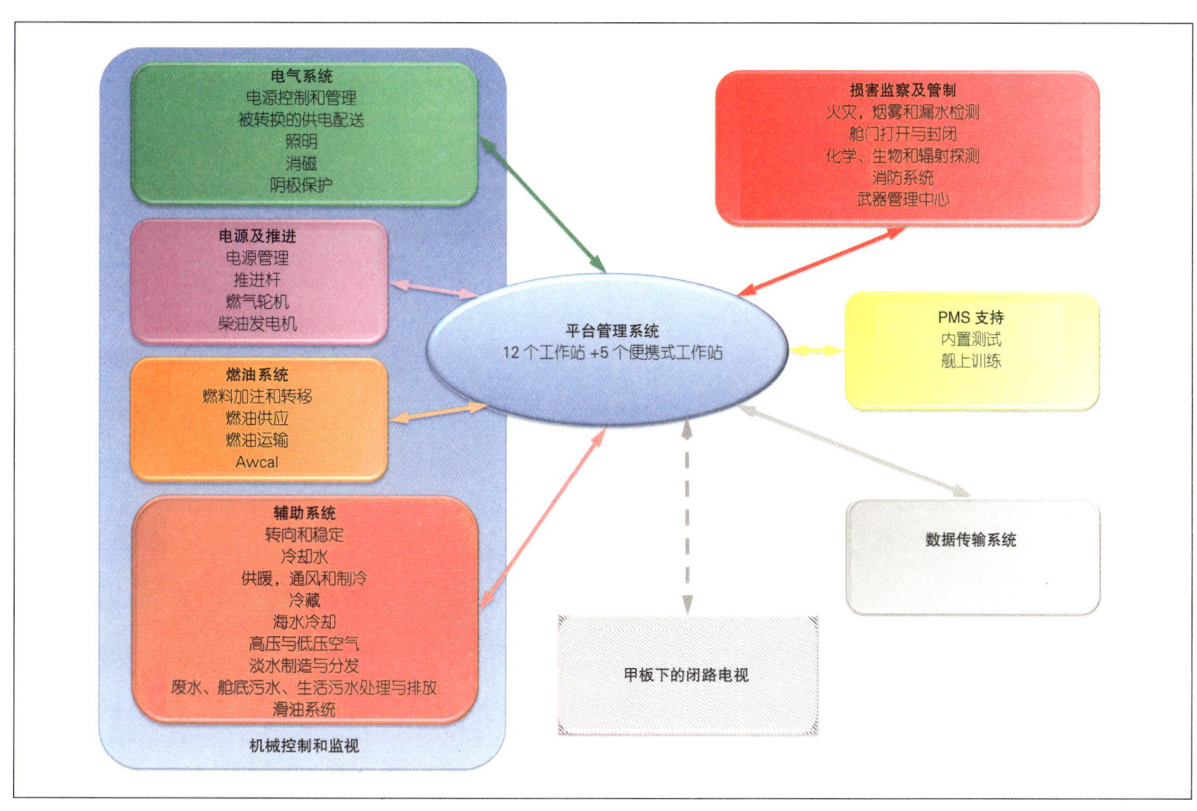

左图：由平台管理系统（PMS）集成、监测和控制的舰船系统示意图。[作者取自BAE系统公司的资料]。

平台管理系统包括内置测试和故障诊断，这样可以迅速发现和纠正故障。它还通过其状态监测为推进机械提供了一个类似的功能。该监控系统记录机械统计（如连续工作时间）、事件、性能变化和用于分析的数据（比如废气温度）。它允许预防性维修和机械改变的准确安排。还内置系统成为一个基于场景的训练设施，以允许操作人员持续改进他们的操作。

由于高度的灵活性和冗余，如果出现故障（或者如果行动损害一直继续），平台管理系统会自动配置系统，这样它们就可以继续运作。损害监测和控制系统为操作人员提供了一个任何损害持续的自动图片，并提出需要的额外的人工干预建议，以控制洪水、火灾和系统中断。它可以从一个总的舰船电源故障中执行一个恢复，而不需要操作员的人工干预。它执行的损害控制功能之一是，如果对舰船的电源分配系统有损害，就自动脱落掉不重要的电源

111

英国皇家海军 45 型驱逐舰：拥有、维护和使用手册

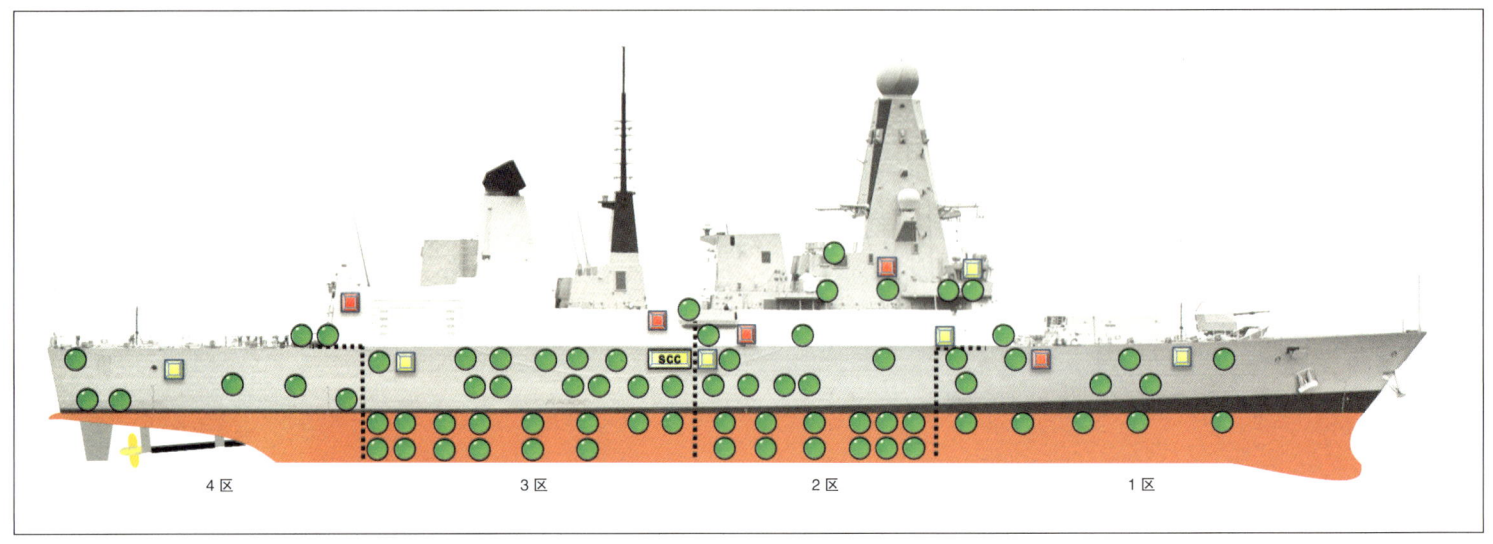

上图：可以接入平台管理系统的便携式工作站的位置示意图。[作者取自BAE系统公司资料]

供应。从而确保，在部分电源故障时，关键的作战系统和舰船系统在电源需求上有优先权。

平台管理系统的高度自动化和详细信息的便利显示已经成为减少操作推进和其他舰船系统的舰船人员需求的一个因素。通过使用一个增加了舰船系统传感器数量的远程监控系统和闭路电视（CCTV）摄像机的使用，进一步减少了工作负荷。这样大大降低了值班员巡逻机舱和定期读取数据读数的需要。

舰载消磁（OBDG）系统

由舰船产生的磁场可能会触发水雷。为了减少舰船的磁特征，安装了一个OBDG系统，以抵消舰船的永久磁场和由地球磁场诱发的那些影响。后者随地理位置和舰船的航向而变化。该系统由通过的电流在舰体中的19个线圈产生补偿磁场。线圈的电流是变化的，以确保舰船的磁特征减少到可接受的水平。一个线圈驱动单元，称为双极放大器单元，给每个线圈提供电源。该系统是一个半分布式的，并跟线圈驱动单元在舰船的三个位置组合在一起。这种安排降低了用电、重量、线圈长度和整体成本，与一个分布式系统相比，在分布式系统中线圈驱动单元位于每一个线圈位置。该系统是全自动的，线圈电流由一个识别管理控制器调节。在一个线圈损失的情况下，控制软件中特定的生存算法调整剩余线圈中的电流以最小化舰船的磁场特征。

2 舰体和基础设施的剖析

救生船舱和"太平洋"24英尺型刚性充气艇（RIB）

机库两侧各有一个救生船舱。每个都有两层甲板高，以容纳下军舰的小海船，太平洋24英尺，和其特制的发射和回收吊柱系统。刚性充气艇是快速服务船，可以让军舰执行各种各样的巡逻和登船行动（boarding operations）。每个小船需要一个两人制船员组，他们占据船尾掌舵的位置，在发动机后面；前面是可拆卸的模块化座椅，可以供高达6人的乘船者使用。"太平洋"24英尺型是基于一个已经由皇家海军使用的船型，并已被证明有特殊的适航特性和承载能力。舰体是由碳和凯夫拉尔纤维增强

上图：舰艇1/4剖面图展示了"山猫"直升机、飞行甲板和封闭的后甲板。[亚历克斯·庞]

左图：右舷救生舱打开，展示了悬挂在吊柱上的"太平洋"24英尺型刚性充气艇。[佩莱格里尼（Pellegrini）]

113

英国皇家海军45型驱逐舰：拥有、维护和使用手册

上图：皇家海军"勇敢"号的"太平洋"24英尺型刚性充气艇正在中东的海上航行。[王冠版权，2013 LA（Phot）戴夫·詹金斯（Dave Jenkins）]

右图：皇家海军"钻石"号正在部署"太平洋"24英尺型刚性充气艇。[王冠版权，2013 LA（Phot）加里·威瑟斯通（Gary Weatherston）]

的环氧树脂制成。船上安装了现代化的通信工具和其他设备以支持船的主要用途以及安全设备，例如一个后部的带有一个倾覆逆转系统的"A"吊架。

在每一个舱中，刚性充气艇被支撑在一个吊架上，该吊架带有一个简单挡块（easy-chock）释放机构和4个抓手（grab arms）。船的部署（和随后的回收）可以由一个电动液压系统远程控制，但是还有一个手动应急备用系统。小船发射时，挡块自动收回，护栏（guardrails）自动降低。4个带齿的抓手机构朝舱门的外侧移动，直到小船悬停在海面上。定制的吊艇架系统把小船放低，由全部船员完成，到海面上。该吊艇架采用了一个特制的防摆动装置和一个波浪补偿设置，以在发射和回收期间优化小船的安全和控制。刚性充气艇的发动机有一种干运行能力（dry running ability）以允许小船在入水前能在吊艇架上起动发动机。

每一个小船收放口都有一个双向运动闭合舱门（twin-movement closure），尺寸9米长4.25米高，为小艇提供了保护并减少了舰船的雷达横截面。该闭合舱门有百叶窗给船舱提供通风。

2 舰体和基础设施的剖析

机库

两层甲板高的机库提供了一个免受天气影响的空间,在这里可以容纳和维护舰载直升机。直升机不仅是一个有用的交通系统,而且增加了战舰的传感器套件,并提供了一种快速运送武器到某些位置(这些位置舰船自身不能到达)的方式。

在投入服役后,45型驱逐舰每一艘都搭载了一架"山猫"直升机。但是,机库设计为可以容纳两架山猫直升机,也可选择搭载一架"灰背隼"(Merlin)直升机。为了装进机库中,两架山猫或"灰背隼"直升机的旋翼都必须收起来。当在机库中时,两架直升机的尾部都可以沿着机身朝前折叠以减少它们的总长度。对"灰背隼"直升机的容纳来说这是至关重要的。机库和附近的航空武器弹药库可以满足两架直升机的库存备用项目,例如,用于"灰背隼"反潜作战(ASW)任务的声呐浮标。

由皇家海军"无畏"号承担的试验表明,两架山猫直升机可以被储存在45型机库中。在第一架山猫直升机着舰后,有一段时间,飞行甲板是"黑色的"(不可用于着舰),因为在这段时间飞行甲板上只能容纳一架山猫直升机。在第一架直升机移到机库之前,如果空中的直升机遇到问题并且不能转移到另一个平台时,将会面临困境。因此多架飞机在一个单独的甲板上操作是一个挑战,这需要一个能把直升机快速移进机库中的高效的飞行甲板机组团队。一旦第一架山猫直升机进入机库中,第二架直升机就可以开始着舰。

机库装备了一个跨运吊车(gantry crane),其可以从"山猫"和"灰背隼"直升机上吊起旋翼组件用于维护,并使其他维护任务容易执行。它是一个X-Y双轴移动吊机,安全工作负荷为1.5吨,可以前后以及横向移动。该机库在01-甲板层采用了一个夹层甲板(mezzanine deck),其可以在其他设备中,用于保存主旋翼备件。

直升机维护人员有MANTIS机动直升机助降

太平洋24刚性充气艇	
总长度	7.8米
总宽度	2.6米
吃水	大约0.54米
高度(不包括天线)	2.3米
承载重量	2500千克
载油量	165升
在56千米/时(30节)时的典型航程	280千米(150海里)
发动机	6缸 Yanmar 6LYA-STP
水喷射	汉密尔顿HJ241
速度	>72千米/时(39节)

对页图：航空机械师在折叠一架"山猫"HMA Mk8 SRU直升机的旋翼。[王冠版权，2011]

系统，以在飞行甲板和机库之间移动直升机，并在机库内对它们掉头。甚至当舰船在严重的海况中剧烈运动时，它都可以转移13吨的"灰背隼"直升机。

在上层建筑的极后右侧是飞行甲板军官的甲板室。这个小的舱室有一个巨大的窗户（配备了一个雨刮器以除去雨水或雾气），以提供对飞行甲板的优异视野。该位置配备了一个雷达显示屏，由后面的1047型导航雷达（位于机库紧上方的屋顶上）和必要的通信设备来输送数据。就是在这里控制直升机的放飞和回收，以及飞行甲板的操作。

还有两扇门从上层建筑通向飞行甲板，巨大的两层甲板高的铝制机库闭合连接机库和飞行甲板。备件可以很容易从码头通过搭载带到飞行甲板上；机库闭合充当一个有用的路线，

右图：皇家海军"钻石"号机库中，在MANTIS机动直升机助降系统上固定的旋翼折叠"山猫"直升机。[丹尼尔·费罗（Daniel Ferro）]

 英国皇家海军 45 型驱逐舰：拥有、维护和使用手册

上图：两架山猫HMA Mk8 SRU直升机紧固在皇家海军"无畏"号的机库中。[王冠版权，2011]

2 舰体和基础设施的剖析

以掩护备件快速搬运到机库中,直到它们移动通过舰船到达备件舱。

机库闭合后提供了一个6.4米宽、5.8米高的明确的机库开口,由4个被称为叶片的铝部分制成。这是一种轻量级构造,它意味着操作简单和安静,而且防震耐腐蚀,并能够承受大风和恶劣天气。它是电动的,在正常情况下它能在60秒内从全开到全闭(或者反过来也一样)。门可以在全开和全闭之间的任何位置停住并保持安全固定。与舰船的上层建筑一样,机库的闭合与垂直方向倾斜6°以降低雷达横截面。在飞行甲板发生火灾的情况下,闭合系统将可以从火灾和浓烟中隔离保护机库和任何驻防的直升机。防火是通过高隔热的叶片和在最低叶片

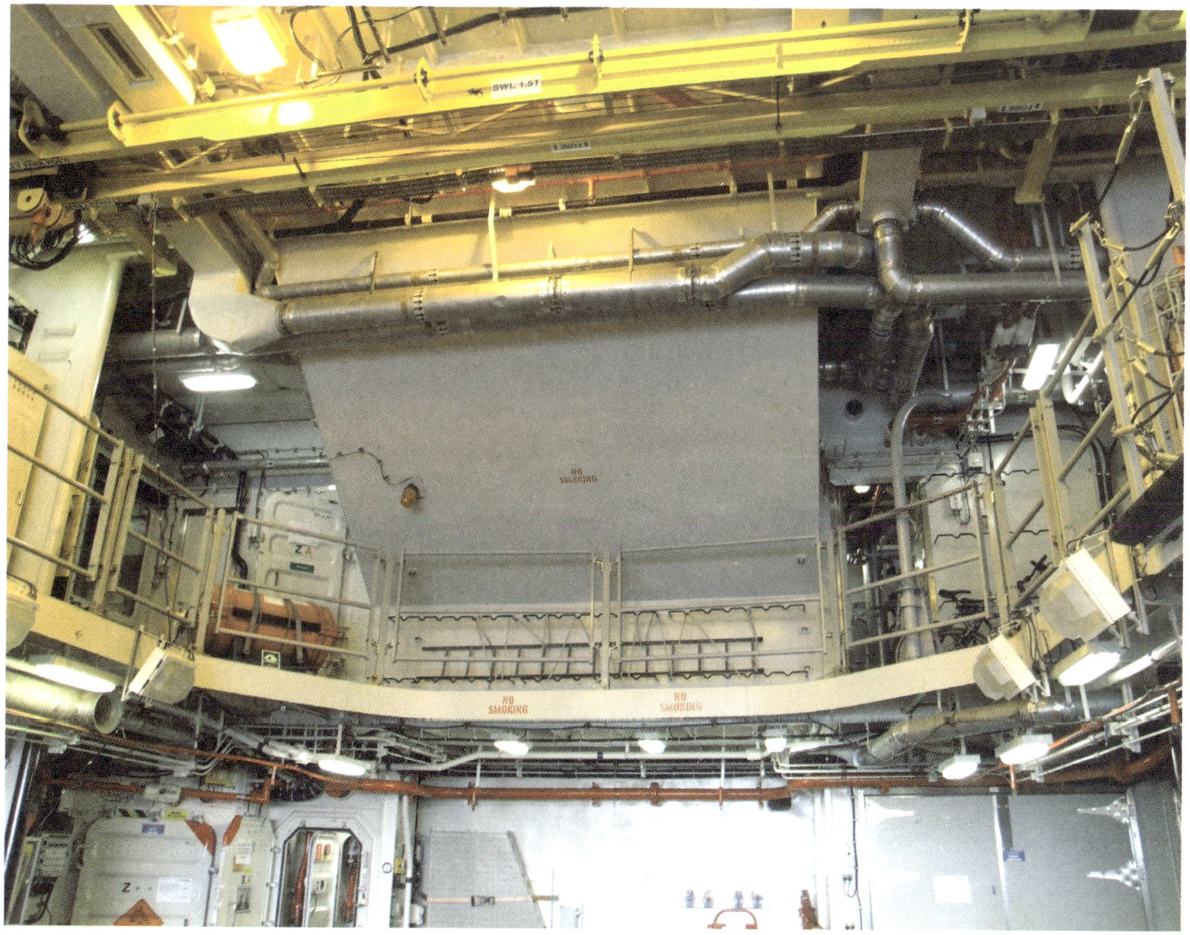

左图:机库向前看,在照片的顶部是黄色的X-Y跨运吊车。[Airfix]

英国皇家海军 45 型驱逐舰：拥有、维护和使用手册

右图：MANTIS移动直升机搬运设备紧固在机库中。[Airfix]

右图：在皇家海军"保卫者"号右侧的飞行甲板军官的甲板室，俯视飞行甲板。[王冠版权，2012 皇家海军"保卫者"号]

右一图：四片的机库闭锁。[丹尼尔·费罗]

右二图：从飞行甲板上部分打开的机库闭锁——右侧是飞行甲板军官甲板室的窗户。[丹尼尔·费罗（Daniel Ferro）]

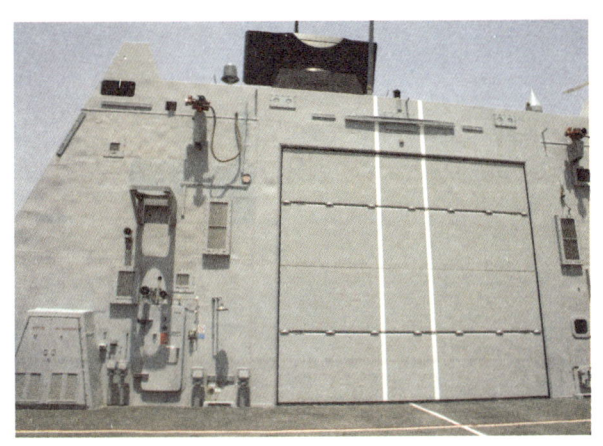

下提供一个发泡防火带来实现的。当受热时会膨胀以防止火焰到达机库。

飞行甲板

皇家海军"勇敢"号的飞行甲板的面积相当于一个双打网球场地的大小。其能够起降"山猫"直升机、更大的"灰背隼"直升机、甚至双旋翼的"支弩干（Chinook）"直升机。近30米的长度是由"支弩干"的旋翼直径再加上到上层建筑的安全间隙来决定的，以便在恶劣的天气下在一个移动的甲板上着舰时有回旋余地。该飞行甲板的面积几乎两倍于第一批42型驱逐舰的面积，甚至比23型（杜克级（Duke Class））反潜护卫舰的飞行甲板长大约25%，而23型护卫舰旨在使用"灰背隼"直升机。

当飞行甲板供直升机使用时，用于其他用

左图：皇家海军"勇敢"号的飞行甲板。[王冠版权，2008 LA（Phot）德尔·特罗特（Del Trotter）]

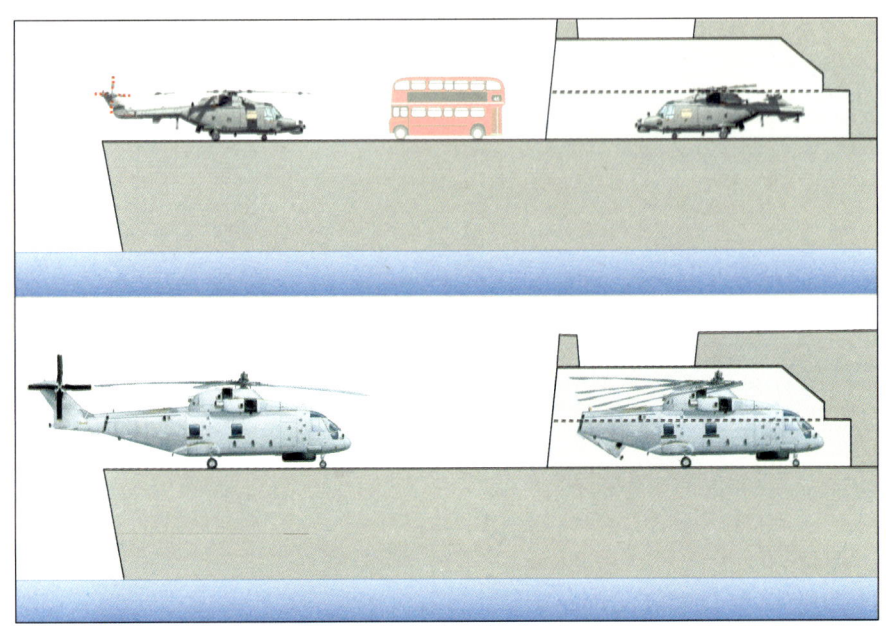

上图：飞行甲板和机库显示了"山猫"和"灰背隼"直升机廓线（以伦敦双层巴士作比较）。[作者/阿古斯塔–韦斯特兰]

组成了直升机视觉进近系统的一部分，包括供进近直升机使用的一个先进的稳定下滑坡度指示器、对准灯、一个稳定的水平基准系统、一个飞行员信息显示和一个复飞指示灯。

封闭的后甲板

在飞行甲板下面是封闭的后甲板。传统的后甲板有一个很大的开口，以便系泊缆和拖曳式水下传感器可以很容易地被部署。像封闭的艏楼一样，带有天气防护的封闭后甲板要比露天的前甲板提供了一个更好的工作环境，降低了设备的老化，并减少了军舰的雷达横截面。

封闭的后甲板在尾横板装有5吨的系泊绞盘和导缆器，以及护柱（当在旁边时，主要用来使舰船快速航行）。除此之外，还有必要的设备和工作空间以承担其他舰船的紧急拖曳。

导缆器、两个尾横板闭锁和潜水员舱门可以从舰船外部清楚地识别出来。尾横板闭锁由10个夹子保持位置，但是可以由一个单独的手柄打开，并与舰体部分或全部固定。它们的操纵由一个电动液压系统操作一个故障自动保险的齿轮齿条机构来辅助，无论如何，它也能被手动锁定。尾横板是一种内置通风百叶窗的复合结构。潜水员舱门和航海舱门与那些封闭的前甲板有相似的结构。

途的空间是非常宝贵的，尤其是旁边。在飞行甲板的前端，左侧和右侧，是一组护栏和用于旁边固定舰船的导缆器，以及一对能乘坐24人的救生筏。飞行甲板的两侧，离上层建筑尾部大约8米，有栏杆，但是余下的飞行甲板有支撑网的支柱。这些支柱也支撑长条状的照明设施以帮助界定直升机操作的甲板边缘。当直升机着舰时，障碍物必须清理掉，因此支柱及其护网被下降到舷外到水平位置。甲板边缘灯，在朝向甲板时被预先点亮，现在面朝上，为飞行员提供确定的位置线索。这些灯只给舰船结构的轮廓线（在上层建造和舰体上有一些额外的灯）和主飞行甲板的位置提供一些照明。它们

2 舰体和基础设施的剖析

上图：皇家海军"保卫者"号封闭的后甲板，展示了系泊绞车和封闭的尾横板。[王冠版权，2012 皇家海军"保卫者"号]

下图：飞行甲板支柱、网、甲板边缘灯和甲板冲洗灯（deck wash lights）的细节图。[Airfix]

上图：飞行甲板展示了"山猫"的旋翼直径（红色）、"灰背隼"的旋翼直径（黄色）和"支弩干"的双旋翼的直径（蓝色）。[作者/阿古斯塔-韦斯特兰]

上图：左飞行甲板护栏和导缆器，并带有（上层建筑的对面）两个24人制的救生筏、栏杆和储油设备。[Airfix]

右图：飞行甲板支柱和网的细节图。[王冠版权，2012 LA（Phot）克里斯·马木碧（Chris Mumby）]

123

高压海水（HPSW）和其他海水系统

HPSW由8个电动离心泵来供应海水，其以恒速运行并在760千帕每小时可抽取250立方米海水。该系统的水平环总管保持在550千帕，并提供消防用水。它是用于水喷射系统、弹药库喷雾系统、泡沫喷雾和消防栓的海水来源。HPSW也为预湿润系统提供水源，并为主机、转向机构和"密集阵"近距武器系统提供冷却。中频声呐半球形物的填充和排空是HPSW的一项进一步功能。

在紧急情况下，应急消防泵可以给环总管补充海水供应。这些柴油发动机驱动的HPSW泵可以在700千帕以100立方米供应海水。它们有一个3.5米的吸升高度，为被损坏的地板或被消防用水占据的地板抽出空间。

辅助海水系统，在类似的高压下工作，是辅助水冷却系统，其用来冷却推进电机、推进转换器和440伏电力滤波器。如果水辅助冷却系统出现故障，那么其正常供应的设备可以由HPSW冷却。

除了HPSW系统之外，还有两个低压冷却系统：低压海水系统和燃气轮机海水系统。前者有一个用于机械空间的环总管。其由一个泵来输送，可以供应所有的由该系统在340千帕用200立方米/时的海水冷却的设备。如果第一个故

上图：从封闭的后甲板看尾横板闭锁门。[王冠版权，2012 皇家海军"保卫者"号]

右图：皇家海军"勇敢"号的尾横板展示了两个巨大的导缆器、两个尾横板门和左侧潜水员的门。[史蒂夫·瓦格斯塔夫（Steve Wagstaff）]

障,第二个、相同的泵总是在自动待命。在战斗状态下,主循环被分成前后部分,每一个部分都由它自己的泵供应。该系统给高压空气压缩机、主轴线的所有组件、稳定器和燃气轮机的系统供应冷却水。燃气轮机海水系统冷却燃气轮机的冷却器和润滑油。两个低压系统具有相同的泵。因此,在紧急情况下,低压海水系统也能给燃气轮机供应冷却水。

冷却水(CW)系统

几乎所有由440伏交流配电系统供应给舰上设备的电源都被转换成了热量;只有一小部分的能量被发射成雷达或通信信号。这些热量被冷却水除去,或者借助于电子机柜中的热交换器或者通过环绕在设备周围的冷却室空气带走。

有4个冷却水系统装置,在机械室的前后各有两个。通过热提取把脱盐水的温度降低到6.5℃。热量被转移给海水。冷却水系统环绕在2-甲板上的一个总管周围,包括两圈管道——一个去供应冷却水系统,一个把它返回到装置。冷却液从环总管的供应管道抽出来,并输送给装置的热交换器。完成装置冷却后,温水(大约13.5℃)通过回水管道流回。根据舰船上产生的热量,可用的冷却水系统装置的数量是可变的。总管的前后有支道给位于舰船前部和后部的装置提供冷却液。对于应急使用,有一

冷却水装置特性

尺寸(长×宽×高)	4.5米×2.3米×2.35米
重量	13000千克
冷却能力	1100千瓦
温度(输出/返回)	6.5℃/13.5℃
输出压力	400到600千帕
输出容量	最高到130立方米/时

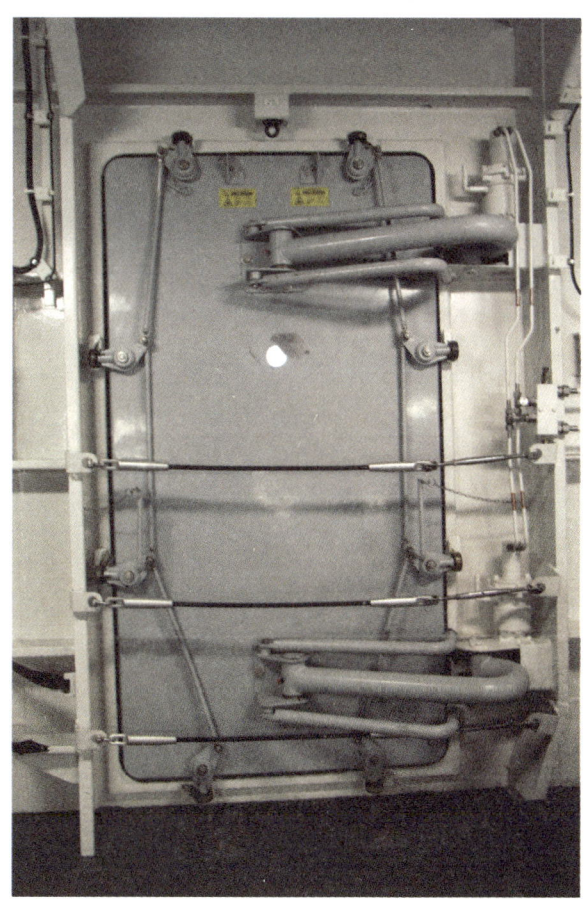

左图:从封闭的后甲板看到的潜水员的舱门。[王冠版权,2012 皇家海军"保卫者"号]

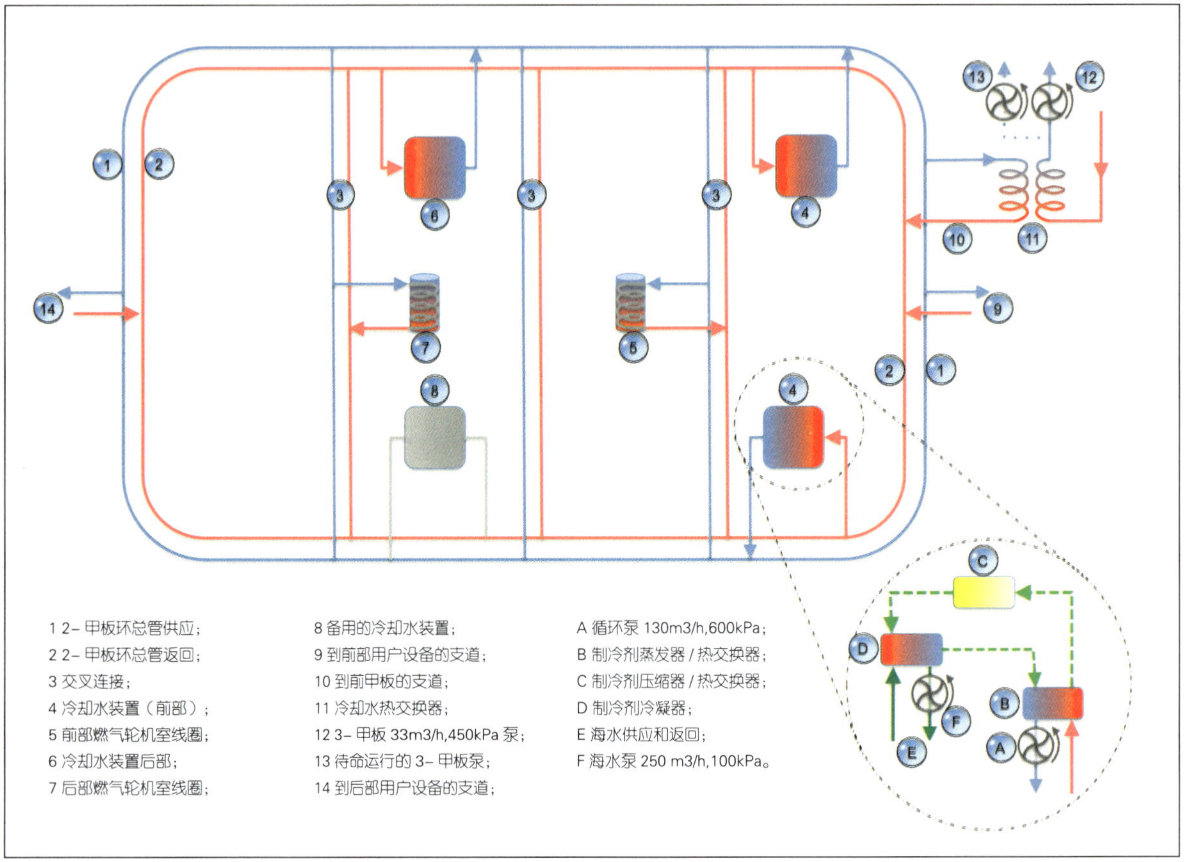

英国皇家海军 45 型驱逐舰：拥有、维护和使用手册

右图：冷却水系统示意图。[作者]

1 2-甲板环总管供应；
2 2-甲板环总管返回；
3 交叉连接；
4 冷却水装置（前部）；
5 前部燃气轮机室线圈；
6 冷却水装置后部；
7 后部燃气轮机室线圈；
8 备用的冷却水装置；
9 到前部用户设备的支道；
10 到前甲板的支道；
11 冷却水热交换器；
12 3-甲板 33m3/h,450kPa 泵；
13 待命运行的 3-甲板泵；
14 到后部用户设备的支道；
A 循环泵 130m3/h,600kPa；
B 制冷剂蒸发器/热交换器；
C 制冷剂压缩器/热交换器；
D 制冷剂冷凝器；
E 海水供应和返回；
F 海水泵 250 m3/h,100kPa。

些自动和手动阀门来隔离系统的部分和三个交叉连接以便灵活控制。当舰船在作战待命和被关闭致使下排空气不能被用来冷却舱室时，燃气轮机室有额外的冷却用于这段所需时间。

为了冷却在前甲板的更高甲板舱室中的"桑普森"多功能雷达和雷达电子支援措施设备，在 3-甲板上有两个升压泵通过这些舱室环绕冷却水系统。为了防止故障，其中一个工作时另一个会处于待命状态。因为需要额外的压力给更高的甲板提供冷却液，这一管路被一个冷却水系统到冷却水系统的热交换器从环总管引出来。

每一个冷却水系统装置都有一个开放驱动的、旋转螺杆压缩机。该压缩机的法兰安装电机有一个液压驱动的容量控制，其可以在 10% 和 100% 之间连续变化。该装置由一个垂直主轴、

2 舰体和基础设施的剖析

恒速、电驱动泵来循环冷却水系统。冷却海水通过该装置由一个相似的泵来循环。

采暖、通风及空调（HVAC）系统

HVAC系统以舒适的温度和湿度给舰船提供充足的安全空气补充。其被分成4个自主区。为了给舰船通风，新鲜（但经常湿润的）空气通过上层建筑上高高的进气道吸入（以防止海雾和预润湿的空气被吸入）。来自每一个进气道的空气被输送到一个空气过滤装置中，通过它进入一个预过滤器，然后，在正常情况下，通过一个微粒过滤器。如果有可能受到袭击，那么用另一种可供选择的过滤器来清除有害的化学制剂。虽然战舰中的大部分空气被再循环，但是有一些空气通过开放的和打开的舱门从战舰上自然泄漏到大气中。来自空气过滤装置的空气用来替换这些从战舰上损失的空气，并被称为"弥补空气"。被过滤的新鲜空气通过19个空调装置中的一个散布在整个舰船上，若干部分被分配到每个区域。在每一个空调装置中，这些空气首先跟循环空气混合，并且它们的混合气流被再次过滤。该空气然后在冷水机组中被冷却，在这里，在被加热到舒适的温度之前，空气中的水蒸气凝结（从而减少空气湿度）。一个风扇装置强制这些空气通过天花板管道，把它输送到舱室让舰船通风。不新鲜的空气由循环风扇产生的吸力取出。在萃取管道中设有紫外线系统进行消毒，卫生间的空气通风不重新进入舰船。而被萃取过的空气被重新送回到空调装置中进行再循环。

为了帮助舰船冷却，在那些可能过热的操作室有14个风机装置。由冷却水系统冷却时，这些装置自动切断以把舱内空气的温度降低到预定的温度。

在发生火灾时，不会给受影响的区域提供空气。一旦火灾被扑灭空气不再循环，但是为了清除烟气，会通过排烟阀向大气层排放

下图：一窗式空气过滤装置进气口（中心）。[Airfix]

英国皇家海军 45 型驱逐舰：拥有、维护和使用手册

烟气。

机械室通常由不受调制的进气口进行通风。其通过上层建筑中的百叶窗分离器由风扇吸入。排放的空气由其他风扇清除，并通过上层建筑中的其他通风口返回到大气中。所有的进气和排气扇外壳和管道都配有冷却盘管、防火阀等阀门。当这些阀被关闭时，热量通过机械室中的风机装置排出。

淡水（FW）系统

舰上的每一名成员日常都需要大约260升的淡水，用于饮用、烹饪、洗衣、清洗和卫生。为了提供需要的淡水量供使用，舰船从海水中生产这些淡水。3个淡水装置来除去海水中的悬浮物和被溶解的固体。悬浮固体是由多种材料组成的——矿物沉积物、有机物和微生物。从水中沉淀出来的颗粒仍将悬浮在海水中，因为其持续的运动。溶解固体，主要是无机盐和有机物，比悬浮固体要小得多，在分子水平的大小。海水还含有生物种类，包括寄生虫，细菌和病毒，这些必须被清除以确保水可安全饮用（饮用水）。

淡水的生产是通过一个连续的过程实现的；一个预处理阶段用于除去固体，两个反渗透阶段用于除去溶解的盐。用于这些过程和

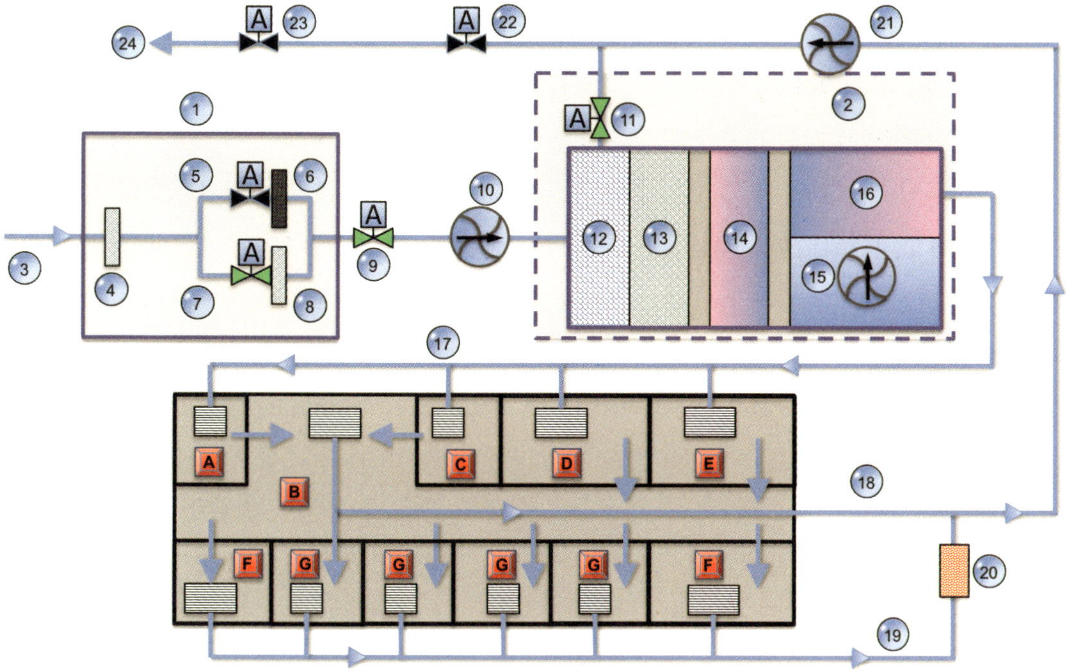

2 舰体和基础设施的剖析

左图：海运操作的采暖、通风和空调系统配置简化示意图。[作者]

1 空气过滤装置；
2 空调装置；
3 来自进气口的新鲜空气；
4 预微粒过滤器；
5 CBRN 过滤阀——关闭；
6 CBRN 过滤器；
7 旁通过滤器阀——打开；
8 微粒过滤器；
9 供气阀——打开；
10 风扇；
11 ACU 阀——打开；
12 混合部分；
13 过滤器；
14 冷却水；
15 风扇部分；
16 流出部分和加热器；
17 通风空气供应；
18 正常排气；
19 卫生排气；
20 紫外线过滤器；
21 循环风机；
22 防烟阀——关闭；
23 CBRN 挡板——关闭；
24 排到大气中；
A 机舱；
B 大堂及通道；
C 办公室；
D 娱乐空间；
E 操作空间；
F 淋浴间；
G 头部（heads）

它们相应设备的装置，例如，泵及其一个控制板，被设计为一个单一的装置。

预处理过程的除去将会损坏后面反渗透阶段对粒子的处理。这是一种交叉流动微过滤器，旨在应对具有挑战性和可变性的原始海水条件。原始海水被泵送通过一个过滤器（以除去大的碎片）和一个微孔滤膜。微过滤器的孔隙结构不会被粒子和大于100纳米的胶体穿透。与大多数交叉流动过滤器一样，海水通过一种半渗透膜管。滤液在管的外部收集。

对页图：后部燃气轮机室的右侧百叶通风窗（位于单杆桅下面）。[丹尼尔·费罗]

129

由于原始海水在膜上不断地通过,过滤膜留住固体,因此需要增加跨膜压力以维持流动性。为了减少操作压力并恢复膜的有效性,需要同时使用空气擦洗/反向过滤来定期清洗过滤膜。在这一过程中,以前过滤过的水通过管子来清洗来自膜中的颗粒。同时,小气泡空气在纤维外面的上面通过,以清洗来自膜的任何颗粒。对于高容量的水处理,这可能会一天做几次。这样的清洗还由其他的清洁技术来补充,例如日常用氯清洁剂来处理,每月的清洁用氯和氢氧化钠来处理。

渗透膜非常细密,以除去悬浮固体,并形成一个微生物屏障,以防止微生物、致病菌和大多数病毒传递到下一个阶段。这样的预处理降低了反渗透膜的生物结垢并延迟了规模的形成,从而保持了有效性并延长了下游设备的寿命。

为了制造淡水,溶于水的杂质在被加压通过反渗透膜时被从预处理水中滤去在反渗透膜上,被从预处理水中除去。该膜甚至比微型过滤器还细,并包含在一个圆筒形模块中。输送的水通过膜的几个圆盘状部分返过来。纯净水渗透过膜,留下富盐卤水。由于淡水被提取,输送出来的水因此变得越来越咸,在通过反渗透模块后,这些浓缩物被排出。

圆柱形模块使用短的送流路径、开放通道和高堆积密度以最小化浓度、极化和物理流动障碍。这减少了结垢和污垢,确保了效率的保

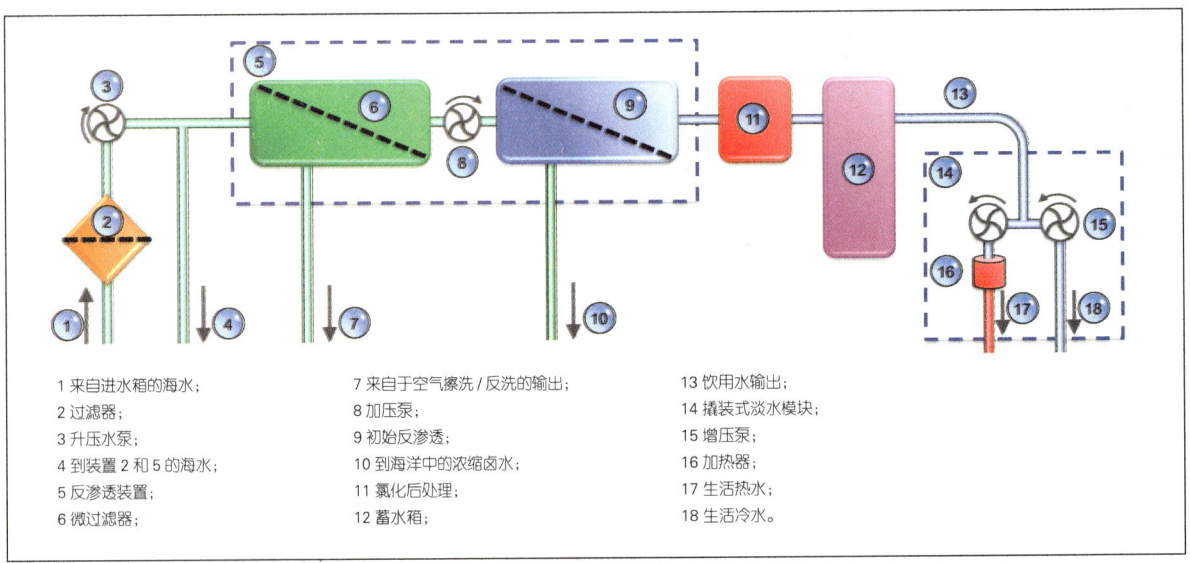

1 来自进水箱的海水;
2 过滤器;
3 升压水泵;
4 到装置 2 和 5 的海水;
5 反渗透装置;
6 微过滤器;
7 来自于空气擦洗 / 反洗的输出;
8 加压泵;
9 初始反渗透;
10 到海洋中的浓缩卤水;
11 氯化后处理;
12 蓄水箱;
13 饮用水输出;
14 撬装式淡水模块;
15 增压泵;
16 加热器;
17 生活热水;
18 生活冷水。

右图:淡水系统的部件。
[作者取自Pall公司信息]

2 舰体和基础设施的剖析

持。不同于早期的密封、螺旋缠绕和中空纤维膜系统，圆盘系统可以被拆除。这可以允许进行膜的检查和单片膜的替换而不是整个装置的替换。

生活用的淡水由两个相同的防滑包（skid packages）分配，一个位于前面，一个位于后面，它们在2-甲板分别给它们各自的环总管供应热水和冷水。该包由旁路系统互连，以便如果必要，一个单元就可以供应所有的生活用水。每个防滑包都包括一个440升、240千瓦加热器，冷水和热水泵，膨胀管，一个控制面板和所有相关的控制阀。虽然反渗透工艺生产的水是可安全饮用的，但是一个二级反渗透阶段用来生产更纯净的技术水。这是用于柴油发电机组和冷却水增压水箱以及用于燃气轮机和直升机的清洗。

废水处理

污水（水）和已被用于洗涤的水（灰水）在舰船上被处理，以使舰船的排水符合向海洋排放的严格的环境标准。污水由真空辅助采集和传输系统收集，并输送至污水处理装置。灰水通过重力由管道输送给同样的装置，当舰上搭载人员达到最大数量时，该装置也能处理所有产生的废水。处理装置使用膜生物反应器

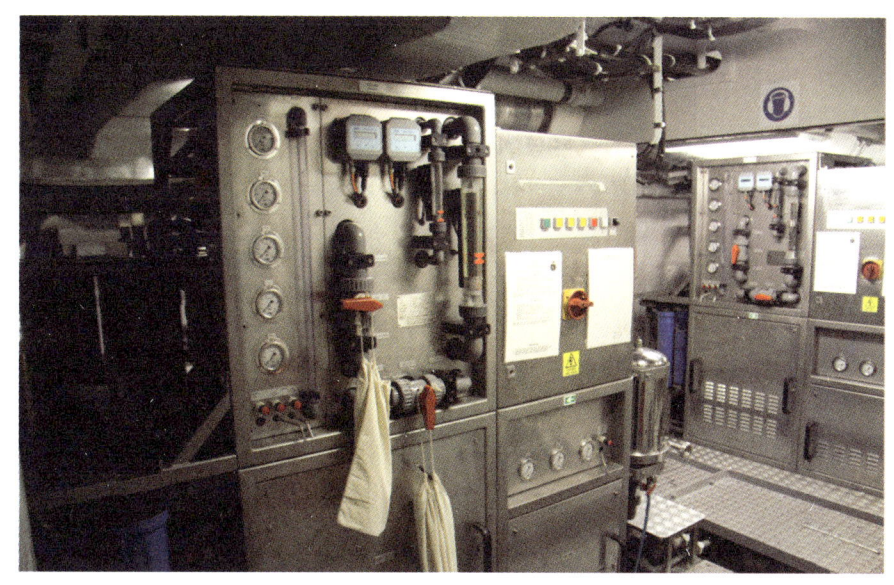

上图：两台带有综合预处理系统的反渗透装置。[王冠版权，2012 皇家海军"保卫者"号]

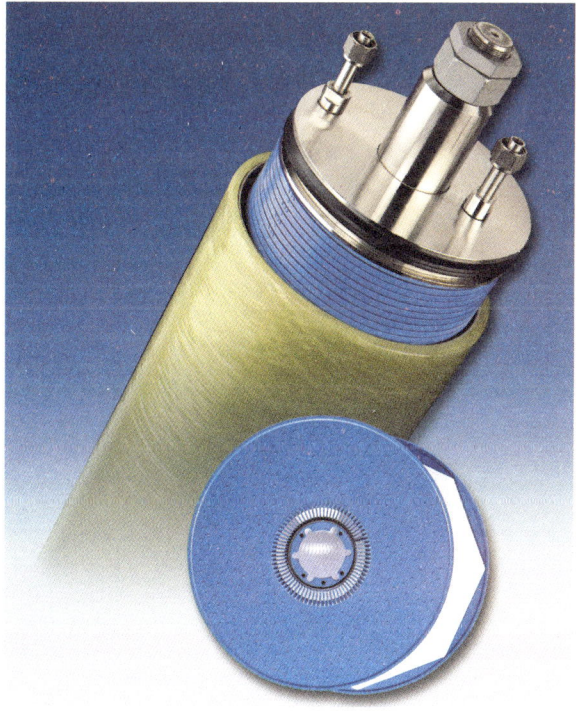

左图：碟管式反渗透柱形模块的照片。[Pall公司]

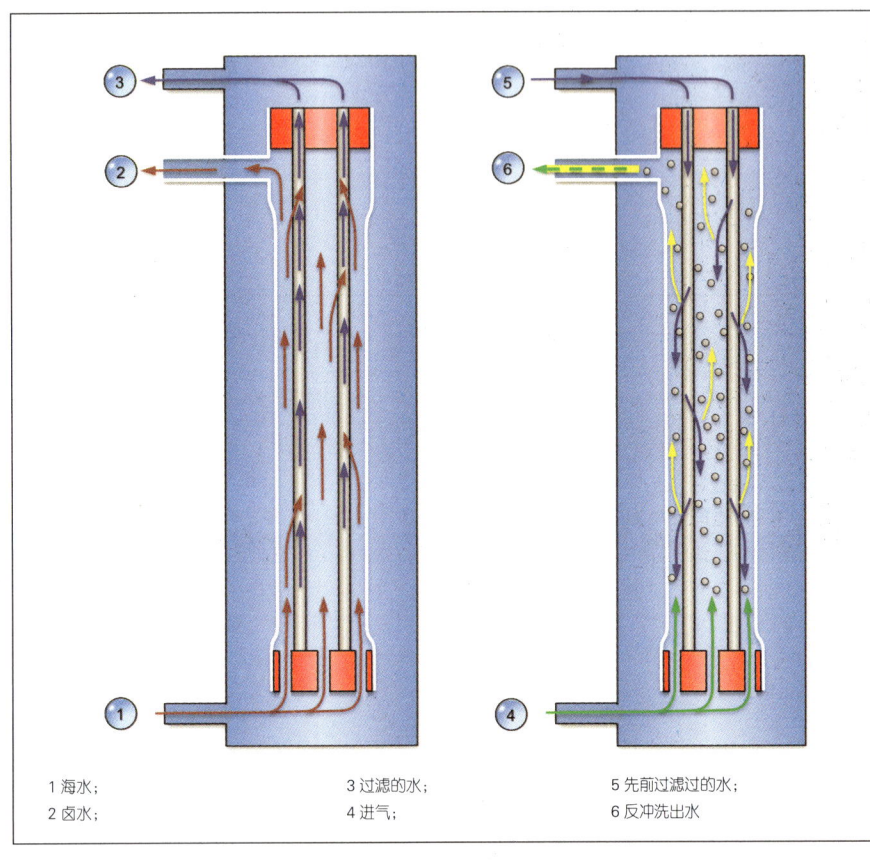

1 海水；
2 卤水；
3 过滤的水；
4 进气；
5 先前过滤过的水；
6 反冲洗出水

上图：反渗透微过滤器（A）和同时空气擦洗/反向过滤（B）的原理。[作者取自Pall公司的资料]

技术来净化两种废水（使用生物降解和膜分离）。该工艺把一定量的有氧菌与废水混合，在空气中消化废水。干净的水被排向大海，无味的空气和水蒸气被释放到大气中。这种技术实现了不用化学物质处理的高标准。

膜生物反应器废水处理装置的操作如示意图所展示的，污水和灰水的液态混合物被交付给第一阶段生物反应器，在这里其被掺气以开始净化过程。来自该反应器的液体被泵进一个中间阶段过滤器。来自该过滤器（筛渣）的固体被返回用于进一步的处理，而过滤后的液体被泵送到一个更大的二级反应器作为曝气生物量进一步净化。生物质液体被取回，并被泵到一系列包含大量超滤膜管的玻璃纤维增强塑料过滤模块中。当这些被处理物在压力下通过这些管子时，净化水渗透过膜，并被从模块中收

反渗透装置主要特性	
系统工艺部件尺寸（长×宽×高）	1.49米 x 1.20米 x 1.95米
系统工艺部件重量	1260千克
反渗透模块尺寸（长×宽×高）	1.74米 x 1.14米 x 1.50米
反渗透模块重量	1400千克
预处理微过滤器膜模块	2
反渗透不锈钢圆柱	10
总反渗透膜面积	76.5平方米
反渗透压力	12兆帕
每个装置的额定淡水产量	35立方米/天
淡水储存（前和后水箱）	140吨

2 舰体和基础设施的剖析

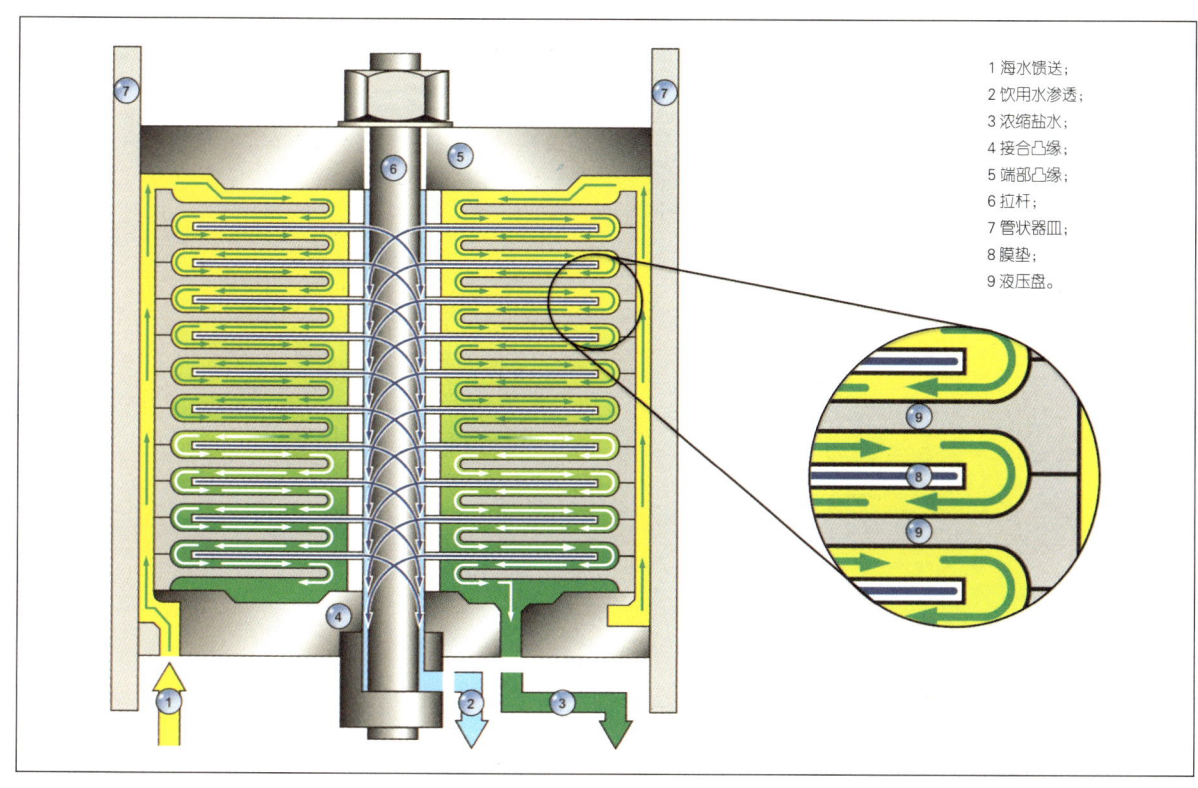

左图：盘管反渗透筒的横截面。[作者取自颇尔公司（Pall Corp）信息]

1 海水馈送；
2 饮用水渗透；
3 浓缩盐水；
4 接合凸缘；
5 端部凸缘；
6 拉杆；
7 管状器皿；
8 膜垫；
9 液压盘。

集。重要的是液体在管中流动的速度足以减少堵塞的危险。这些浓缩的被处理物返回到第二阶段反应器中用于进一步处理。收集的纯化水被储存进行最终排放。该设计预先设置了更严格的监管，因此净化水质符合最新的海洋环境保护委员会的标准，2009年后安装的装置都必须符合该标准。

污水和污水系统收集、存储和处理那些集聚在舰体的较低空间以及来自燃油汽提系统的废水。这种水被滑油、油脂和洗涤剂污染，但是经过处理，这样的水质符合国际海事组织标准，并能被排出舰外。还有临时应急舱底泵用于在海水泛滥时舱底污水的直接排放。

高压空气系统

压缩空气在现代水面舰艇上有广泛的应用。低压空气（高达1兆帕）被用于一般服务，和常规雷达（防止电弧）的干波导（dry waveguides）。压缩空气的优势是，其可以被储存在钢瓶中，以提供一个瞬间的、独立的动力源。

133

右图：膜生物反应器废水处理装置

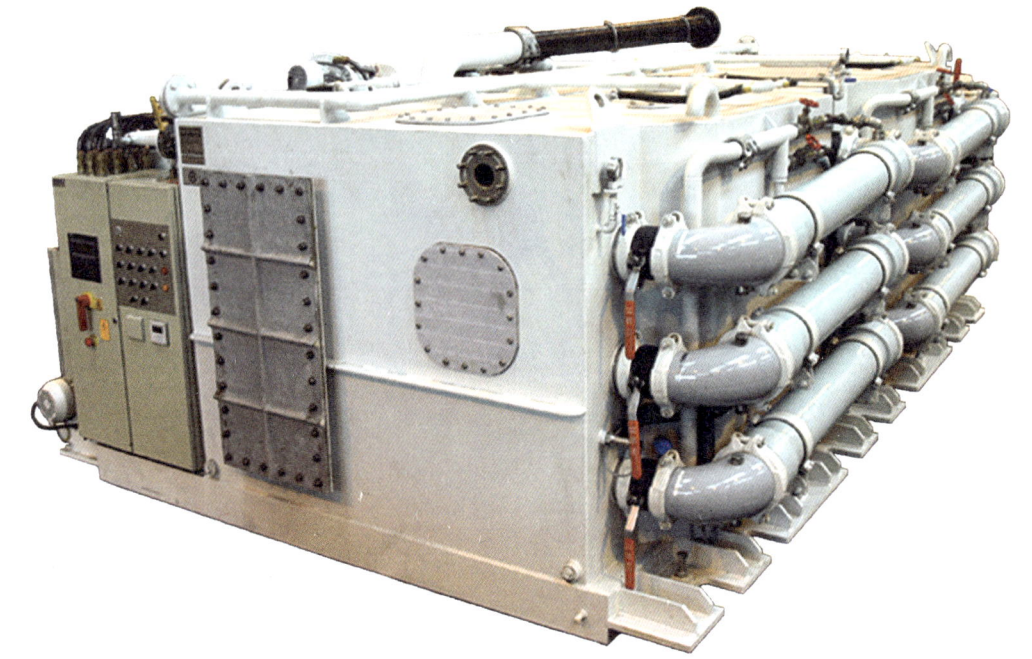

上图：膜生物反应器废水处理装置

废水处理装置的主要特性	
尺寸（长×宽×高）	4.76米 x 3.91米 x 1.85米
重量（干重）	9350 千克
重量（湿重）	20200 千克
原始污水输入	2.35 立方米/天
灰色污水输入	51.7 立方米/天
生化需氧量输入	20 千克/天
每装置膜组件数	6
总生物反应器容量	10.5 立方米

中压空气（高达4兆帕）被用于柴油发动机起动，而高压空气（高达35兆帕）被用于燃气轮机起动。高压空气还为鱼雷发射提供动力，并用于直升机支持和给潜水员和消防队员的呼吸套件充气。

传统上有几个小的、包含三个压力范围中的专用压缩机。但是无论如何，45型驱逐舰有一个集中系统从三个高压压缩机给舰船提供所有的压缩空气。这种类型压缩机，曾经不可靠且昂贵，现在是可靠的，并提供了在总重量和空间、初始成本、后勤支持和维护上的节约。为了降低系统的脆弱性，这三个压缩机及其相应的储存钢瓶位于舰船上的三个不同地方。一个环总管穿过舰船连接压缩机，并给所有设备提供需要的高压压缩空气，如有必要，进行压力调整。低压空气通过减压站来自高压系统，

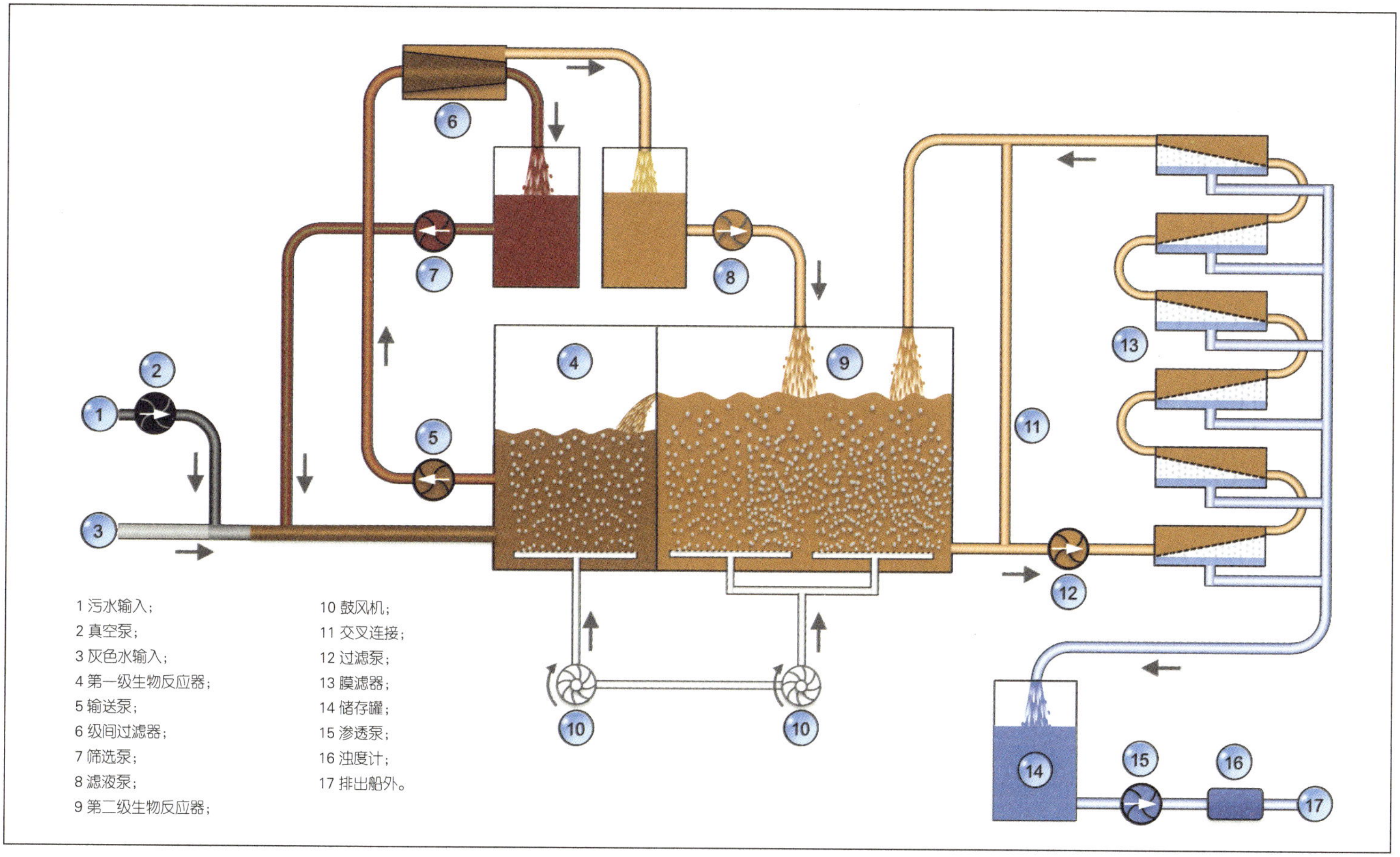

2 舰体和基础设施的剖析

1 污水输入；
2 真空泵；
3 灰色水输入；
4 第一级生物反应器；
5 输送泵；
6 级间过滤器；
7 筛选泵；
8 滤液泵；
9 第二级生物反应器；
10 鼓风机；
11 交叉连接；
12 过滤泵；
13 膜滤器；
14 储存罐；
15 渗透泵；
16 浊度计；
17 排出船外。

上图：膜生物反应器废水处理装置的示意图

并借助于一个低压环总管给适当的设备供气。

4级高压空气压缩机基于一种商业化设计并由海水冷却。它有一种独特的功能——一个垂直曲轴，在其周围径向排列有4个气缸以降低震动和结构噪声。该压缩机的油、水和空气的空间是密封分隔和干排的（dry-lined）。在第三级和第四级之间有一个免维护中间膜脱水器，使用半透膜来消除压缩空气中的水蒸汽，而没有采用维护密集型干燥剂干燥器。这些技术可以让压缩机提供无油的干燥空气。

消防系统

火灾、烟雾和洪水探测系统集成了一系列数字探测器，以提供洪水、火灾或者二者的早

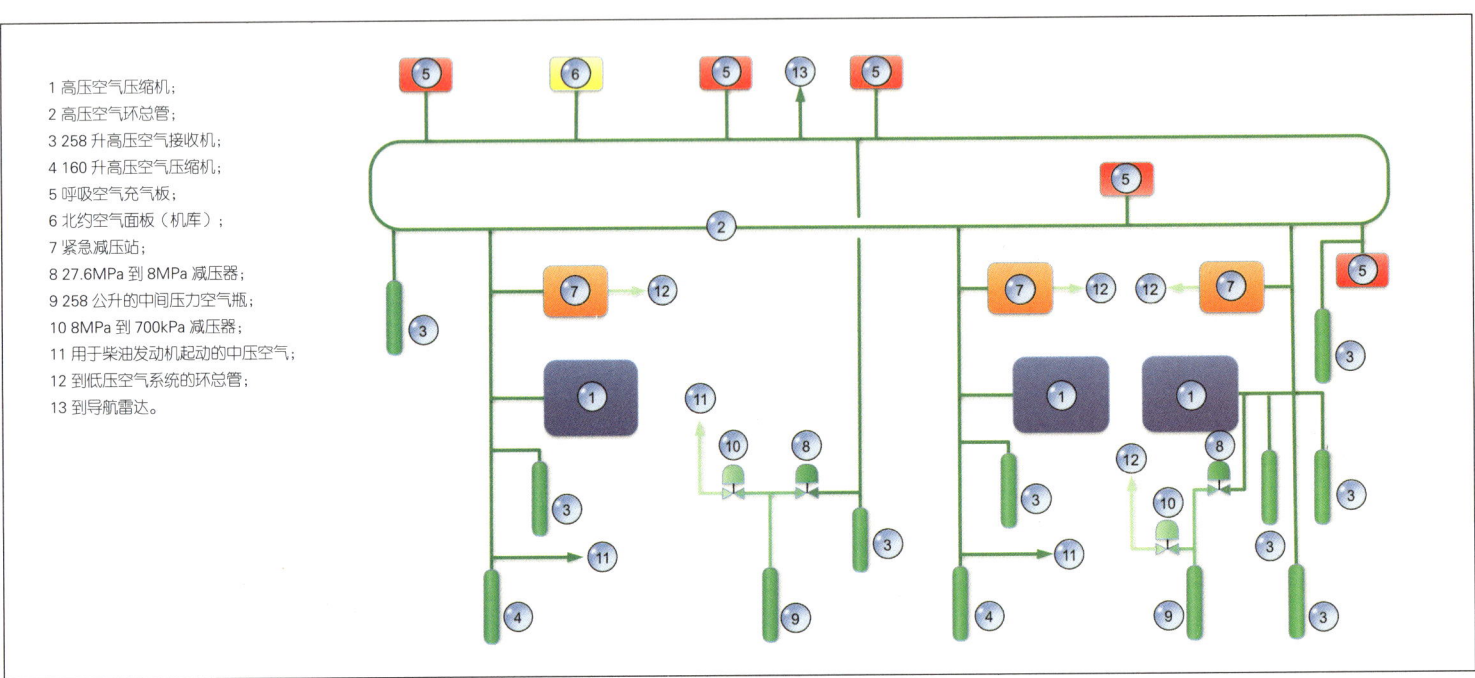

1 高压空气压缩机;
2 高压空气环总管;
3 258 升高压空气接收机;
4 160 升高压空气压缩机;
5 呼吸空气充气板;
6 北约空气面板(机库);
7 紧急减压站;
8 27.6MPa 到 8MPa 减压器;
9 258 公升的中间压力空气瓶;
10 8MPa 到 700kPa 减压器;
11 用于柴油发动机起动的中压空气;
12 到低压空气系统的环总管;
13 到导航雷达。

上图:高压空气系统(空气供应和岸基供应被简化省略)示意图。[作者]

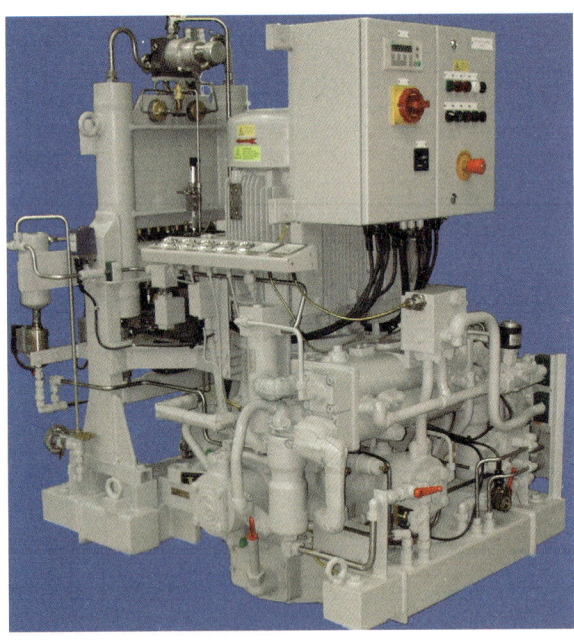

右图:WP5500水冷高压空气压缩机。[JP索尔(JP Sauer)]

期预警。该驱逐舰配备了几个适合扑灭发生在几个不同舱室火灾的系统:

- 主机舱和配电舱有一个固定式消防系统,其可以通过用带压力的二氧化碳气体喷射来扑灭相邻空间的火情。两个舱室,前部和后部,各储存了45个二氧化碳气瓶,其中8个气瓶供应相邻的燃气轮机封闭,而4个被连接到附近的柴油发电机封闭中。在一个舱室被喷射之前,所有通风都停止工作,并响起警报。该警报声要确保让舱室中的人员使用呼吸装置,因为灭火所需要的二氧化碳浓度是致命的。当火灾被扑灭时,二氧化碳被通风

2 舰体和基础设施的剖析

高压压缩机特性	
尺寸（长×宽×高）	970毫米×810毫米×1325毫米
重量	930千克
级	4级（0.6, 2, 9.5, 27.6兆帕）
汽缸数	4径向
动力输入	22千瓦
输出压力	27.6兆帕
输出容量	53立方米/时
速度	在60赫兹1170转/分钟

风扇从舱室或封闭中清除。
- 用于储存燃油舱室（机库、航空燃油泵房和应急发电机室）的主消防系统是固定式消防系统，其喷出含水的消防泡沫。这也作为8个主机舱的辅助灭火系统。该系统有两个相同的，并且每一半各自独立，其在紧急情况下也可以交叉连接。1%非泡沫由混合浓缩的海

左图：在上层建筑后部上的左侧消防泡沫监测器。[王冠版权，2012 皇家海军"保卫者"号]

 英国皇家海军 45 型驱逐舰：拥有、维护和使用手册

上图：在舾装期间，飞行甲板消防泡沫监测器的试验。[史提夫·瓦格斯塔夫（Steve Wagstaff）]

2 舰体和基础设施的剖析

水以10升/分钟/立方米的速率产生。当泡沫耗尽时，系统可以利用由高压海水系统提供的海水喷雾。

- 在直升机坠毁在飞行甲板上的情况下，远程操作监视器可以在两分钟内用含水消防泡沫覆盖住飞行甲板，并继续再喷泡沫10分钟。当泡沫耗尽时，将喷洒海水。

- 大多数弹药库由快速反应喷淋系统提供保护。每一个弹药库都有一个全自动火警探测系统，其至少带有三个受热传感器。如果弹药库温度超过60℃，那么该系统被激活。小弹药库，只需要1或2个喷嘴，有一个全充电玻璃球喷头系统。该玻璃球在68℃破碎，从而让高压海水系统喷淋弹药库。

- 那些没有被上面提到的固定式系统保护的舱室，但其中包含一些易燃材料（例如住宿区），配备了一个手动激活的高压海水系统喷雾。模块化机舱单元在它们和舰船的舱壁之间有空隙。这些空隙（和住宿模块下面的空间）配备了一个带有开式喷嘴的干（通常是空的）喷管（dry (normally empty) spray pipe），其可以在火灾达到模块的外部边界冷却情况下被激活。

3
战斗系统的剖析

驱逐舰为舰队针对空中攻击提供严密防御。数种精密的传感器能使它们对潜在的威胁有所警觉；导弹和各种机炮能让它们与最可怕的空中威胁作战。强大的计算机使作战由一个训练有素的精干团队有效地控制。

左图：2014年5月15日，皇家海军"保卫者"号的"海蝰蛇"系统针对一架无人机首次发射了一枚"紫苑"–15导弹。"桑普森"多功能雷达（主桅结构顶部的大型球形物体）跟踪目标并控制导弹作战。[MBDA英国]

英国皇家海军 45 型驱逐舰：拥有、维护和使用手册

1 "海蜂蛇"防空作战系统包括：
  a "席尔瓦" A-50 发射器；
  b "紫苑"-30 导弹；
  c "紫苑"-15 导弹；
  d "海蜂蛇"指挥控制装置；
  e 1045 型"桑普森"多功能雷达。
2 Mk8 Mod 1 中口径舰炮；
3 装备的 DLH 发射器（左侧和右侧）；
4 作战管理系统；
5 装备的 DLF（3）"海蚁（Seagnat）透饵"发射器；
6 小口径机炮（左舷和右舷）；
7 20 毫米 Block 1B "密集阵"近防系统（左舷和右舷）；
8 重机枪（左舷和右舷）；
9 通用机枪（左舷和右舷）。

A 1045 型"桑普森"多功能雷达；
B UAT 雷达电子监控系统；
C 1047 型 I 波段导航雷达；
D 1048 型 E/F 波段水面搜索雷达；
E 光电传感器系统；
F 1046 型远程雷达；
G 1018 型 IFF 询问雷达；
H 1019 型 IFF 应答雷达（左舷和右舷）；
I 中频声呐；
J "山猫"直升机。

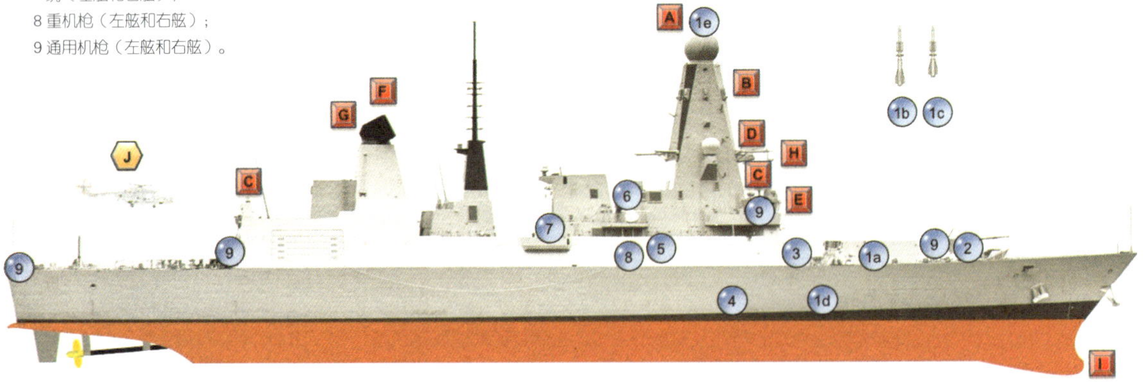

右图：作战系统武器和传感器。[作者]

3 战斗系统的剖析

下图：45型驱逐舰的剖面图。[亚历克斯·庞]

作战综合室（The Operations Complex）

作战系统包括探测和分析潜在威胁的传感器，摧毁敌方目标的武器，并迷惑敌人来袭导弹的诱饵。指挥团队主要从综合作战室控制作战系统。

综合作战室包括在02-甲板上的一套舱室，其包括所有必要的、制定计划和执行进攻和防御行动的设备和设施：

- 作战室——驱逐舰的神经中枢，指挥部在这里进行实时的战场管理，并在这里管理内部和外部通信。

- 作战管理系统设备室（或计算机室），里面装备着支持作战管理系统的计算机和通信设备。

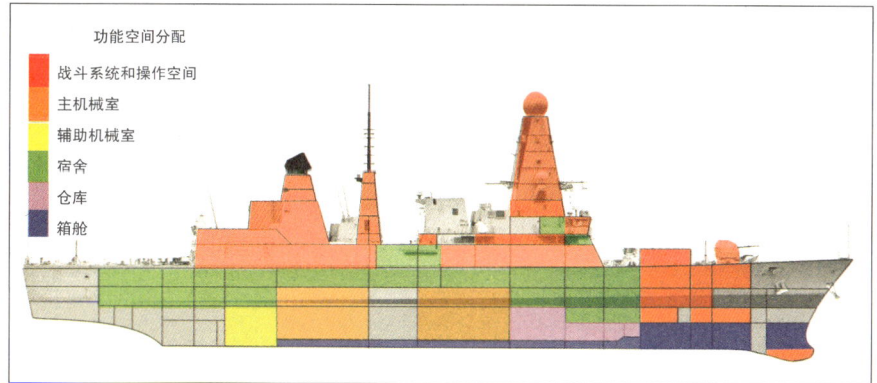

下图：功能空间分配突出显示了作战系统和操作空间。[作者取自BAE系统公司资料]

143

 英国皇家海军 45 型驱逐舰：拥有、维护和使用手册

上图：皇家海军"钻石"号的指挥团队在作战室的工作状态。[王冠版权，2011 PO（Phot）保罗·庞特（Paul Punter）]

3 战斗系统的剖析

- 两个通信设备间包括有用于支持内部和外部通信的通信设备。
- 联合规划室，一个多功能操作空间，供舰载部队军官进行计划定制和述职的地方。
- 舰载部队规划室。

还为潜在的未来设备分配了空间，例如，通信电子支援措施。

作战室包含22个作战管理系统（CMS-1）多功能控制台，显示所有必要的信息，以处理战术数据、分析态势并控制武器。它们还能使指挥团队去理解和管理更广泛的任务背景。相比于以前的作战室，CMS-1设计代表了一种量的跨跃，并可以媲美于虚构的"星际迷航（Star Trek）"电影中的战舰的未来指挥甲板。

指挥团队中单个人的职责虽然相似于早期舰船上那些人的职责，但是这些任务变得更加复杂。但是无论如何，技术有了更大的行动灵活性可能，并且现在在操作人员执行他们的任务中显著增加了基于计算机的自动功能来辅助他们的操作。例如，在大约400千米的范围内，主雷达可以探测和提供几百个潜在威胁的信息。CMS-1自动化大部分任务的数据合并，分类威胁并编制战术图片——威胁评估的第一阶段。

作战室控制台安排在指挥官控制台的周围，在这里舰长可以指挥舰船。在他右手边的主要作战军官负责舰船的作战细节指挥。指挥团队中的一些成员集中精力把作战信息浓缩成"作战态势"图片，以描述水面上空、水面和水下的环境，而其他人员用他们的控制台控制导弹、舰炮、诱饵和电子战设备。所有的多功能控制台都非常灵活。不同的系统可以在一个单一的控制台上同时控制，例如，允许一个操作员去控制小口径舰炮和中口径舰炮。如果一个控制台出现故障或毁坏，为了维持在紧急情况下的重要功能，一些功能可以被牺牲掉。

多功能控制台拥有可视功能。它们全都可以被配置以去执行一系列适合它们操作者的功

上图：在一次参观中，帕特里克·斯图尔特先生坐在皇家海军"勇敢"号的像《星际迷航》中的星舰一样的作战室中。[王冠版权，2010 克里斯汀·惠伦·萨莫德（Kristen Whalen Somody）]

能，因为它们有相同的基本硬件配置。每一个控制台都有3个高分辨率、平板液晶显示器。主显示器，中央的23英寸显示器是1600×1200像素的显示器，两侧是两个18英寸的1280×1240像素的显示器，左侧的显示器显示状态数据，右侧的显示器显示作战数据。一个键盘及14英寸触摸板，两个通信语音用户单元（VUU）和轨迹球（相当于一个电脑鼠标）用于操作员输入。当在行动待命时，所有的操作人员都设计有要穿戴的防闪服。两个电子底座支持办公桌，并包含强大的计算机和必要的软件去控制复杂的图像显示。右手的底座包含计算机处理单元，其提供作战系统、二次数据显示和视频数据显示功能。左手的底座包含处理器，其运行5个可能的、适于操作者（使用控制台）的、额外的应用程序集中的一个。控制台的计算机使用Windows 2000安全增强操作系统。作战管理系统体系结构包括位于设备室附近的，并运行在同样的操作系统上的相似计算机。中间件从定制的作战系统应用中分离下层的显示操作系统。

由通信设备提供的高度自动化，意味着，不再需要一个单独的主通信台（以前皇家海军军舰的特点），因为所有的通信流量都可以从三个位于作战室的控制台上进行监督和管理。

除了指挥系统之外，CMS-1还包括指挥支持系统和二次数据显示。前者显示战略情报，用文本和图形方式，并提供协助解释。它还能使舰船去参与战略指挥和控制信息系统，并显示广域图片。它是使用UNIX操作系统的一个独立的系统，并在作战室和联合规划室带有终端。

二次数据显示处理与舰船及其环境有关的作战和导航数据，并同时向多个用户显示一组这样的数据。它代替了早期舰船上的状态板（state-boards）。

数据传输系统在CMS-1和作战系统设备之

下图：水面战辅助军官穿着防闪服，在CMS-1多功能控制台指挥舰船进行作战。[王冠版权，2011 PO（Phot）保罗·庞特]

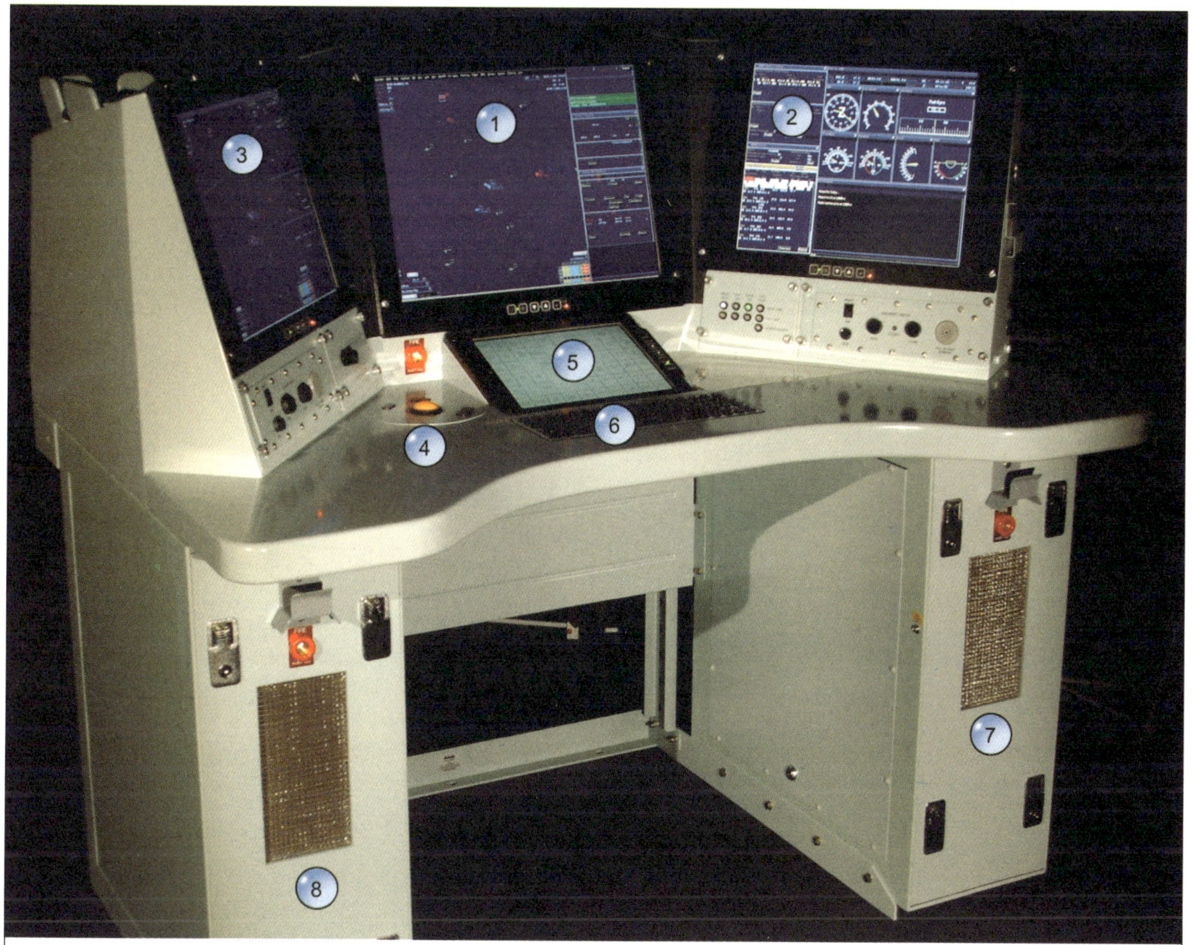

3 战斗系统的剖析

右图：CMS-1多功能控制台。[作者/BAE系统公司照片]

| 1 主战术显示器； | 3 辅助战术显示器； | 5 软键盘面板； | 7 右手底座； |
| 2 辅助战术显示器； | 4 跟踪球； | 6 键盘； | 8 左手底座。 |

间提供高速、数字、通信互联数据高速公路。这意味着，它利用CMS-1来跟舰船的传感器和武器交换战术数据和管理信息以及控制。该数据传输系统包括一个能够与各子系统接口的三重冗余光纤的、高速以太网局域网。

耦合器（Couplers）在数据传输系统和作战系统设备之间提供了直接接口，使用了标准的传输控制协议和网际协议。3个冗余网络中的每一个都能独立发送实时流量。接收耦合器过滤掉重复部分的数据。

使用过时接口的传统设备（预定给45型驱逐舰的设备）不能直接访问数据传输系统。用于这样设备的数据通过一个二级三重冗余系统（用在早期战舰上的"作战系统高速公路"）来与数据传输系统交换数据。由战舰导航和搜索雷达（包括IFF——敌我识别——信息）生成的大量视频数据，被承载在一个独立的数据网络视频分发系统上。

协调所有在舰上处理的数据（以及通过外部数据链路共享的数据）的关键是要确保所有数据都要准确指向一个精确时间。用于这些用途的战舰的"时钟"是精确的时间和频率设备。这使用了来自NAVSTAR GPS卫星的世界标准时（Coordinated Universal Time）。甚至即使NAVSTAR信号消失45天，装备的FSF都将能保持精确时间，精确度高于250微秒。该系统的高可靠性是由内置的双重冗余的铷（rubidium）频率源实现的。相位锁定回路控制系统保证了每一个铷振荡电路的高稳定性。

"海蝰蛇"（45型制导武器系统）

45型驱逐舰的主武器装备是"海蝰蛇"，一种防空作战（防空）面对空导弹系统，其是在法国、意大利和英国的一个三国项目中研发

右图：1045型"桑普森"多功能雷达。[史提夫·瓦格斯塔夫]

的。凭借着多通道发射，"海蝰蛇"可以保护任务部队的舰只，防止一系列的敌方空中威胁，例如高机动性的来袭飞机和导弹，其中包括高速掠海导弹。因此其可为驱逐舰和它的在大面积区域内的伙伴提供一个空中保护伞。

"海蝰蛇"系统包括以下几个传感器和武器：

- 一个1045型"桑普森"多功能雷达；
- 6个"席尔瓦" A50发射器，每个都配有8枚导弹；
- 指挥和控制软件以及专用终端；
- "紫苑"–15和"紫苑"–30导弹系统。

1046型远程雷达虽然也跟"海蝰蛇"相连，但是它不是系统的一部分。

1045型"桑普森"多功能雷达（MFR）

独特旋转的"桑普森"多功能雷达，在水面上高高的安装在前主桅的顶部，是一个工作在E/F波段的主动式、电子扫描、相控阵雷达。它使用

1045型"桑普森"多功能雷达性能	
频率	E/F波段（2到4GHz）
探测距离	400千米
天线	在球形中安装的旋转双平面主动相控阵天线
阵列尺寸	2.6米 x 2.6米
天线直径	最大5米
天线中心	离水面37.5米（雷达地平大约25千米）
旋转速率	30转/分钟
重量	两天线组件，每个重4800千克；桅杆设备2500千克

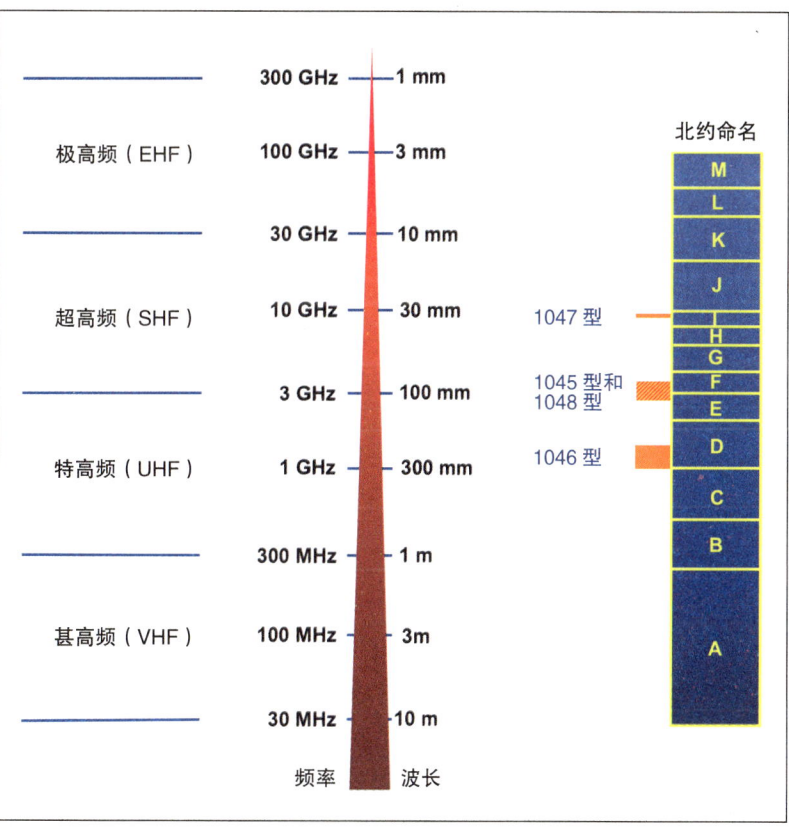

左图：雷达频率的名称。
[作者]

英国皇家海军 45 型驱逐舰：拥有、维护和使用手册

右图："桑普森"多功能雷达的剖面图展示了两个阵列的端面，和通过阵列的气流。[作者取自BAE系统公司的资料]

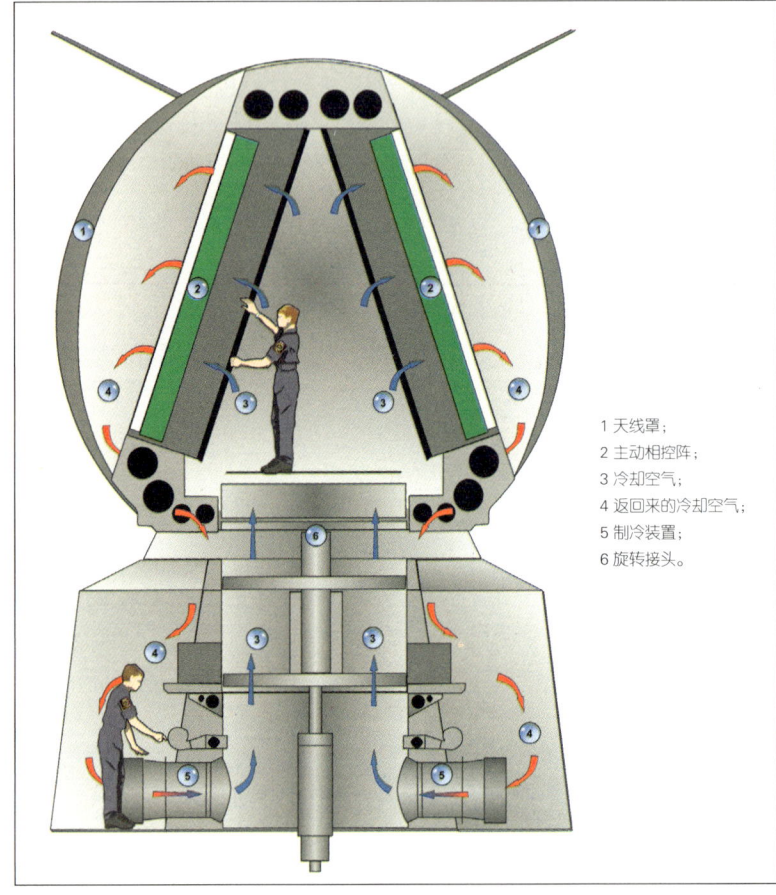

1 天线罩；
2 主动相控阵；
3 冷却空气；
4 返回来的冷却空气；
5 制冷装置；
6 旋转接头。

创新的数字自适应波束形成技术进行空中和水面栅格状体积搜索。这种搜索给"海蝰蛇"系统和舰船的作战管理系统提供了准确的、高清晰三维图和监视跟踪数据。除了同时跟踪目标之外，"桑普森"还能控制数枚飞行中的"紫苑"导弹。

对任何舰船的重要威胁来自由敌方潜艇、舰船和飞机发射的掠海导弹。这些反舰导弹只

在海面上空几米的高度飞行，只有当它们出现在地平线上时才能被探测到。如果45型驱逐舰要用它的主雷达来保护舰船，必须尽可能升高以最大化雷达地平线，以便在远距离探测到这些威胁。"桑普森"多功能雷达必须尽可能轻以便安装在一个高桅上——该位置可以提供360°的视野。但是无论如何，它需要有大量的主动部件，以实现用于远程交战的必要的功率、精度和性能。

"桑普森"多功能雷达通过两个双回（背对背）旋转的相控阵满足了这些相互冲突的要求。每一个阵列有超过2000个的砷化镓发射/接收辐射元件，使它能快速形成高分辨率的窄（"铅笔型"）波束。

塑造和导引其传输的软件，允许"桑普森"多功能雷达快速形成铅笔型波束，以让它承担多功能。第一个功能是繁重的监视任务——用波束持续扫描天空和海面，去探测大范围的目标，从在400千米距离高空飞行的飞机到掠海飞行的导弹。与常规的雷达不同，"桑

3 战斗系统的剖析

"普森"的波束可以花更多的时间来检查情报显示危险可能存在的方位。在探测和分类高达几百个空中、近海面和海面目标后,它能同时跟踪它们。此外,在交战期间,"桑普森"还可以跟数枚在空中飞行的"紫苑"导弹通信,为它们提供位置数据和它们将要攻击目标的机动数据。

阵列中的大量部件意味着"桑普森"的强大功能,因为它可以调整一些发射器/接收器单元的损失。天线波束图案展示出非常低的副瓣和宽的带宽,它们一起使雷达对干扰具有抗性。因此,使用自适应波形控制、频率捷变、侧叶消落与脉冲压缩的能力,可以使它几乎对敌人的对抗措施和欺骗策略都具有免疫性。

电源通过滑动环向旋转的相控阵提供,并且高速串行数据信号通过光电传递。相比于常规雷达,它的可靠性提高,因为"桑普森"多功能雷达既不需要旋转的波导接头,也不需要高压元件,这都是机械和电气的薄弱点,容易出现故障。天线由紧挨在天线下面的主桅顶部室冷却的空气降温。

"紫苑"导弹和"席尔瓦" A50 发射器

"海蝰蛇""紫苑"导弹存储在6个"席

左图:在恶劣天气下,从皇家海军"无畏"号的舰桥看到的"海蝰蛇"垂发单元和中口径舰炮。[王冠版权,2012 LA(Phot)尼古拉·威尔逊(Nicola Wilson)]

英国皇家海军45型驱逐舰：拥有、维护和使用手册

右图：6个8单元"席尔瓦"模块部件的工艺图。[亚历克斯·庞]

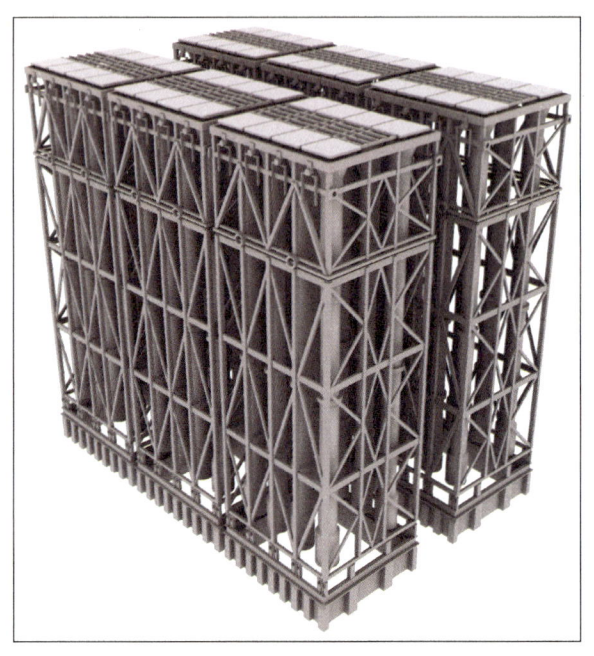

尔瓦"A50发射器模块中，其中每个可容纳8枚导弹，这样可让驱逐舰携带高达48枚导弹。"席尔瓦"发射器被保护在一个高围板后面。从舰桥向前看，可以看作前后两组12个导弹的单元。

可以混合携带两种类型的防空导弹："紫苑"-15导弹和"紫苑"-30导弹。两种导弹都有两级：一个助推器和一个通用的终端级（"飞镖（the Dart）"）。"紫苑"-30的助推器比较长，能提供比"紫苑"-15更远的射程和更高的速度。"紫苑"导弹是高机动性的，能做出60G过载的机动——20倍于一级方程式赛

右图："席尔瓦"A-50发射器
（a）侧面
（b）末端；
（c）在贮运箱中的"紫苑"-30导弹；
（d）"紫苑"-30折叠的弹翼；
（e）"紫苑"-30弹翼展开；
（f）"紫苑"-15弹翼展开；
（g）在适配器中的"紫苑"-15弹翼折叠。[作者取自MBDA公司的资料]

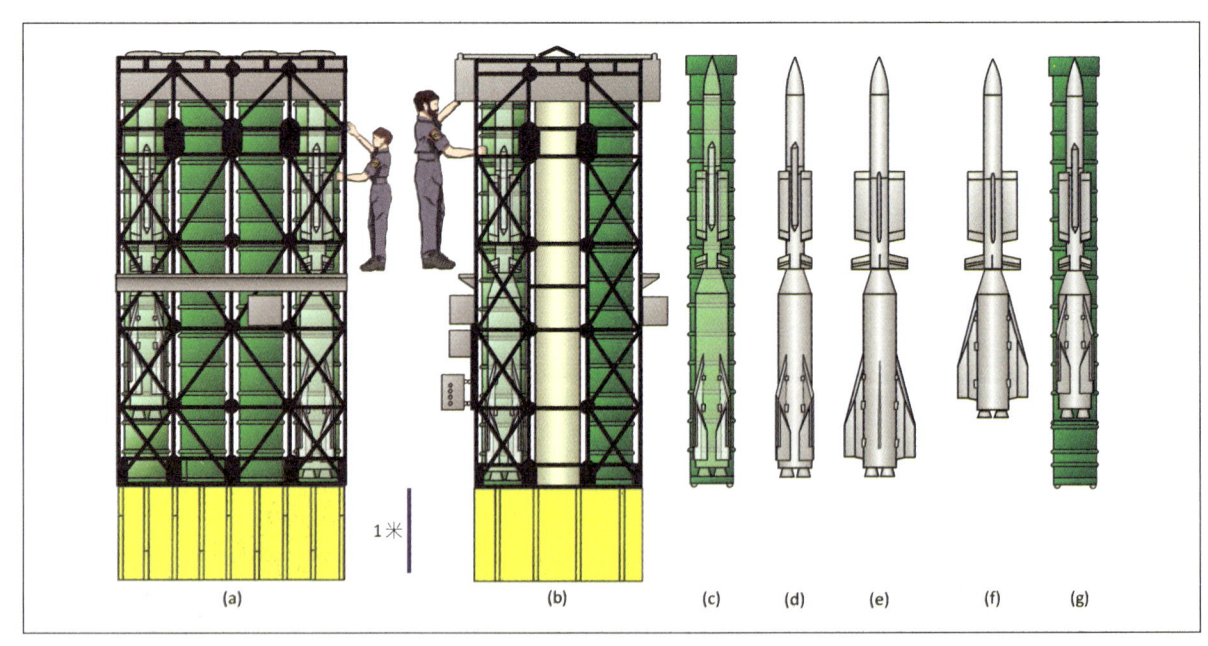

3 战斗系统的剖析

"席尔瓦"A50垂直发射模块性能	
尺寸（长×宽×高）	6米×2.6米×2.3米
包括维修外壳	6米×4.2米×3.1米
容量	8枚"紫苑"–15或"紫苑"–30（或混装）
重新装填时间	8枚导弹 <90分钟

"紫苑"–15和"紫苑"–30性能		
	"紫苑"–15	"紫苑"–30
"飞镖"（dart）长	2.7米	
"飞镖"直径	0.18米	
"飞镖"翼展	0.49米（主尾翼）0.62米（后部尾翼）	
"飞镖"重量	140千克	
"飞镖"导引头	主动式脉冲–多普勒	
"飞镖"弹头	10到15千克高能破片战斗部	
总重量	310千克	450千克
总长度	4.2米	4.9米
助推器直径	0.36米	
助推器翼展	0.42米（折叠的）0.93米（在空中不折叠）	
推进器	固体推进剂，两级	
极限速度	马赫数3（1000米/秒）	马赫数4.5（1500米/秒）
机动性	>60克	
制导	数据链和末端主动雷达制导	
拦截高度	13千米	20千米
射程	1.7千米到超过30千米	3千米到超过100千米
储运箱重量	360千克	
储运箱尺寸	5.0米×0.55米×0.55米	

车。在发射器内每一个导弹都载于一个截面为矩形的储运箱中。由于"席尔瓦"发射器的高度足以容纳"紫苑"–30导弹，因此较短的"紫苑"–15导弹被安装在一个适配器上。在储运箱，助推器的机翼是折叠的，但一旦导弹被从储运箱发射，这些小翼就会展开。

"紫苑"的"飞镖"是一个很长的、带有一个尖弹头的细长圆柱。它有四个纤细的、十字布局的窄弦弹翼和切尖三角尾翼。初始加速度由助推器提供，当燃料耗尽时，"飞镖"使用自己的主发动机飞向目标。

"飞镖"的头部包含一个使用大功率发射器和广角天线的雷达导引头。在最终进近时，该主动雷达搜索预定的目标。一旦捕获目标，该雷达就锁定目标，并继续跟踪目标为终端制导提供目标的相关位置和运动数据。

"飞镖"由计算机处理单元（"自动驾驶仪"）控制，其从"飞镖"的惯性制导装置和监控器功能的传感器采集数据。中间线路，由来自战舰的命令链接信号提供，当其接近目标时，由雷达和近炸引信来输入。自动驾驶仪处理数据并产生用于飞行控制、制导和导弹飞行序列的控制信号。当近炸引信感应到目标时，为了保证爆炸的最佳位置，在一个延迟计算之后，它也开始启动战斗部的点火。如果必要，在收到一个正确的编码信号后，该装置会控制导弹自毁。

在驱逐舰上，"海蝰蛇"有它自己独特的

右图：用于"紫苑"-30的通用"紫苑"导弹飞镖和助推器的剖面图。[作者取自MBDA公司的资料]

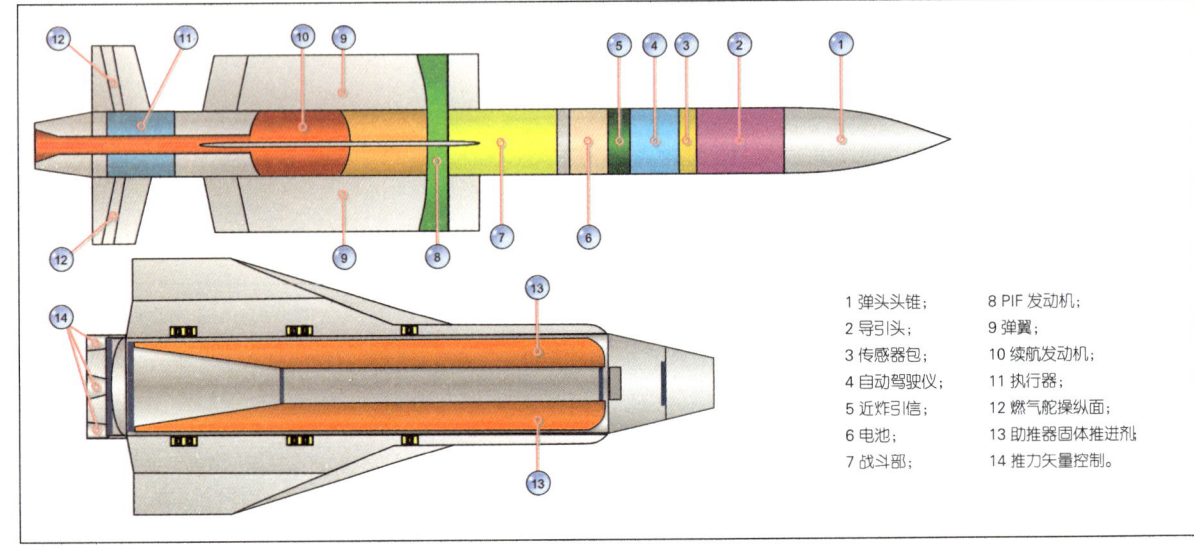

1 弹头头锥；
2 导引头；
3 传感器包；
4 自动驾驶仪；
5 近炸引信；
6 电池；
7 战斗部；
8 PIF 发动机；
9 弹翼；
10 续航发动机；
11 执行器；
12 燃气舵操纵面；
13 助推器固体推进剂；
14 推力矢量控制。

指挥和控制系统，执行图片管理、平台威胁评估和武器分配，以及交战计划制定和控制。它提供与作战管理系统的主要接口。指挥和控制软件包含大约500000行代码，并运行在主处理单元的高性能处理板上。一个相同的单元作为一个"热"备件准备控制一个主开关单元的命令。虽然"海蝰蛇"由作战室的控制台控制，但是"海蝰蛇"设备室包含3个相同的多功能控制台以用于紧急情况下的复位使用。

1046 型远程雷达（LRR）

远程雷达位于机库上层结构的前部。它是安装在"地平线"护卫舰上的雷达的一个更新版，可以提供附加的波形和改进的反对抗措施

对页图：1046型远程雷达。[Airfix]

（该技术能克服敌人部署的用来迷惑驱逐舰雷达的对抗措施）。该天线采用电扫原理，可以产生高达70°仰角的多波束。远程雷达被抑制在

1046型远程雷达性能	
系统作用	提供三维图和监视跟踪数据以及敌我识别数据
频率	带有垂直极化的D-波段（1到2GHz）
距离	65千米隐形导弹；400千米巡逻飞机
天线	电子稳定的，集成有安装在背部的D-波段IFF
天线单元	24个（16个收发器，8个接收器）
波束	16束2.2°水平和0-70°垂直波束宽度
天线尺寸	8.4米 × 4.0米 × 4.4米
天线高度	离水面26.5米
重量	总重8400千克；天线部件和桅杆设备7800千克
最大目标数	1000个空中目标；100个海上跟踪目标
转速	12转/分钟

3 战斗系统的剖析

一个大约12°方位的前向弧中,以便它不会照射前桅杆(会因此接收到来自其的发射信号)。

该雷达为"海蝰蛇"和舰上其他系统提供了广域搜索能力,以探测在舰的400千米范围内的目标。它能够完全自动开启探测、跟踪,并跟踪高达1000个空中目标,并给作战管理系统提供三维轨迹和绘图数据。其平台威胁评估和武器分配软件能自动给"桑普森"多功能雷达发送线索,以便它可以开始跟踪由远程雷达识别出的潜在敌方目标。

在寒冷的天气下,远程雷达天线易受积冰和轴承以及滑动环冻结的影响。在这样的情况下,通过给天线提供加热到20℃的水来防止。

安装在雷达背面的D-波段IFF询问器的1018型天线发射传输民用和军用编码。来自友军舰船和飞机的响应编码帮助驱逐舰的作战管理系统去区分远程的潜在威胁。驱逐舰在左侧和右侧主桅桁端还有1019型IFF应答器。当接受到来自友军部队询问器的编码信号时,这些应答器会发射响应编码。为了防止损坏战舰的雷达电子支援措施传感器和IFF应答器,每当在它们的方向发射时,远程雷达询问器会给这些传感器发送一个脉冲消隐信号。

光电炮控系统 (EOGCS)

光电炮控系统给中口径舰炮和两个小口径舰炮提供指挥和控制信号。它承担监视、跟踪潜在目标,对于那些被认定的威胁,基于目标运动的分析和预测,形成射击控制解决方案。

光电炮控系统的传感器安装在两个光电传感器平台上。每一个平台有两个前视红外传感器,分别探测近红外和中红外波长,和一个彩色低光光学电视摄像机。这些传感器昼夜采集数据来对潜在的敌方水面和空中目标告警。它们能够探测高性能的战斗机和高达18千米距离远的导弹。两个平台安装在舰桥顶部的左右两侧,以便它们的组合覆盖可以让它们同时跟踪和监视整个360°的视野。它们的覆盖范围在一个前向155°的弧上重叠,这包括中口径舰炮的发射弧。由于传感器是被动的,它们不能确定

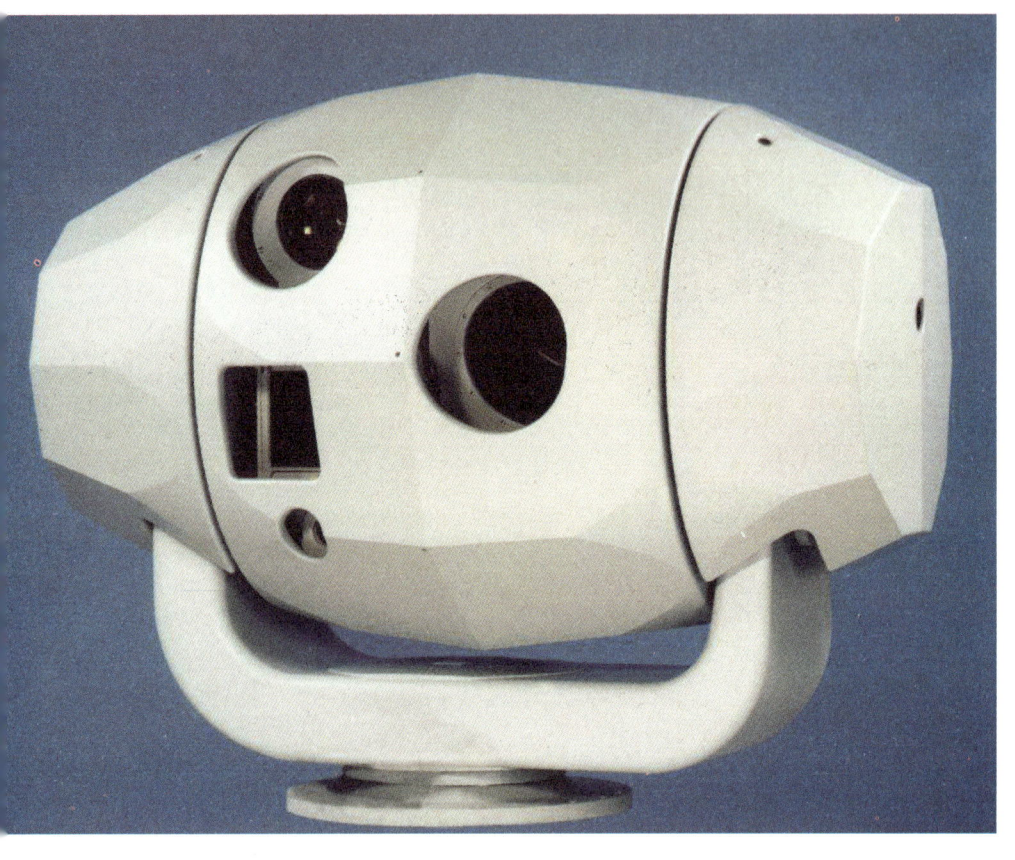

上图:光电炮控系统的光电传感器平台。

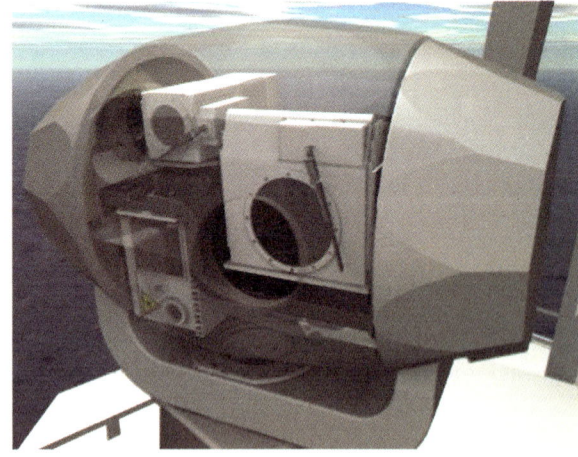

右图:光电传感器平台的剖面图。[超电子公司(Ultra Electronics)]

光电炮控系统传感器平台性能	
系统作用	光学和红外目标探测
前视红外	分辨率 640×480 像素
3 到 5 微米传感器	硅化铂焦平面阵列
8 到 12 微米传感器	碲镉汞焦平面阵列
可见光传感器	彩色 TV,10 倍光学变焦,4 倍数码变焦
探测距离(快速飞机)	18 千米
激光测距仪	对眼安全
稳定性	双轴

3 战斗系统的剖析

目标距离，但是每一个平台都有一个用于这一目的的人眼安全激光测距仪。来自光电传感器的数据由相同系统分配，该系统发布露天甲板摄像监控器信号。

光电炮控系统可以对潜在目标手动报警，使用一个快速瞄准装置，一个位于舰桥侧翼上的手持的单目观察镜，用于识别目标的相对方位并用于作为给光电炮控系统提示的视线角。

来自光电炮控系统和来自导航和搜索雷达的目标信息被水面图片主管用于监视和评估目标轨迹。这样的数据用于评估当舰炮射击目标时的杀伤效果，并用于导航和指挥搜索以及救

下图：一名水手使用一个快速瞄准装置来指引右舷小口径舰炮的瞄准。[王冠版权，2013 LA（Phot）戴夫·詹金斯（Dave Jenkins）]

海军俚语

Mk8 Mod 1舰炮有一个舰炮防护装置,由一些平板组成。该舰炮有一个绰号"Kryten",这是在电视剧《红矮星(Red Dwarf)》中的仿真机器人(其头部有相似的外观)的名字。

援行动。光电炮控系统传感器数据由一个舰炮控制预测器处理,把信息传递给舰炮,以让它们快速调整射程和方位设定,从而提高它们的准确度。该预测器有比前一代高的多的计算能力,它结合详细的射程表和插值算法,能够使光电炮控系统提供连续准确的预测。

首次在皇家海军的一艘战舰上使用的光电炮控系统允许中口径舰炮和小口径舰炮从一个单独的远程控制台上操作,而不是由坐在航炮台上的操作员操作。这一特性,是专为45型驱逐舰开发的,提供了高精度的操控,并提高了操作员的安全性。

Mk8 Mod 1 中口径舰炮(MCG)

45型驱逐舰的主力舰炮是114毫米(4.5英寸)的Mk8 Mod 1海军型中口径舰炮于2001年进入服役。该中口径舰炮的主要用途是在对陆地目标提供海军炮火攻击。在这一用途中,该舰炮的发射能力相当于一个6门火炮配置的岸基炮兵连。它也能用来有效的对抗舰船。中口径舰炮系统能够发射高爆弹、干扰弹、照明弹,以及一种改进的炮弹,其在高爆弹的基础上扩展了射程,射程在27.5千米内。Mod 1舰炮引进了舰炮技术的改进,例如,电动驱动和内置测试设备。最引人注意的变化是采用了多面体炮塔,旨在减少雷达横截面。

中口径舰炮的炮塔在射击期间是无人的。一个两冲程链式提升机自动从其备用储存位置给输弹环(位于航炮舱中的MCG的紧下面)上

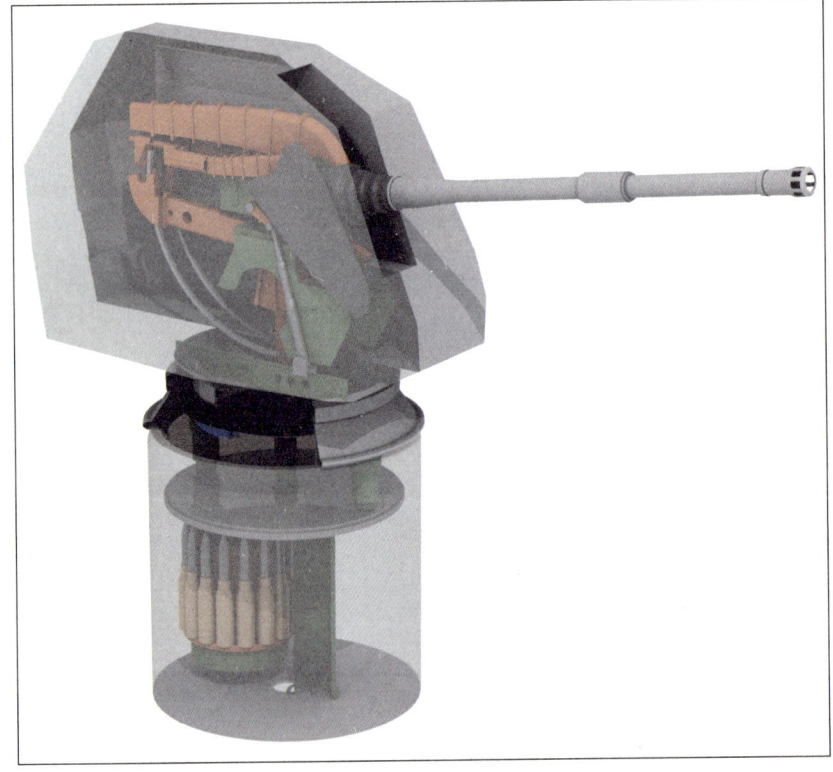

右图:114毫米Mk8 Mod 1中口径舰炮的剖面图。[亚历克斯·庞]

3 战斗系统的剖析

中等口径舰炮的性能		
系统作用	海军对陆炮火支援/大型水面目标	
单舰炮	114毫米（6.2米长的炮管）	
有效射程	扩展射程的高爆弹	27500米
	高爆弹	22000米
射速	20到26发/分钟	
炮弹重量（炮弹/发射出去的弹丸）	增程高爆弹	36.5千克/20.6千克
	高爆弹	36.5千克/20.9千克
爆炸装药	增程高爆弹	3千克RDX/TNT
炮口速度	870米/秒	
备弹量	800发	
安装重量	27200千克，不包括弹药	
仰角	−10°到+55°	
圆周射界	大约−155°到+155°	
反冲	380毫米	

下图：在皇家海军"勇敢"号试验期间，114毫米Mk8 Mod 1中口径舰炮在射击；黄色虚线代表舰炮回转的危险区域。[BAE系统公司]

英国皇家海军45型驱逐舰：拥有、维护和使用手册

> **海军俚语**
>
> 对于火炮（以及轻武器）来说，倍径是炮管长度除以炮管的直径。在中等口径的舰炮和小口径舰炮方面，指的是炮弹直径（相当于舰炮的炮孔）的相应尺寸。

供应适当的炮弹。该输弹环手动从航炮舱的弹仓中补充炮弹。

舰炮炮长在作战室选择目标以及输弹环上将要装填的炮弹类型。光电炮控系统提供舰炮炮管相对于目标的方位和仰角，以供炮长瞄准开火。

小口径舰炮（SCG）

小口径舰炮安装在02-甲板左右舷的平台上，这两个舰炮提供了全方位覆盖。在该舰炮被用于作战前，在平台周围支柱承载的安全网被向下铰接，因此安全网与平台平行。这些小口径舰炮是30毫米的75倍径的Mark46 Mod 1单管炮。主要作战模式是从作战室远程遥控射击，但是如果必要，一个单独的炮手也可以在基座上射击小口径舰炮。凭借着10千米的射程，其主要用于对抗水面威胁，例如快速近海攻击艇、直升机、无人机和其他的非对称威胁。它们也在警务行动中用于打击海盗和贩毒者。DS30B Mk2 低雷达和红外特征的炮塔是电动驱动的。

右图：在皇家海军"龙（Dragon）"号上，水手们正在给中等口径舰炮的输弹环装填炮弹，该输弹环位于舰炮底下的舰炮室。[王冠版权，2012]

左图：在02-甲板右舷平台上的30毫米小口径舰炮。[BAE系统公司]

小口径舰炮性能		
系统用途	与水面和近距威胁交战	
30毫米单管舰炮	厄利空（Oerlikon）30毫米/75 KCB机关炮（2.25米炮管）	
膛线	18槽6°右旋（18 grooves 6°右手位）	
操作机构	气动、风冷、链式自动机	
有效射程	反水面	10000米
	防空	2750米
射速	循环射速	650发/分钟
30毫米弹药（170毫米长）	高爆弹	420克
	脱壳穿甲弹	300克
炮口初速	高爆弹	1080米/秒
	脱壳穿甲弹	1175米/秒
弹药	高爆燃烧曳光弹	
弹药储备	160发	
安装重量	带弹药1200千克	
仰角	55°/秒时，-20°到+65°	
圆周射界	55°/秒时，360°	

右图：03-甲板右舷的30毫米小口径机炮和"密集阵"近防系统以及04-甲板前部的上下舷梯。[丹尼尔·费罗]

Mk15型"密集阵"近防武器系统（CIWS）

"密集阵"针对那些已经突破了舰队其他防御的敌方反舰导弹和高速飞机提供了一个基于舰炮的、内层点防御能力。"密集阵"针对这样的威胁自动探测、评估、跟踪、交火并进行毁伤效果评估，从而有助于驱逐舰的防空作战能力。

"密集阵" CIWS安装在01-甲板左舷和右舷的中间部分。它们处在由来自1-甲板的一个舷侧突出部支撑的一个凸出的平台上，这使得两个"密集阵"能够提供360°的全覆盖。"密集阵"是一个能自主作战的系统，带有它自己的雷达和一个6管的加特林炮，旨在摧毁附近快速移动的威胁。加特林机构可以允许很高的必要射速以对付这样的目标。搜索和跟踪雷达天线在该装置顶部的雷达天线罩内，并且所有与雷达操作有关的电子设备都被封装在"密集阵"内。

45型驱逐舰配备了Mk15型"密集阵"Block

3 战斗系统的剖析

Mk15型"密集阵"1B的性能	
系统用途	近距自防御舰炮（空中和水面威胁）
20毫米机炮	6管的M61"火神（Vulcan）"加特林舰炮（炮管长2米）
高度	4.7米
重量	6.2吨
有效射程	防空（导弹和飞机）——3600米
射速（气动供弹）	装弹1000发时平均射速50-75发/秒
破甲弹	通斯滕（Tungsten）12.75毫米脱壳穿甲弹 总重230克；弹头100克
炮口速度	1100米/秒
载弹量	每弹仓1550发
安装重量	带弹药1200千克
仰角	在115°/秒为 -25° 到 +85°
圆周射界	在116°/秒为 -150° 到 +150°
雷达传感器	上搜索，下跟踪（12到18GHz范围内）
光电传感器	侧装前视红外

海军俚语

"密集阵"CIWS（被称为"QS"）在皇家海军的绰号为"戴立克（Dalek）"，这是以长期热播的英国电视连续剧《神秘博士》中外星人的名字命名的，并在"星球大战"电影中的小机器人出现之后，在美国海军中被昵称为"R2D2"。

1B CIWS。其通过一个集成的、稳定的光电前视红外传感器（其给火控计算机提供精确的角度跟踪信息）有能力对抗非对称战争威胁。该系统的升级版，被称为"密集阵"对面模式（Surface Mode），能够使"密集阵"去探测和打击小型的高速水面艇筏、飞机、直升飞机和无人机。"密集阵"还集成了作战管理系统以给配备的其他舰上武器系统提供额外的传感器和炮控信息。"密集阵"1B在皇家海军"勇敢"号上的安装代表了安装到皇家海军舰船上的1B系统的第5代和第6代套件。

左图："密集阵"近距武器系统的剖面图。[亚历克斯·庞]

163

英国皇家海军 45 型驱逐舰：拥有、维护和使用手册

M134D机枪性能	
系统用途	手动近距支援机枪（应对空中和水面威胁）
机枪	6 管加特林机枪（枪管长 560 毫米）
长度	800 毫米
重量	38.5 千克
有效射程	<1000 米
射速	3000 发 / 分钟
弹药	7.62 毫米 ×51 毫米
枪口速度	853 米 / 秒
载弹量	1500，3000 或 4400 发弹仓

小型机枪

M134D"米尼冈"（Miniguns）是一种电动驱动、气冷的加特林机构机枪。它是一个射速很高的7.62毫米的武器，给它提供了高密度的射击和必要的高准确率以快速抑制多目标。当需要时，这些机枪被部署到露天甲板的战略位置以用于对抗近距水面威胁，例如恐怖袭击。机枪的位置有装甲，并且进一步的防护在02-甲板上由在其之上的30毫米的小口径舰炮平台来提供。当该机枪射击时，在该机枪下面的软管，是用来处置废弹壳的槽。

除了"米尼冈"之外，45型驱逐舰还携带有一些气动操作的、输弹带输弹的7.62毫米通用机枪（GPMGs），用于舰上和其舰载直升机上使用。GPMGs每分钟能够发射600发子弹，有效射程1800米。这些机枪用于防御舰船在港口受到攻击，或者途径海峡或运河地区时的防御，在这些地方舰船可能会受到小型武器的攻击。

在露天甲板上有几个安装位置，其中包括前甲板和封闭的后甲板上的海上航行的开口。每一个安装位置都集成了一个凸轮，其定义了在该位置允许的射界。在舰船的结构不能提供防护的位置上还提供了临时的防护装甲。

下图：带有卷曲的进弹槽的一挺M134D机枪。[迪龙公司（Dillon Aero）]

右图：在小口径舰炮平台下面的01-甲板右舷的7.62毫米的M134D机枪。[丹尼尔·费罗]

3 战斗系统的剖析

诱饵发射器

45型驱逐舰有两个诱饵发射器系统。在02-甲板上配备的6管Outfit DLH（2）"海蚊"发射器单独作为一个组成部分，部署一次性消耗的弹药。它的软件使用威胁和对抗对策表以及命令授权表，以决定使用哪一种诱饵和水手对探测到的威胁作出响应。发射器有固定的炮管角度，仰角45°、瞄准方位角为30°和105°（船头）。4个固定的发射器能够投放4种抗雷达干扰、红外和有源诱饵弹的诱饵。这些诱饵，所有重量都不超过30千克，被存放在准备使用的弹药舱附近并手动装填进发射器中。

驱逐舰还在上层建筑前面、前甲板的左右侧装备了Outfit DLF（3）发射器。这些发射器施放被动的、海军舰外诱饵系统弹。这是一种快速反应对抗系统，可以部署一种一次性消耗的、充气的、浮动性诱饵以有效对抗雷达制导的反舰导弹。

左图：设置在前甲板上的通用机枪，士兵可藏身于可拆除装甲的后面。[丹尼尔·费罗]

右图：6管Outfit DLH(2)诱饵发射器的装填。[王冠版权，2012]

右图：两个Outfit DLF(3)发射器，它们设在左前甲板防波板后面。[丹尼尔·费罗]

雷达电子支援措施（RESM）Outfit UAT（16）

雷达电子支援措施系统的雷达发射信号可探测和识别敌方潜在空中和水中的装置——在某些情况下，甚至在舰队的雷达能够察觉到它们之前就能发现。该系统有8个天线，因此它能识别威胁的方向，但是，作为一种被动系统，它提供不了距离信息。Outfit UAT(16)采用了新的信号处理和发射器识别技术。探测到的雷达的脉冲序列由一个出错率远低于早期版本的密涅瓦-交织器（Minerva de-interleaver）来分析。密涅瓦使用了一个有1000个并行处理器的神经网络的巨大计算能力来测试关联于该脉冲的大量方式，以选择最适合的方式。该技术提供了巨大的检测率和高保真率。通过与数据库中的特性对比，该系统能够辨别出雷达的型号，从而决定这是一个敌方还是友方的武器装备。雷达电子支援措施补充了IFF系统对友军部队的识别能力。

FICS45型完全集成通信系统（FICS）

对于像皇家海军"勇敢"号这样的主战舰，通信系统是重要而复杂的。该舰不仅需要与来自世界各地的军事指挥体系交换信息，而且需要与当地的民用机构和其作战区域的部队交换信息。这其中包括伴随战舰、直升机、飞机、地面部队和特种部队。

在战舰内，有许多作战位置需要相互通信以及与外界联系。FICS 45在外部和内部系统之间提供了一个带有灵活连通性的完整的通信系统。它最大限度地利用了自动化，并提供了与军用和民用机构的互操作性。在外部地面无线电或卫星路径上提供了用于语音和数据通信的设施。它还支持全方位的内部语音通信、视频

左图：在前桅上的Outfit UAT雷达电子监测天线。[丹·格兰特（Dan Grant）]

和电话服务。一个通信主管在作战室控制系统及其设备。

有一些预先设定的通信计划，按照作战需要，通过选择发射机、接收机、天线和内部路由来配置通信链。按下一个按钮，一个新的通信方案就可以被激活，以应对任务或态势的改变。适应当前情况的计划改变也可以被快速补充。

战舰的内部通信包括内部语音通信、主广播、有线通信、正式和非正式的信息、数据服务和视听娱乐设施。通过使用模块化的软件体系结构和软件可编程无线电，FICS可以很容易地适应未来的需求。从而使它不需要新的硬件就可以使用新的电波形式。

易用性和高度的集成和自动化结合在一起，减少了对操作通信系统人员数量的需求，并允许在高强度下及时作出快速响应。例如，FICS管理系统控制和监控系统，并执行以前需要舰上人员操作的任务。该管理系统拥有有关天线环境和性能的信息，例如，无线电路径参

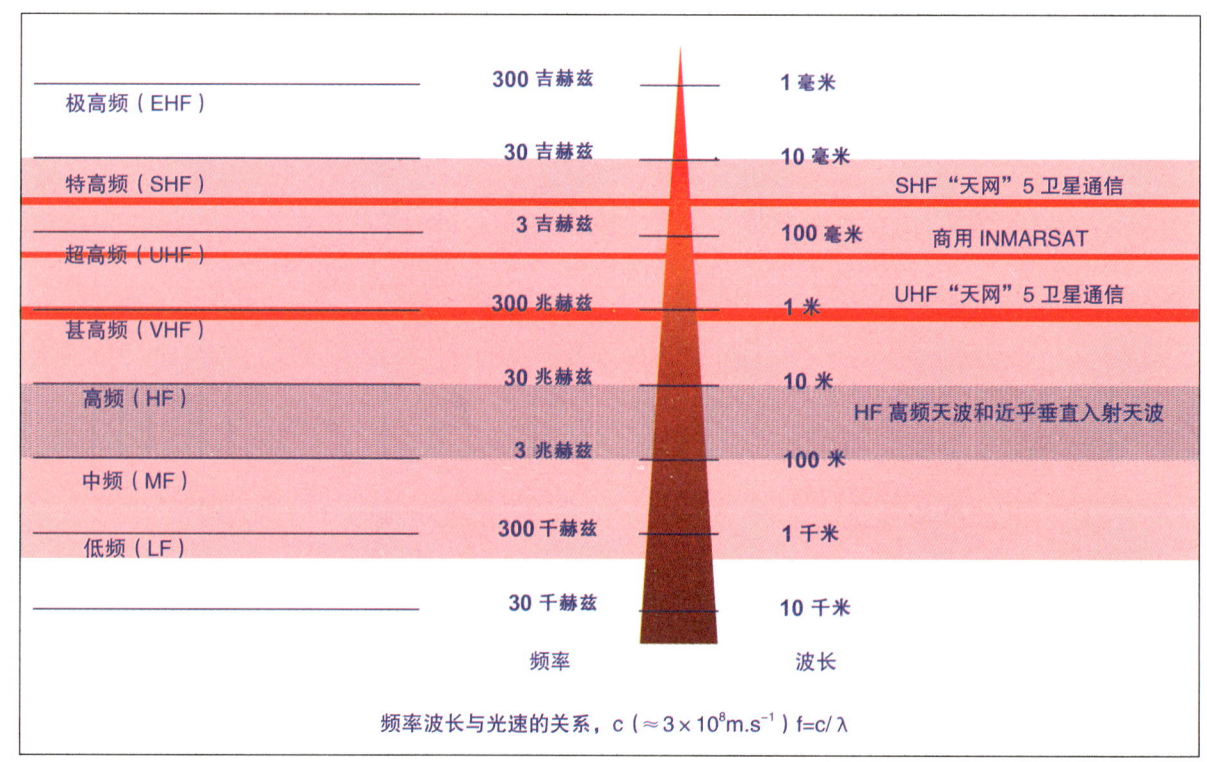

右图：战舰用于通信的电磁频谱。[作者]

频率波长与光速的关系，$c\ (\approx 3\times 10^8 m.s^{-1})\ f=c/\lambda$

3 战斗系统的剖析

数（预测自固定的数据库）和实时信道评估技术。使用这种信息，它可以自动优化操作频率和舰载设备的选择，以满足补充通信计划的需要。一个自动消息处理系统还避免了其他不必要的传统手工任务。这种高级军事信息系统自动化了所有安全级别的作战信息的可靠分发和处理。基于商用现货设备开发了其Windows 2000安全增强操作系统，其提供了一个信息的创建、修改和分发的界面，并提供了广泛的审计和日志服务。

一个通信传输系统承载舰船的通信业务。这包括一些采用了异步传输模式的宽带局域网和以太网技术。局域网专门用于传输秘密信号。

外部通信

为了能够实现全球和本地通信，战舰需要跨越从低频（LF）到超高频（UHF）频率范围的发射机和接收机。

对于远程通信来说，有高频（HF）系统（也包括一些较低的频率通信）。该高频软件定义的无线电提供了一种灵活的、多通道、多模式操作和网络化能力。每一个机柜都包括该无线电、嵌入式调制解调器、一个生成所需波形的励磁器和高线性功率放大器，以提高信号

海军高频软件定义无线电	
机柜尺寸（长×宽×高）	600×1900×600 毫米
机柜重量	<1600 千克（根据配置）
励磁器频率范围	1.5 到 30 兆赫兹（中频到高频）
励磁器功率	500 或 1000 千瓦
接收器频率范围	10 千赫兹到 30 兆赫兹（低频、中频和高频）

必要的电平实现全球传输。每一个机柜都是一个完整的收发器，并都能够在FICS内操作，或在紧急情况下，独立操作。它提供语音、数据、视频、信息和电子邮件服务。虽然主要操作在3兆赫兹到30兆赫兹的高频波段，但是它也可以在中频（MF）波段部分传输，并可以在频率下降到约100千赫兹接收。

软件定义的无线电的优势是，它们是通用

> **海军俚语**
>
> 很多通信和计算机设备有483毫米（19英寸）宽，以方便使用螺栓组装到机柜的立柱上。机柜是600毫米宽。这样的安排可以追溯到20世纪20年代最初的邮电通信设备上，并且该装置仍旧被称为"19英寸的邮局架（19in Post Office racks）"。

左图：高频软件定义的无线电。[泰勒斯（Thales）]

169

右图：外部通信天线。
[作者]

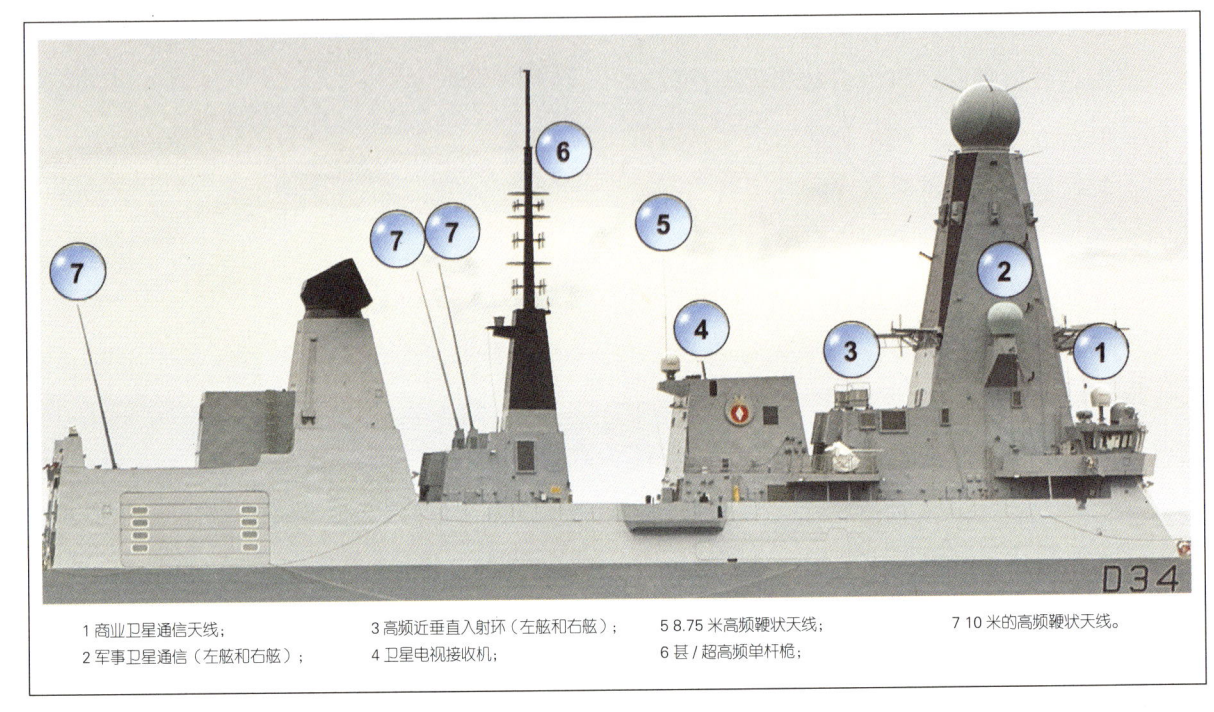

1 商业卫星通信天线；
2 军事卫星通信（左舷和右舷）；
3 高频近垂直入射环（左舷和右舷）；
4 卫星电视接收机；
5 8.75米高频鞭状天线；
6 甚/超高频单杆桅；
7 10米的高频鞭状天线。

的、可编程的，并很容易配置，并能够很容易适应通信技术的未来变化。

一个多耦合器单元把高频无线电连接到3个10米长的鞭状和两个环状天线上。一个天线用于Link-11战术数据链。该系统还有新的能力，例如自动建立链接和自动重复请求，这极大地提高了通信效率并减少了所需的通信操作人员的数量。

对于短程通信来说，战舰使用甚高频和超高频军用波段用于舰对岸、舰对舰和舰对空中航线的视觉通信。它们的频率范围包括甚高频民航空中交通控制和陆地移动频率。甚/超高频软件定义的无线电收发机为语音和数据服务提供多波段、多模式通信。

该无线电也能被用在一个固定的频率上。但是无论如何，为了提供更大的安全性，它

右图：甚/超高频软件定义的无线电发射/接收机。[泰勒斯]

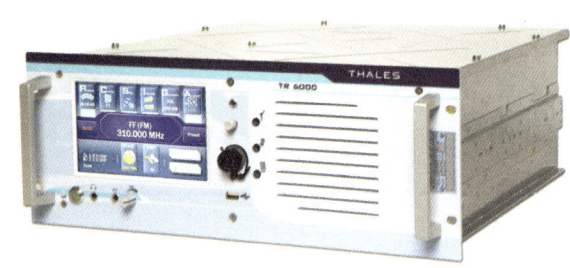

3 战斗系统的剖析

们采用了电子防护措施（欧洲供应商使用的笨拙的术语，但通常使用的术语是"电子对抗措施"）。例如，它们采用了SATURN（北约使用的第二代抗干扰战术超高频无线电）。其采用了比第一代（HAVEQUICK）更复杂的快速跳频，但是无论如何，它们是相兼容的。正如名字所暗示的，跳频描述了一种表观随机的传输频率的非常快速的变化。该载波的振幅和频率都是可调制的。

因为在甚/超高频的波长要比高频的波长小，并且因为它们不需要用于全球通信的功率，甚/超高频天线和设备都比它们的高频同等设备小。通信数据速率随频率增加，因此能够在这些频率上通过的数据要在高频上的大，尽管过多地减少了距离。大多数天线是在单桅杆上，安排为4个偶极天线一套（面向前、后、左和右，以提供良好的全向覆盖）。有3套垂

左图：在单杆桅上的甚/超高频天线。[作者]

1 JTIDS 超高频天线；
2 圆盘隔板（Disc screen）；
3 4 个超高频天线；
4 圆盘隔板；
5 4 个甚高频天线；
6 圆盘隔板；
7 4 个甚高频天线；
8 双锥偶极子超高频天线（左侧和右侧）。

海军甚/超高频收发机

尺寸（长×宽×高）	483 毫米 ×177 毫米 ×500 毫米
重量	30 千克
发射机频率范围	VHF 118 到 173.975MHz UHF 225 到 399.975MHz
载波输出	调幅——32W 调频——50W
接收机频率范围	VHF 108 到 173.975MHz UHF 225 到 399.975MHz

 英国皇家海军 45 型驱逐舰：拥有、维护和使用手册

上图：前桅上的卫星通信舰载终端的左侧天线。[BAE系统公司]

3 战斗系统的剖析

直排列,并由水平的金属圆盘隔开,这样减少了天线套件之间的相互作用和相互干扰。额外的甚/超高频天线已经被放在上层建筑之上,例如,在主樯杆的4个樯杆上。一个用于link-16(联合战术信息分发系统)数据链接的超高频二元共线性阵列天线被安装在单樯杆的顶部。这种全向天线工作于960兆赫兹到1215兆赫兹的范围内。

军用卫星通信

军用卫星通信(satcoms)用于远程、高数据速率的业务通信。从舰到卫星的传输由卫星的转发器重发到地面站。地面站使用卫星和地面链路在司令部、舰队和其他军事装备之间全球中继信号。在最恶劣的天气和海况条件下,军用卫星通信具有安全提供、不间断运行的抗干扰宽带通信的优势。

秘密命令、支持数据以及语音信号从FICS45通信终端通过军用卫星通信到了舰上的两个卫星通信舰载终端(SCOT)。每一个终端都被连接到一个前樯杆两侧的一个军用卫星通信的碟形天线上。两个碟形天线保证了全方位覆盖。天线是完全平衡的,并使用一个三轴运动稳定,以跟踪通信卫星。舰上的军用卫星通信虽然在超高频(SHF)范围操作,但是也配备了接受超高频军用卫星通信的设备。

虽然军用卫星通信采用新集成的第4代"天网(Skynet)"5通信卫星的星群组合,但是"天网"4仍在使用,因此战舰也能访问它们。增强的地面站设备作为"天网"5系统的一部分

左图:天线罩内的卫星通信天线的细节图。[Astrium公司]

"天网"5军事通信卫星	
尺寸	4.5米×2.9米×3.7米
太阳能电池阵列	34米
发射重量	4700千克
SHF 信道	15（带宽从20兆赫兹到40兆赫兹）
转发器	3×160瓦行波管（travelling wave tube）被简化
UHF 信道	9（带宽5或25千赫兹）
发射天网 5A	2007年3月11日；6.1°E
发射天网 5B	2007年11月14日；52.8°E（25°E，2012年12月）
发射天网 5C	2008年6月12日；17.8°W
发射天网 5D	2012年12月19日；53°E
轨道	静止（地球上空35800千米高度）

右图："天网"5通信卫星。
[阿斯特里姆（Astrium）公司]

被引入。

"天网"5不仅支持作战通信，而且也支持社会福利通信。这让所有参战的人员都可以与他们的家庭进行电话和互联网通信。

英国军队广播服务主要使用商业卫星去播放舰船的电视服务。但是无论如何，凭借被称为军用卫星电视的设备，可以使用"天网"4去播放高清晰度的特殊娱乐电视节目和新闻节目。例如，在世界杯期间就提供过这样的播放。

在卫星通信舰载终端故障事件中，一个应急路由设备会把舰船的优先通信重新分配给国际海事卫星组织（Inmarsat）的商业海上卫星通信。

国际海事卫星组织（Inmarsat）的商业海上卫星通信

商业海事卫星通信系统现在常见于商船，从油轮到定期游轮。它提供了一系列的通信和安全服务，其中包括用于船舶操作和用于船员以及乘客联系的语音和宽带互联网协议数据。

45型驱逐舰配备了商业化的国际海事卫星组织的C数字卫星通信系统以提供几乎在世界任何地方的双向数据通信。用于发射和接收信号的卫星碟形天线安装在舰桥的顶部。通过一个

3 战斗系统的剖析

"舰队"77型海事卫星终端访问该系统。

国际海事卫星能够通信综合业务数字网络数据、高质量的语音信号、高质量的音频（3.1千赫兹）信号和其他数据信息。因此它可以被用于电话、互联网访问、电子邮件、天气和图表更新，以及远程医疗。这种被编码的数字流量用一系列数据包通过国际海事卫星组织的C卫星发射到一个陆地的地球站上，该站相当于在卫星和信息目的地之间的一个网关。该信息然后被路由给地面电信网络或者给其他装备了国际海事卫星设备的船舶和用户。国际海事卫星组织的C系统被称为一种"存储和转发（store and forward）"信息系统。陆地地球站储存数据包，并将它们组装成一个单独的信息包，这些信息然后被转发给它的地址目的地。陆地地球站会自动减少传输错误，因为如果它接收到任何错误的数据包，就会发送一个信号给终端请求重新发送这些数据包，直到收到一个完整的

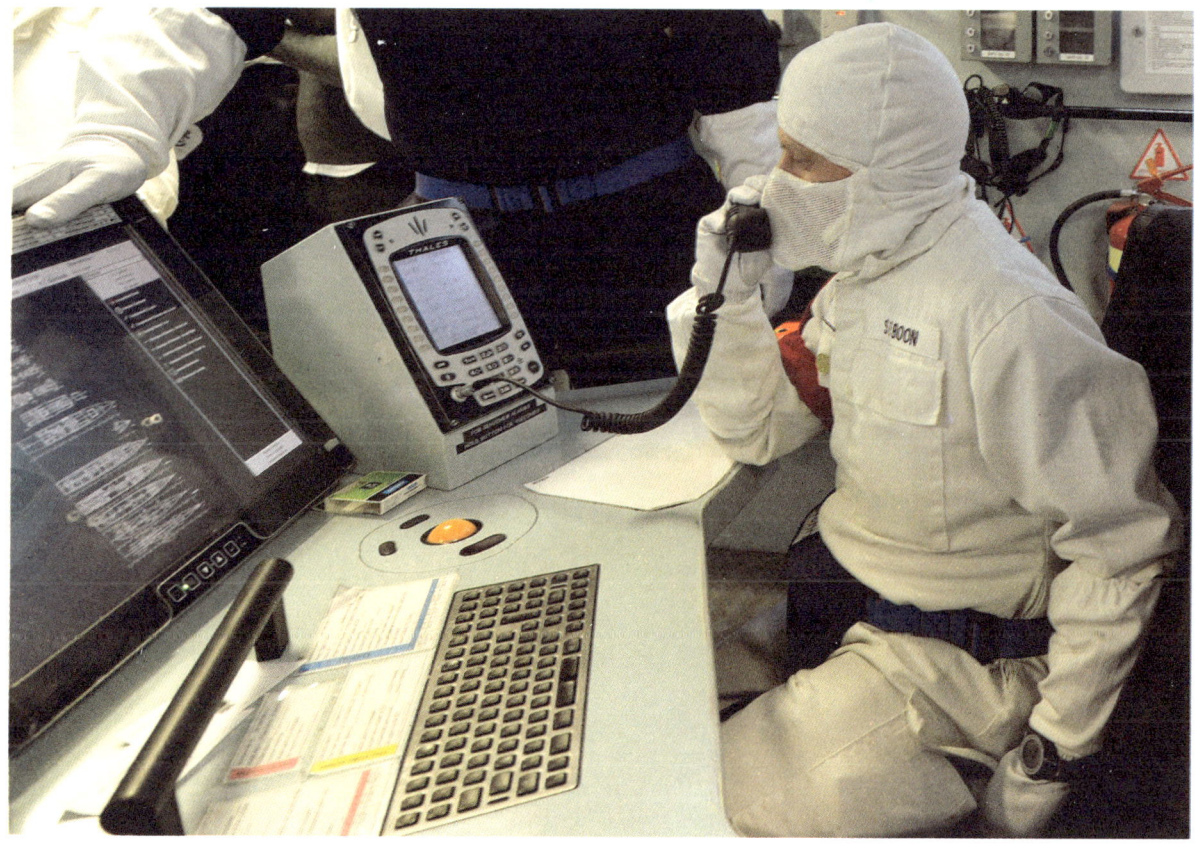

左图：在使用舰船控制中心语音用户单元的官员。[王冠版权，2013 PO（Phot）保罗·庞特]

175

英国皇家海军 45 型驱逐舰：拥有、维护和使用手册

国际海事卫星组织商业通信卫星系统	
尺寸	7.0 米 × 2.9 米 × 2.3 米
太阳能电池阵列	45 米
发射重量	6000 千克
陆地地球站	40
网络协调站	每区一个以控制通信流量
UHF 上行链路	1626.5 到 1645.5 兆赫兹
UHF 下行链路	1530.0 到 1545.0 兆赫兹
舰队宽带卫星	三个地球静止轨道（在地球上空 35800 千米高度）
发射 Inmarsat-4 卫星 F1	2005 年 3 月 11 日；亚太地区；143.5°E
发射 Inmarsat-4 卫星 F2	2005 年 11 月 8 日；欧洲、中东和非洲；25°E
发射 Inmarsat-4 卫星 F3	2008 年 8 月 18 日；美洲；98°W

无差错信息。

　　45 型驱逐舰的国际海事卫星组织系统完全支持全球海上遇险和安全系统。这是一套带有国际公认程序和通信协议的设备，使它更容易救助陷入困境的战舰、船舶和飞机，因此增加了海上的安全性。该系统包括先进的功能，如紧急情况呼叫优先级和远程识别和跟踪系统。全球海上遇险和安全系统警报船舶遇险（包括它们的位置）并帮助协调搜索和救援。

内部通信

　　FICS45 的内部通信设施包括，点对点、主广播、警报和对讲机通讯以及会议设施。主要的内部通信设备是语音用户单元。这些单元被建造进控制台，例如在作战室和小口径舰炮中的那些控制台，或者连接到适当的表面上。FICS45 还有用户数据终端，用来管理内部和外部通信。该舰充分地提供了这些设施和语音用户单元。该舰还拥有一批安全的个人电脑和笔记本电脑，可以连接到内部网络。被授权的操作者可以通过战略通信系统拨号连接到外部通信网络用于非涉密语音和数据通信。用于安全语音和数据通信的等效连接被路由通过、并由通信主管的控制台控制。

　　语音用户单元能使操作者使用安全和机密网络与舰船上的其他成员通话。FICS45 通过有线通信系统能够无缝连接到舰桥中的、露天甲板上的以及飞行甲板上的操作者。甚至飞行甲板上直升机中的飞行员和领航员都可以通过直升机电话联系界面被联系到。语音用户单元允许操作者改变语音通信通道（内部或外部）进行单独接触，而不必从他们的主要工作站查看区域查找。

　　访问内部和外部通信，以及用于作战管理系统和平台管理系统的用户控制台，需要一个口令。单独的口令识别和验证系统，确保了每一个操作者对于整个系统有一个单独的用户名和密码。这就避免了早期军舰上的操作人员所遇到的困难，他们必须记住好几个复杂的口令以访问几个不同的系统。这些口令确保了每一个操作者都有适当的访问权限。

除了语音用户单元之外，在舰上有超过300部标准电话以及用于紧急使用的50部自充电电话。

凭借它在海上和港口与外部通信的连接，该通信系统能提供连续访问外部视频会议设施，并允许随时访问岸上的医疗和工程专家。这种电信使用语音通信，并辅以作为电子邮件附件传送的图像和仪器数据。

内部通信系统在用户数据终端（在关键的操作空间，例如舰桥）提供了对闭路电视监控摄像机监控图像的访问。有22个摄像头提供对露天甲板和飞行甲板的覆盖，以确保舰船的安全和保密。平台管理系统使用额外的闭路电视摄像头来监控机械室。

S2语音用户单元特性	
综合业务数字网络端口	1 或 2
同时通信	16
外部通信	32 个无线电电路
内部通信	256 个电路
安全	嵌入式红色/黑色分离无花纹/加密指示（Embedded red /black separation Plain/encrypted indicator）
以太网端口	1 x 100Mbps
尺寸（W x H x D）	142 毫米 x 267 毫米 x 120 毫米
重量	3 千克
供电	在 24-48 伏，20 瓦

舰上日常生活设施

舰上的娱乐设备（以前是"声音再现设备"）提供电视娱乐和一系列视听设备。现在它包括iPods，并在混乱的甲板上带有充电设施和对接站。昔日作为舰上邮递员的通信员的非官方工作已经被换成了个人的外部电子邮件访问。日常命令现在也通过内部网络发布而不是纸质发布。

英国军队广播服务通过稳定的商业卫星电视系统（由国防部（MoD）操作和维护）播放电视娱乐给舰队。电视系统还有更严肃的使用，例如，发布培训材料和舰上人员的简历。唯一稳定的电视接收卫星碟形天线安装在烟囱的后面用于电视接收。该天线被稳定在三轴上，以跟踪被选择的卫星。当在港口时，舰船与地面系统连接以接收电视广播。

红外通信

军用红外通信是一种数字编码系统，其可以让舰上的人员无论在那儿都能保持联系。它是一种安全网络并符合TEMPEST的要求。该系统也可以被操作人员在飞行甲板和嘈杂的机械空间环境中使用。这样的漫游通信也可供舰桥值班人员、作战室值班人员和损害控制人员选用。操作人员有一个移动通信装置，包括一个

上图:皇家海军"钻石"号舰桥团队的成员在防闪服上戴着红外线通讯移动装置耳机。[王冠版权,2011 PO(Phot)保罗·庞特]

耳机和一个带式安装的电池包。当操作人员自由移动时,提供有效的双向语音通信。每一个耳机都允许跟其他移动用户或在舰上任何位置的操作人员通信。带有增强设备的操作人员也可以访问外部通信。

耳机给移动用户提供清晰的双向语音通信,并且因为它是一个多通道系统,因此不同群体的操作人员都可以保持独立的通信,即使他们工作在舰上的同一区域。该红外系统可以被用在有严重电磁干扰的区域,例如,机械空间与封闭的后甲板,因为它对严重的能量脉冲不敏感。这让它相对于传统无线电或感应回路系统(它们对干扰敏感)具有显著的优势。耳机有两种类型——降噪耳机用在噪音水平很高的地方,轻量级版本用于其他空间。这两种耳机都有噪音消除麦克风,以在通话时减少叠加在用户语音上的背景噪音。

一些基站被安装在舰上的便利位置,并提供与舰上通信系统的接口。低量级的红外线消除了对眼部的危害,并提供了带有多通道能力的优异覆盖。该能力利用了来自每一个基站的几乎无限的红外天线,以确保在高达100平方米区域内的多用户通信。由于距离是可预测的,因此它可以限制点对点通信,使红外线成为安全和敏感通信的理想介质。但是无论如何,在基站天线和收发信机单元(在每个用户耳机的顶部)之间必须有一个不间断的视线。每一个基站天线可以提供超过90°以上的覆盖,距离高达10米。每一个天线都被安装在一个支架上,以确保该天线可以指向最合适的方向。耳机有一个360°的覆盖。通过在两个基站之间连接一个控制电缆,在同一区域可以操作两个系统,其中一个基站被命名为"主站("紫苑")"。这样就允许两个完全独立的系统在同一个红外环境中使用。

2091型中频声呐(MFS)

中频声呐被安装在驱逐舰的舰艏声呐导流罩中。该导流罩,当声呐工作时充填海水,采

3 战斗系统的剖析

用内部挡板以减少来自船尾和导流罩内内部反射的传输噪音。该中频声呐发射脉冲主动探测和识别水下威胁，例如，潜艇、鱼雷或水雷。它自动处理返回的脉冲以使威胁局部化。同时它也可以通过分析来自潜在目标发出的噪音被动操作，被动探测所产生的距离信息的缺失，意味着，其追踪数据必须要进行分析和手动确认。

带有导流罩的声呐是一个36竖条（vertical staves）的圆柱阵列，其可以提供360°的覆盖。每一个竖条包括10个互感器。水雷探测功能，只有前7个竖条的互感器能用。

为了与潜艇通信，使用了一个全方位水下电话。其利用水下声辐射来传输和接收语音信息，并在北约指定的频率8千赫兹到42千赫兹之间操作。当中频声呐发射脉冲时，水下电话将无法使用。

气象和航海（METOC）雷达系统

气象和海洋雷达系统是一套环境传感器和接收器，其数据被集成显示在位于舰桥后部的海图室的专用工作站上。该系统自动捕获风和空气的数据，并自动接收卫星图像和天气传真数据。它也收集处理来自手动发射的深温计探头和来自高空探测系统的无线电探空仪的数据。气象和海洋工作站通过数据传输系统整理、显示和分发环境数据给45型驱逐舰的作战系统和其他用户。在导航系统工作站、作战管理系统、二次数据显示系统和平台管理系统的操作人员因此获得这些信息。气象和海洋也自动编译常规天气预报，并跟其他单元或岸上的工作站手动交换这样的报告。

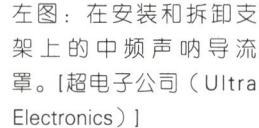

> **海军俚语**
>
> 海军俚语里的TEMPEST（这是一个代码字，不是一个缩写），解释意思为"微小的电磁粒子发射的秘密（tiny electro-magnetic particles emitting secret things）"！

左图：在安装和拆卸支架上的中频声呐导流罩。[超电子公司（Ultra Electronics）]

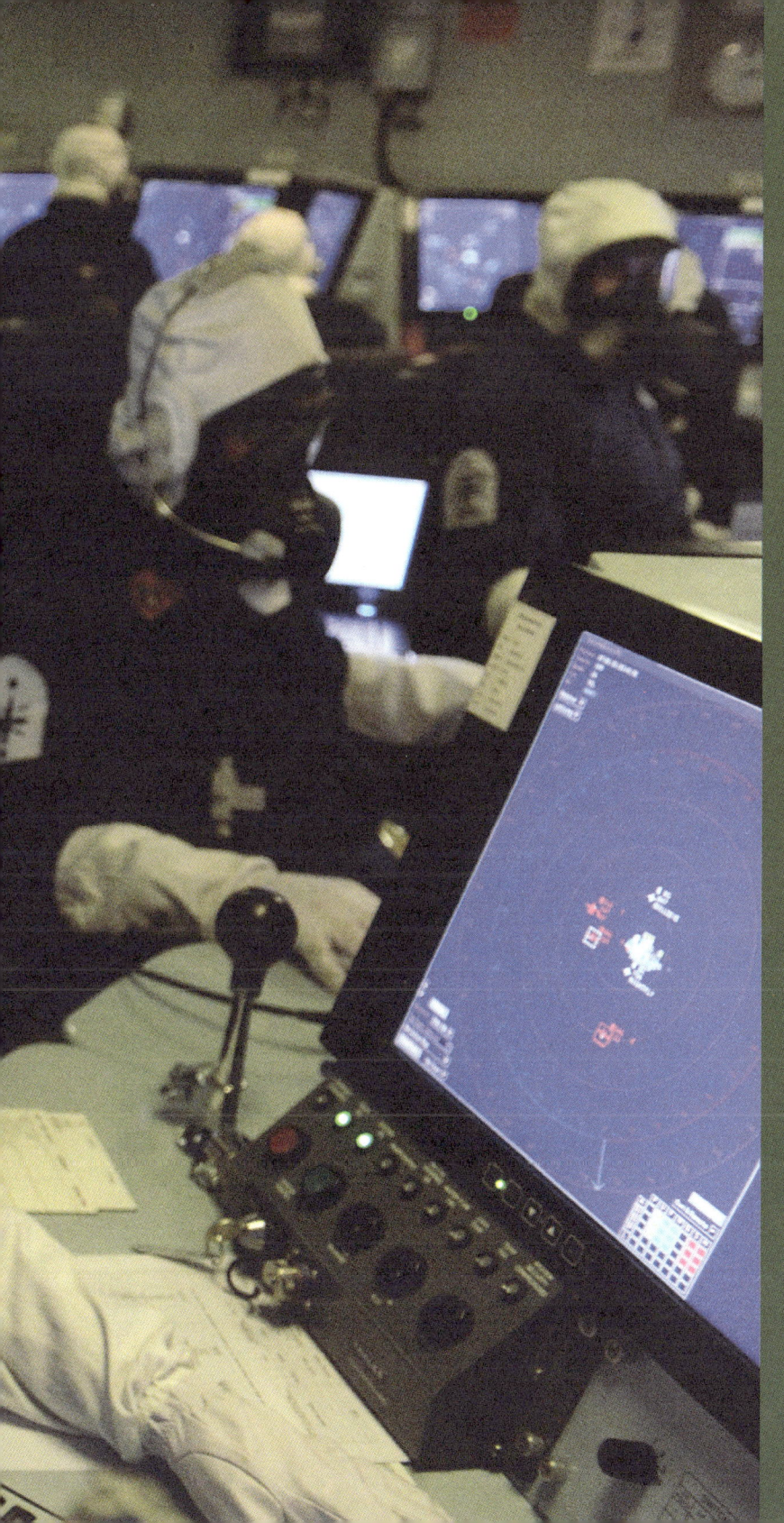

4

45型驱逐舰的作战

在一个全球政治局势几乎连续紧张的时代，45型驱逐舰代表了对军事升级的一种有说服力的威慑。如果必要，它们强大到足以参与攻击行动。它们不仅有能力攻击敌方的导弹和飞机，而且还可以攻击敌方战舰、潜艇和陆地目标。

左图：2013年到2014年，在皇家海军"勇敢"号9个月的部署期间，作战室的军官穿戴着防毒面具和防闪服在进行一次涉及到化学战的模拟攻击演练。[王冠版权，2014 LA（Phot）基思·摩根（Keith Morgan）]

45型驱逐舰主要用于承担海战中最具挑战性的一项任务——保卫海军任务战斗群防止受到空袭。这样的战斗集群可能是由航空母舰领衔的一个打击集群，也可能是一个两栖任务集群（其主要任务是往敌方领土上输送地面部队）。这两个集群都包括战舰、高价值单位、执行关键任务的部队和后勤支持人员的混编。更远期的目标，45型驱逐舰的目的是，为由新型皇家海军"伊丽莎白女王（Queen Elizabeth）"级航空母舰领衔的集群提供保护，该航空母舰预计在2020年投入服役。

45型驱逐舰的"海蝰蛇"系统能够攻击高达100千米距离内的各种空中目标，并可以被看作在作战部队区域的上空投射了一把保护伞。该驱逐舰能够对抗先进的导弹，例如，那些采用了陡峭的俯冲飞行剖面以避免探测的导弹，同时还能对抗掠海反舰导弹，这种导弹在海面上空几米的高度飞行并会突然出现在地平线上。

当参与两栖作战时，该驱逐舰的"海蝰蛇"系统将为两栖战舰在运输过程中和登岸期间提供保护。随着攻击的展开，和部队接近登岸地点时，该驱逐舰的空中掩护将延伸到地面部队以及滨海的船只上空。它们的传感器将使该驱逐舰生成高质量的战术图片，并且它们高级的通信设备能够使它们与海上和地面上的友军部队共享这种态势感知。

除了"海蝰蛇"系统之外，45型驱逐舰还有一套灵活的武器和传感器，其中包括用于对岸轰击的中口径舰炮和小口径舰炮（可以用于打击海盗和反走私行动）。这些能够使该驱逐舰被部署在各种军事任务上，并在广泛的情态下进行作战。因此它们能够很好的满足一个辅助要求——提供海上安全的需要。这包括在紧

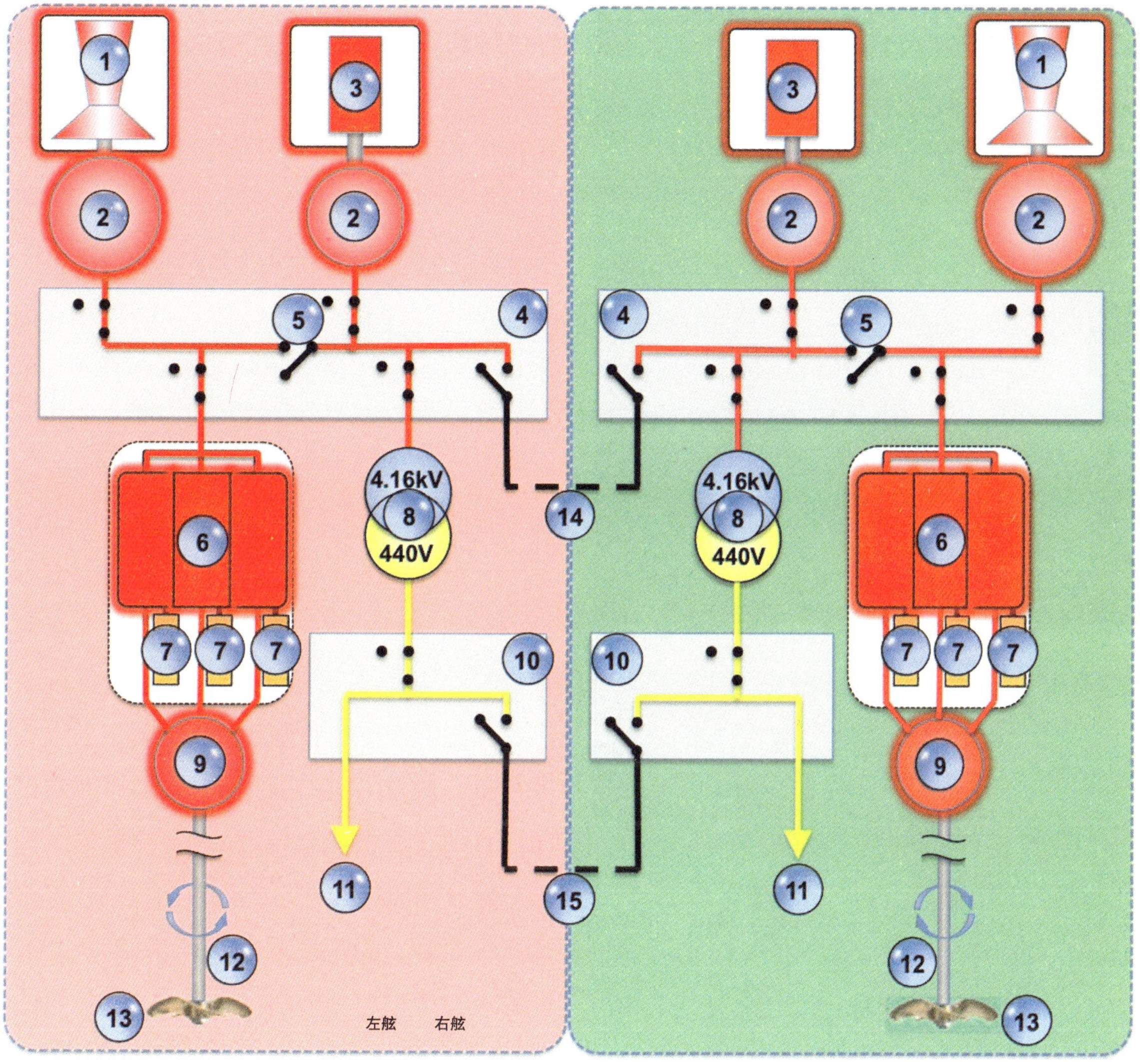

4 45型驱逐舰的作战

右图：综合电力推进系统单线图，展示了"四岛"构型（过滤器被简化掉）。[作者取自通用电气公司的资料]

左舷　右舷

1 燃气轮机；
2 交流发电机；
3 柴油发动机；
4 4.16千伏配电板；
5 母线槽（Busbar tie）；
6 转换器；
7 动态断阻电阻器；
8 舰船的2.5兆伏安的生活变压器；
9 推进电机；
10 440伏配电板；
11 舰船的生活电源440伏，三相，60赫兹
12 螺旋桨轴；
13 螺旋桨；
14 4.16千伏中继馈线；
15 440伏中继馈线。

183

英国皇家海军45型驱逐舰：拥有、维护和使用手册

上图：水兵们穿着化学、生物、放射性和核防护服和呼吸器。[王冠版权，2005 POA（Phot）米克·斯托里（Mick Storey）]

右图：在左侧小口径机枪平台下面，通过一个气闸舱和洗消站到左舷01-甲板的水密和气密入口。[Airfix]

张局势期间维持和平，确保用于商业航运的海洋航线的安全，预防国际犯罪，并在政治或自然灾害紧急情况下提供援助。不管它们在世界上的什么地方，它们都要做好执行这些作战任务的准备，但是无论如何，舰上的人员必须要定期参加一系列环境中的实际演练。

进入战斗状态（Action stations）

当一次攻击是迫在眉睫或被认为是可能时，舰上的人员就被呼叫进入战斗状态，军舰也配置好，以确保在将要受到伤害的情况下，它是有准备的。最高的战备状态称为Zulu Alpha（或 ZA），要求实现完整的最大水密性和气密性。舰上的要塞大体上是上层建筑及所有在其正下方的那些舱室。这一舰上的中心部分被细分成4个区，在ZA战备状态下，通过关闭所有的气密舱门通道组成4个密封的气密部分。所有的舱口和开口都被封闭以防止漏水或火灾的蔓延。战舰的服务机制是以这样的方式产生的，即每一个区都可能有它自己的自主服务。一个区的损坏将不会影响到临近的区。同样，综合电力推进系统被分成一种"四岛（four island）"构型，为故障和作战的灵活性提供了最大的安全性。两个4.16千伏配电板的母线槽被打开，以便燃气轮机交流发电机只供应推进系

4 45型驱逐舰的作战

统,440伏舰船生活配电板仅由柴油发电机单独供电。

没有军舰是完全密封的,气密完整性可能会受到影响,例如战斗损害产生的孔洞以及进入露天甲板的人员通过的气闸门。因此,舰上的舱室环境保持在一个正压下,以便让空气向外泄出,从而防止CBRN化学制剂渗透进来。

由于舰船的密封,通风系统可以在舰内循环空气。为了给舰船补充新鲜空气,并补充泄漏的空气,额外的空气只通过特制的过滤器(过滤掉所有潜在的污染物)吸入舰船。下行管道持续给密封的燃气轮机和柴油发动机密闭舱室供应空气,但是给机械室的下行空气入口被关闭。用于冷冻水的冷却线圈然后被用于从机械室提取热量。

为了进一步保护舰船远离CBRN化学制剂,水幕喷淋(pre-wetting)系统被起动,用海水雾遮盖舰船,以防止污染物沉降和附着到露天甲板上。这种雾是由喷雾器产生的,喷嘴和水幕进行了位置和角度的设定,以确保整个子结构和露天甲板都被覆盖(通风和机械的进气口除外)。为了在平静的天气中在舰船上面散布开预润湿的薄雾,舰船的稳定器——通常用于在恶劣天气下减少横摇——可以反向操作用于产生轻微的横摇。

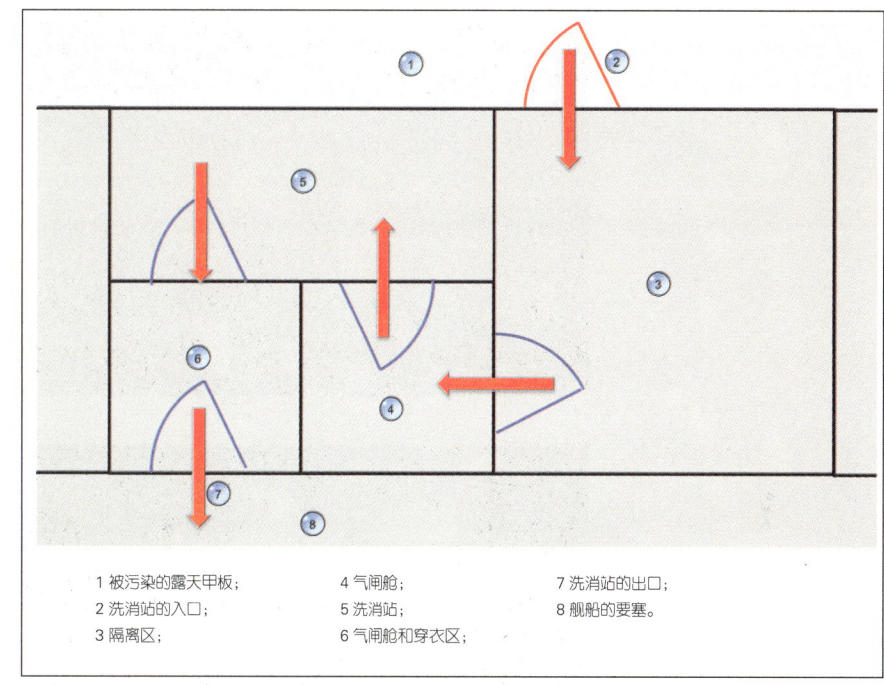

1 被污染的露天甲板; 4 气闸舱; 7 洗消站的出口;
2 洗消站的入口; 5 洗消站; 8 舰船的要塞。
3 隔离区; 6 气闸舱和穿衣区;

上图:典型的洗消站方案。[作者]

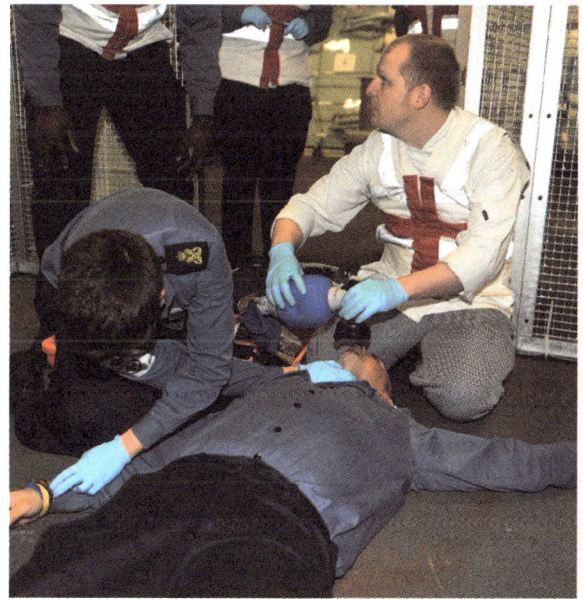

左图:作为训练演习的一部分,厨师协助皇家海军"无畏"号的医疗队提供紧急急救。[王冠版权,2012 LA(Phot)尼古拉·威尔逊(Nicola Wilson)]

185

右图：皇家海军"无畏"号的消防员穿戴着自主式呼吸装置、头盔和防护服。[王冠版权，2012 LA（Phot）尼古拉·威尔逊]

右图：消防员在使用热成像相机。[王冠版权，2012 LA（Phot）本·萨顿（Ben Sutton）]

在气密的条件下，舰上的人员如果穿着全副武装的CBRN保护服和防毒面具，只有对具有潜在污染物的露天甲板进行冒险了。他们必须通过一个又一个的气闸门出舰，以防止有害物质进到舰艇内部。

人员只能通过一个洗消站重新进入舰内，以清洗掉在他们防护服装上沾染的任何污染物。到洗消站的舱门允许人员进入一个气闸舱，也是一个剥离区。一旦通向露天甲板的舱门被关闭，他们就可以拆除掉所有受污染的衣服和装备，然后打开到第二个气闸舱的室内门。只有当到隔离区的舱门被关闭，人们才可以打开下一个舱门，进入一个淋浴区，以除掉任何残留污染物。一旦做完这一切，他们就可以进入最后的气闸舱，换上干净的制服，进入舰船内部。该过程的关键是每一个到下一个舱室的门只有当前一个舱门关闭时才打开。这，再加上来自舰船涌向露天甲板开口的压缩空气流，确保了污染物不会进入舰船内部。

平台管理系统被连接到下面的CBRN报警系统上，对无论是舰船内还是外部空气和海水中的污染物提供一个连续的作战监控系统：

- 舰船上安装的化学制剂探测系统用于监测化学制剂，例如神经毒气；
- 舰船的海洋生物探测系统用于监测生物制剂；
- 舰船上安装的放射性探测系统，用于监测直接、间接或污染的核辐射。

在战备待命时，大多数厨房和后勤人员也被分配了作战职责，例如，协助医务人员急救。他们还支持损害控制团队分配的舰上灭火、防洪并评价指挥团队的作战态势。

4 45型驱逐舰的作战

当损害控制方的成员处理火灾时，他们都穿戴上自主式呼吸器、头盔和防护服。

确定火灾的来源是至关重要的，为了这个目的，消防队员都配备了热成像相机。这些轻型手持设备能让消防队员找到热点区域和火灾所在地，以把他们的消防软管集中在火灾源头上。这些相机可以让消防人员在完全黑暗的空间和由烟雾引起的零能见度的条件下进行操作。它们还允许人们去识别和救援伤员以及探测过热的舱壁（这表明在相邻舱室有火灾）。

防空作战

成功的防空作战的关键是纵深防御。这是在最大可能距离与敌对目标初始交战的能力，并用几个更近的防御范围补充了这一点：用区域防空导弹对抗远距离的威胁，用本场防空导弹和点防御武器处理任何避开了外层防御或突然在近距离出现的敌对目标。

虽然"海蝰蛇"允许45型驱逐舰完全独立于其他部队作战，但是它们的有效性通过更广泛的图片信息得到极大的增强。飞机，因为它们的飞行高度，可以很好地提供这类信息。海事巡逻飞机虽然主要用来给反潜战（ASW）任务部队提供专门的海事支持，但是它们也是用于海军部队的一个情报、监视、瞄准、捕获和侦察信息的来源。它们被很好的布置以识别

下图：英国皇家空军E-3D"哨兵"预警机。[史提夫·莱特（Steve Wright）]

英国皇家海军 45 型驱逐舰：拥有、维护和使用手册

> **海军俚语**
>
> "海王"Mk7 ASaC直升机因其可充气的雷达罩被称为"Baggers"（装袋机）

靠近水面（超越了驱逐舰的地平线）的威胁，并向军舰报警潜在的攻击。这一任务部分由机载预警和指挥系统（AWACS）飞机来履行，AWACS在一场战争中可以提供所有部队的远程空中态势。

英国皇家空军的E-3D"哨兵（Sentry）"空中预警机，或者，在联合作战中，美国空军的E-3"哨兵"空中预警机，履行这一职责。这些飞机的局限性是，它们必须从友军的空军基地起飞作战，如果在作战区域附近没有基地，它们执行任务的时间就会受限。正如在1982年马岛冲突中发现的那样，在舰队中有组织的机载预警是很重要的，所以"海王（Sea King）"直升机被迅速安装了空中预警机设备。该系统的最新版本是"海王"ASaC7，在2002年被引入。它有一个新的任务系统，基于改进的水面搜索2000AEW雷达，如果必要，可以同时跟踪约400个目标。该直升机的主要任务是探测低空飞行的飞机，并把这些飞机的位置和性能通过集成的Link-16传递给海军部队。数据链路也是必不可少的，以获得来自其他舰船的信息，尤其是反潜战舰（例如23型护卫舰），这些战舰在

右图：带有海面搜索2000AEW雷达的"海王"ASaC机载监视和指挥直升机。[王冠版权，2005POA（Phot）米克·斯托里]

4 45型驱逐舰的作战

部队的边缘作战,可能会首先获得低空攻击的告警。

当一个海军编队包括航空母舰时,它们的飞机执行战斗空中巡逻,以给出预先的攻击警报,并在发射导弹之前,提供额外的检控敌方飞机的手段。皇家海军要在它的"伊丽莎白"级航空母舰接收了F-35B"闪电"II战斗机/轰炸机后才具备这种能力,在此之前,编队将不得不依靠编队中来自其他国家航空母舰的战斗机,以及陆基飞机。

为提供防控能力,"海蝰蛇"可以从任何角度对抗敌方目标,并饱和攻击需要同时交战的多个目标。它能摧毁由直升机和飞机发射的高速导弹,并挫败由潜艇、水面舰只或飞机发射的掠海导弹的突然攻击。尽管在沿海环境中,雷达会受到一定干扰,但是"海蝰蛇"的"桑普森"多功能雷达通过执行结合其他任务的不同的搜索方式还是能够搜索和探测在陆地上空飞行的目标。它通过补充电子支持措施,能够探测导弹和飞机的雷达,因此提供了一个对敌对目标以及攻击方向的告警。

作战管理系统的软件确保了来自所有传感

下图:45型驱逐舰的防空作战传感器、武器和诱饵。[作者]

1 "海蝰蛇"防空作战系统包括:
  a "席尔瓦"-50发射器;
  b "紫苑"-30导弹;
  c "紫苑"-15导弹;
  d "海蝰蛇"本场指挥可控制;
  e "桑普森"1045型多功能雷达。
2 战斗管理系统;
3 Outfit Dlh 发射器(左侧和右侧);
4 Outfit uaT 雷达电子侦察措施;
5 光电炮控系统(左侧和右侧);
6 Outfit Dlf(3) "海蚊"发射器;
7 20毫米 Block 1B "密集阵"近距武器系统(左侧和右侧);
8 1046型远程雷达。

英国皇家海军 45 型驱逐舰：拥有、维护和使用手册

右图：在作战室中，坐在多功能控制台前面的指挥军官，左侧是防空作战军官。[王冠版权，2011 PO（Phot）保罗·庞特（Paul Punter）]

器的数据都能被融合。因此，被多于一个传感器看到的同一个物体只被报告一次，并伴随有最好可用的复合信息。来自敌我识别设备的数据也用于确定哪些跟踪是友好的。任何潜在的威胁都被传递给"桑普森"多功能雷达，然后将集中跟踪，以确认并标绘信息。"海蜷蛇"使用一个基于软件的复杂逻辑在一个高速处理平台上运行，来进行危险评估。该跟踪的重要性然后被跟所有其他被监控的跟踪进行比较。"桑普森"多功能雷达用一个专用模式跟踪最危险的威胁，其增加了"桑普森"多功能雷达专注于严重目标中的时间。所有关于空中目标的数据都在作战室的空中态势指挥员的操控台上协调。严重的威胁将及时分配武器和发射命

4 45型驱逐舰的作战

令，自动选择"紫苑"-30导弹（用于远程交战）和"紫苑"-15导弹（用于近距交战）。

防空作战军官和主要作战军官密切监控态势，其在作战室有控制台，位于舰长控制台的侧面。"海蝰蛇"指挥员，就在他们的后面，准备对抗最具威胁性的敌对目标。为了提供快速反应，该系统将高度自动化，但是允许开火的决定仍旧由舰长负责作出。

"海蝰蛇"指挥和控制系统优化了来自敌对目标攻击的响应。如果指挥团队批准交战，那么"海蝰蛇""紫苑"导弹将被发射。在发射

左图："紫苑"导弹离开"席尔瓦"发射器的顺序：
（a）在来自导弹的爆炸压力冲击下，易碎盖打开；
（b）射流从烟囱排出；
（c）导弹出现；
（d）导弹离开发射器。
[武器开发指导局]

前,在"席尔瓦"发射器中被选择的导弹将用到拦截目标的最佳预测弹道、目标的位置和干扰环境进行数据初始化。与此同时,盖在这些导弹发射筒上的舱门被打开。数秒后,导弹的助推器点火,产生足够的压力去撞开导弹发射筒的易碎盖。随着导弹的提升,它的射流被导向发射器底部的一个充气室,然后上到在两排导弹之间一个长管中,喷发出一缕明亮的橙色火焰。"紫苑"导弹在大约两秒的时间内可以加速达到马赫数4.5。

严重的威胁可能会需要发射齐射导弹以最大化杀伤概率。当第一枚导弹飞到空中并在一缕青烟中飞离后,第二枚导弹可以在几秒后跟随发射。

一旦"紫苑"导弹到达了足够的高度,助推器的矢量推力将把喷嘴的方向控制到由自动驾驶仪的惯性导航系统指示的目标方向。在此期间,计算机会生成其轨迹以减少干扰影响,并优化接近目标的角度。助推器加速"紫苑"导弹,凭借更大的助推器,"紫苑"-30导弹的加速时间要比"紫苑"-15导弹长,给了导弹更大的速度,并使它能够攻击远距离更高的目标。助推器并没有连接到"紫苑"导弹的"飞镖(Dart)"部分,因此,一旦燃料耗尽,助推器将自然脱离。"飞镖"的发动机然后点火继续推动它接近目标。在整个攻击过程中,"桑普森"多功能雷达既追踪"紫苑"导弹也追踪目标的机动。它通过一个雷达频率上行链路发送进一步的数据给"飞镖",以让其修正飞向理想拦截位置的航线。

当"紫苑"接近目标时,它打开它的主动雷达导引头控制最终的进近,甚至可在复杂的电子对抗环境中作战。防空导弹可以攻击交叉目标,瞄准的可能是海军其他舰只的威胁,而不是直朝载舰扑过来的目标。为了实现这一点,导弹追循目标的轨迹,并一直不受影响的瞄准目标。通常,这样的轨迹被称为比例导引

> **海军俚语**
>
> 用于"紫苑""飞镖"控制系统的术语PIF-PAF对于欧洲大陆原住民来说是有趣的,因为"Pif-Paf-Pof"的说法相当于英语中的"Snap, Crackle and Pop"(悉悉索索,劈啪作响,轰然炸裂)。

右图:"紫苑"-30导弹从皇家海军"勇敢"号发射。[MBDA UK]

4 45型驱逐舰的作战

（proportional navigation）。凭借1500米/秒的速度能力，"紫苑""飞镖"是极其机敏的。为了捕捉目标的最后机动，并确保目标不能逃避开，导弹的"飞镖"采用了两个独特的控制系统。这被称为PIF（pilotage d'interception en force——拦截推力控制）和PAF（pilotage aérodynamique fort——动力气动控制）。PIF依靠在"飞镖"两侧的4对矢量推进器，提供12g的力的一个短脉冲射流。这导致了一个侧面"跳跃（hop）"，这让它克服了目标甚至最不可捉摸的飞行转向（dogleg）机动。第二个技术，PAF，是常规操纵的一个增强版，使用了气动操纵面。它们一起使"飞镖"在这一末端凭借高达60g的转弯追逐目标——使它比最新式战机的机动能力要好6倍以上。

这些机动是要控制"飞镖"到靠近目标的一个最佳拦截点。当电磁近炸引信探测到目标时，它就会引爆"飞镖"的碎片战斗部。这会集中在目标方向产生一个快速移动的金属碎片，对目标加以伤害。拦截并不需要"飞镖"物理击中目标，虽然"紫苑""飞镖"经常会消灭目标，但是它只需要让它失去作用或让它偏离航线。在攻击期间，"桑普森"多功能雷达的最后任务是评估威胁目标是否已被消灭，或者是否还有必要进行进一步攻击。

在正常操作中，"海蝰蛇"由作战室使用舰上的作战管理系统来控制，该系统整理所有由舰上的传感器和数据链路采集的信息。但是无论如何，在紧急情况下，"海蝰蛇"指挥和

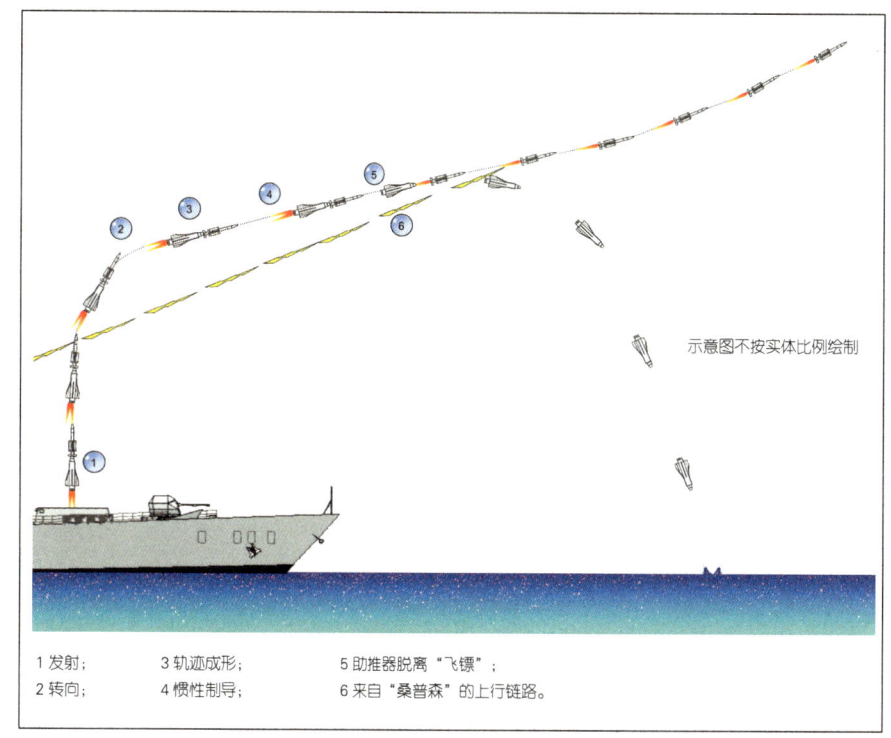

上图："紫苑"导弹发射的初始段示意图。[作者]

1 发射；
2 转向；
3 轨迹成形；
4 惯性制导；
5 助推器脱离"飞镖"；
6 来自"桑普森"的上行链路。

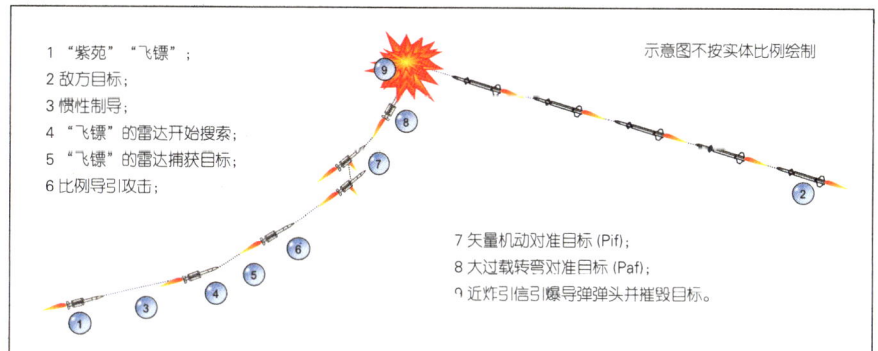

下图："紫苑""飞镖"寻的序列示意图。[作者]

1 "紫苑""飞镖"；
2 敌方目标；
3 惯性制导；
4 "飞镖"的雷达开始搜索；
5 "飞镖"的雷达捕获目标；
6 比例导引攻击；
7 矢量机动对准目标（Pif）；
8 大过载转弯对准目标（Paf）；
9 近炸引信引爆导弹弹头并摧毁目标。

193

控制主处理器单元可以提供很多通常由作战管理系统承担的功能。它可以从一对位于发射器旁边位置的紧急控制台（相当于作战室的那些控制台）操作。"桑普森"多功能雷达可以在一个直接连接上提供所有需要的数据，并且如果可用，可以辅以远程雷达数据。

凭借"紫苑"-30和较短射程的"紫苑"-15导弹，45型驱逐舰给舰队提供了双层掩护，针对瞄向舰队舰只的威胁：中距离防空和区域防空。前者，由"紫苑"-30导弹提供，防御在100千米以外的敌方飞机和它们的反舰导弹。近距防空，由"紫苑"-15导弹提供，保护舰队，攻击没有被"紫苑"-30导弹摧毁的任何导弹。一个同样重要的局部区域防御作用是保护舰队免受由潜艇或地平线以下视界外的舰船和直升机发射的掠海飞行的导弹攻击。在近海，这样的攻击也可能来自陆基发射器，和利用地形优势进近的低空飞行的飞机。敌方导弹也可能是隐身的和高机动的，因此很难拦截。为了让"紫苑"-15有效，其需要获得足够的告警时间。主雷达的位置越高，它能探测的低高度威胁距离就越远（并越早）。在前主炮顶部的"桑普森"多功能雷达有一个在30千米和50千米之间的理论上的雷达地平线（依赖于不同的条件和敌方导弹的高度）。即使如此，超音速导弹在这个距离飞行在不超过45秒的时间内就可以击中舰队中的一艘军舰。

如果任何敌方导弹或飞机设法穿透了这些外层防御，舰队中的大多数舰只还有另外一些自卫能力。而"紫苑"导弹可以在一个交叉轨迹上拦截导弹，因此可以保护其他舰只，两部"密集阵"机炮（由小口径舰炮辅助对抗飞机）用于自卫。"密集阵" Block 1B 近距武器系统是一个快速反应防御系统，其针对来袭的空中目标提供最后的防御。它是一个独立的武器系统并有它自己的雷达和光电传感器，自

右图："密集阵" Block 1B近距武器系统。[丹·格兰特]

4 45型驱逐舰的作战

动搜索、探测、跟踪和评估潜在的威胁。它自动攻击渗透过舰船主防御层的高速、低空威胁。在攻击完一个目标之后，然后评估重新攻击的需要。凭借其高射速的火力，它在威胁和战舰之间构筑了一个有重点的、坚不可摧的火力墙。

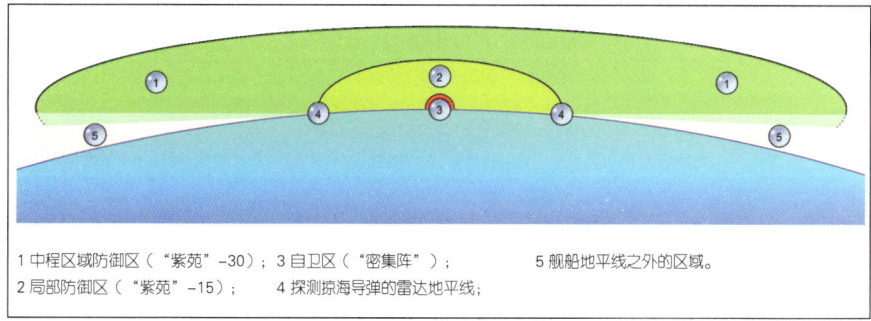

1 中程区域防御区（"紫苑"-30）；　3 自卫区（"密集阵"）；　　　　5 舰船地平线之外的区域。
2 局部防御区（"紫苑"-15）；　　4 探测掠海导弹的雷达地平线；

上图："紫苑"防御深度的等值线。[作者]

电子战诱饵

诱饵给导弹和增强的自卫舰炮提供了软杀伤防御。不像舰船上的导弹和舰炮对威胁给的是物理摧毁，软杀伤武器旨在用目标替代方案欺骗来袭导弹，从而迷惑它们的电子寻的。

Outfit DLH的"海蚊"发射器能够发射4种诱饵弹：

- Mk251主动诱饵弹；
- Mk216分散箔条弹（distraction chaff round）；
- Mk214诱饵箔条弹；
- Mk245 红外弹。

箔条含有金属包覆丝，雷达回波模拟的是一艘舰船。箔条诱饵被发射到空中，在预选的位置爆炸，散成箔条云呈现多个假目标来迷惑敌人的监视雷达。而箔条云最终将散去，它们只需要给导弹短期内的寻的段提供替代目标。降低45型驱逐舰的雷达横截面的主要原因并不是实现使舰船不可探测的无法实现的目标，而

各种诱饵弹数据

弹	Mk251	Mk214	Mk216 Mod 1	Mk245
	主动式诱饵	诱饵箔条	分散箔条	中波、长波红外
直径	130 毫米	130 毫米	130 毫米	130 毫米
长度	1.70 米	1.22 米	1.22 米	1.20 米
重量	28 千克	23 千克	25 千克	22 千克

作者 / 照片 Chemring 公司

是要确保舰船的雷达回波与一次性诱饵的雷达回波具有可比性，以便让来袭导弹误认为箔条云就是它们要袭击的目标。

红外诱饵是一种闪光弹，其通过在中波长和长波长红外传感器区域生成散发物来对抗热

右图：Mk216分散箔条弹和Mk214诱饵箔条弹的部署。[作者取自Chemring公司的资料]

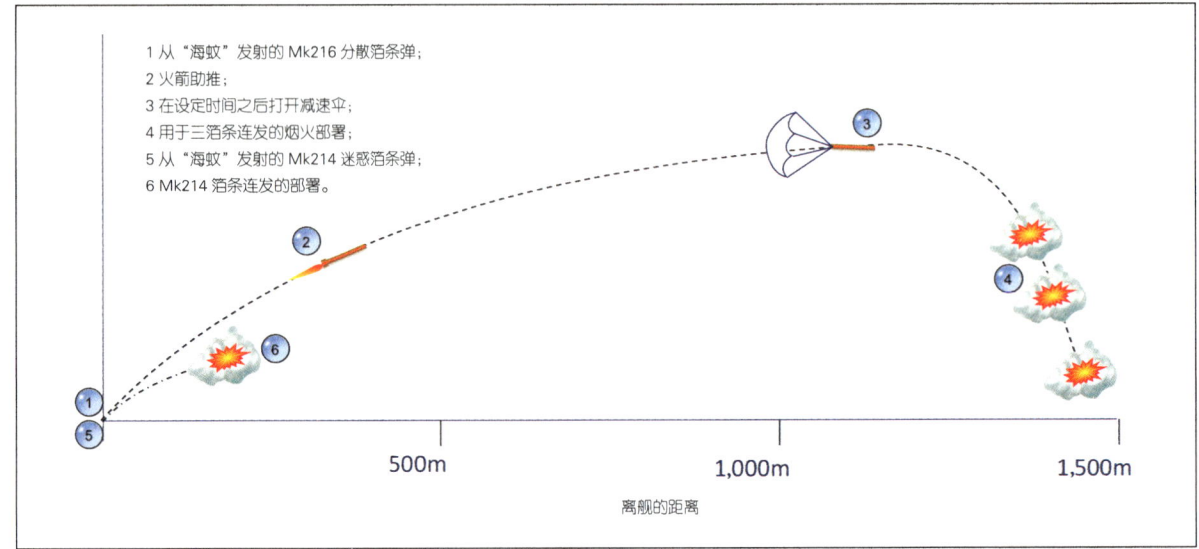

1 从"海蚊"发射的Mk216分散箔条弹；
2 火箭助推；
3 在设定时间之后打开减速伞；
4 用于三箔条连发的烟火部署；
5 从"海蚊"发射的Mk214迷惑箔条弹；
6 Mk214箔条连发的部署。

离舰的距离

寻的导弹。更大的散发物是在更高的波段产生的，作为一个典型的舰船红外特征。这种诱饵给热寻的导弹提供了一个假目标。

Mk216分散弹是首先部署到"海蚊"发射器上的。当它离开战舰大约1.5千米时，一个减速伞被打开以降低诱饵弹的下降速度。诱饵弹在减速伞下慢慢下降，并用烟火控制依次施放三个箔条负载。在敌方导弹还没有捕获和锁定舰船目标时，这种技术是有效的。如果敌方导弹的雷达寻的头已经锁定了舰船，那么为了迷惑导弹，就发射主动式诱饵弹，确保其再次搜索目标时，导弹捕获的是箔条云。

弹盒型弹CCM216 Mk1 Type 1将取代Mk216 Mod 1。它在2千米开外部署一个单独的箔条负载。这个距离，和其云的高度，可以预选，并独立于舰船的横摇，这种横摇会影响发射角度和现有诱饵的弹轨迹。

新型的Mk251主动式诱饵弹提供一个更逼真的雷达回波以对抗雷达寻的反舰导弹，甚至包括那些装备了雷达导引头的导弹（当接近舰船时这些导引头才打开）。这种场外的电子对抗诱饵系统探测和定位来袭反舰导弹的I/J波段导引头，然后破坏（"干扰"）甚至最高级导弹的信号。前几代干扰器通常需要电和计算功率，这只能由舰船提供。不幸的是，敌方导弹可以切换到一种"寻的干扰"模式，并使用干扰信号作为一个信标引导它飞向目标。多亏了更轻、更便宜、更有效率的电子产品，场外

4 45型驱逐舰的作战

Mk251能从远离舰船的位置朝威胁源发射它的信号束。

在舰船的战斗系统和"海蚊"发射器中的Mk251之间的界面是一个火控单元,可以自动或半自动地激活发射。它采用了微处理器来选择最佳发射装置,编程正确的干扰技术,选择最好的部署位置,并启动发射序列。

如果舰船的战斗系统探测到了来袭的威胁,威胁的识别外形和一个控制命令就下载到已选择的Mk251弹上。从"海蚊"发射器发射时,内置的低加速火箭把弹体投射到大约500米的距离。该距离可有效的生成远离舰船的快速部署。Mk251弹体有一个两级系统:在一个翼伞部署前,一个降落伞首先在离舰的预定距离放慢弹体的下降速度。在翼伞下可编程的电子载荷慢慢下降到海上,并能快速探测、识别和跟踪对舰的威胁。从在选定弹开始的几秒内,该负载能够产生并发送一个信号去对抗每一个特定的威胁,并使它的注意力离开舰船。这个信号包括用一个数字射频记忆回路和软件控制生成的独特的欺骗或干扰波形。这些信号,通过一个行波管放大器放大是高度定向的,所以干扰弹能够集中这个能量去干扰威胁目标。该弹可以同时处理多重威胁,并能在翼伞高举在空中的这一段时间(大约180秒)内继续这样运行。

像大多数机载电子对抗措施一样,据报道,Mk251场外弹能够使用"距离阀值拉开

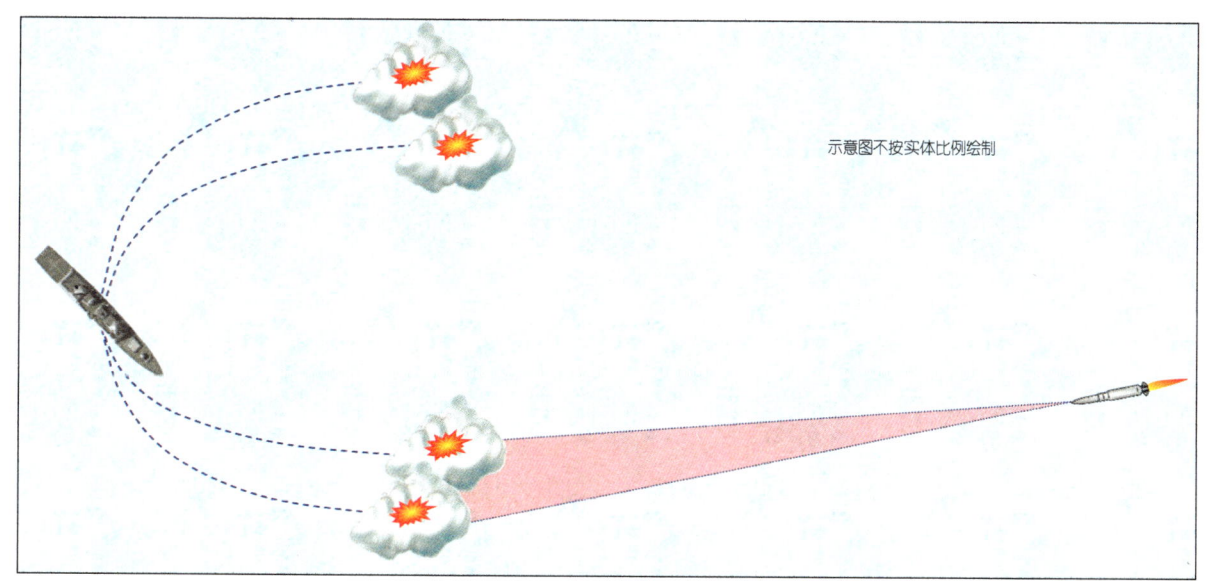

左图:Mk216分散弹的部署。[作者]

197

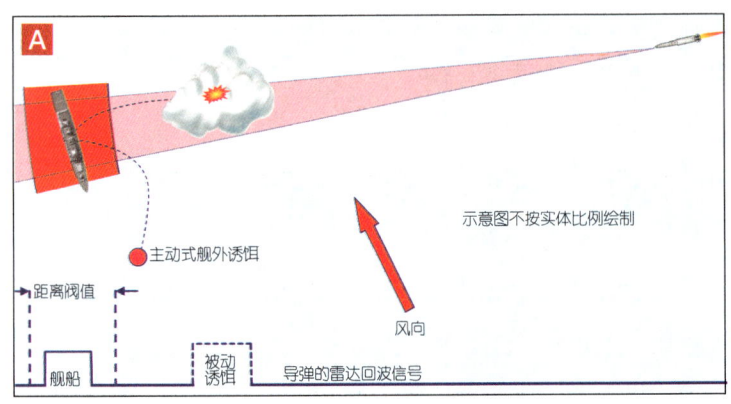
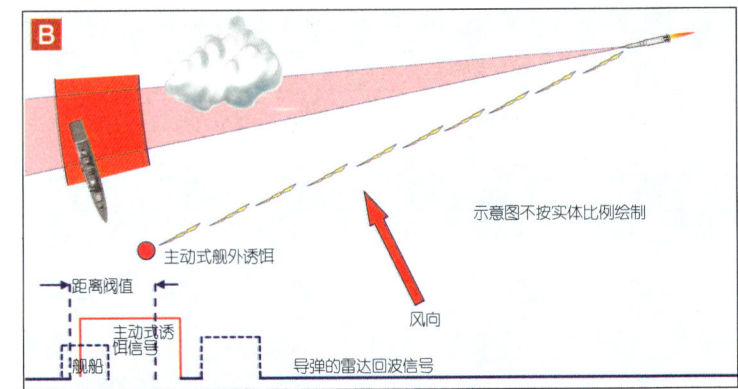
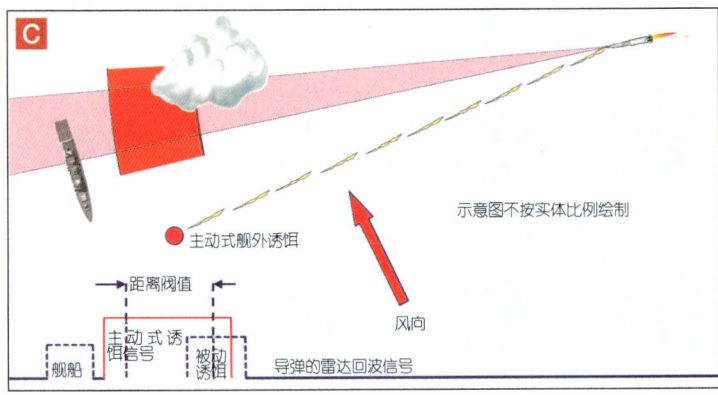
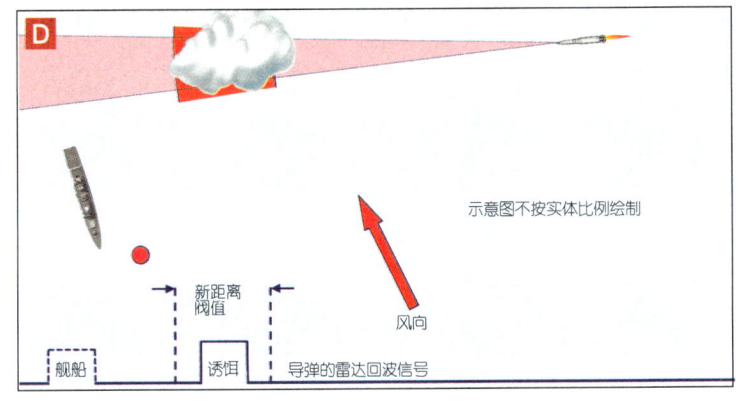

上图：距离阀值拉开技术：（a）部署；（b）干扰；（c）干扰，威胁寻的诱饵；（d）威胁被成功诱骗。[作者]

（range gate pull-off）"技术对抗寻的导弹。这扰乱了锁定舰船的导弹，迫使其再次搜索目标，现在它捕获了前面部署的分散弹。为了采用距离阀值拉开技术，Mk251弹发射一个雷达脉冲，模拟敌方导弹从舰船上接收的回波。起初，这些脉冲大约与舰船的回波同时被返回。这些假的回波将欺骗导弹的距离阀值，跨度范围包括被探测的舰船。已经捕获并锁定它的目标之后，该导弹的电子设备将只处理大约与舰船同样距离的信号（即距离阀值内），以便它不会被杂散信号淹没。

随后，回波被成功地延误，以便距离阀值缓慢移动并逐渐偏离舰船的正确距离，接近诱饵的距离。通过逐渐的"游离（walking off）"，距离阀值从而被拉离其最初的舰船目标。当这一切实现时，干扰器关闭，以便该导弹不再在它的距离阀值内收到回波。该导弹然后将搜索一个新目标，大概率的锁定在一个箔

4 45型驱逐舰的作战

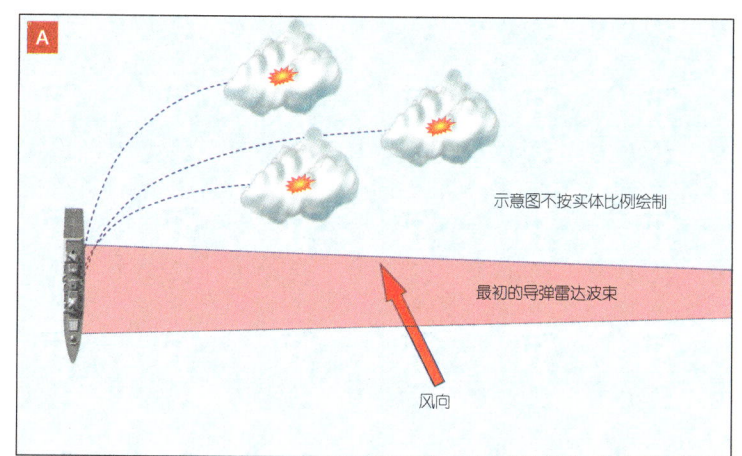

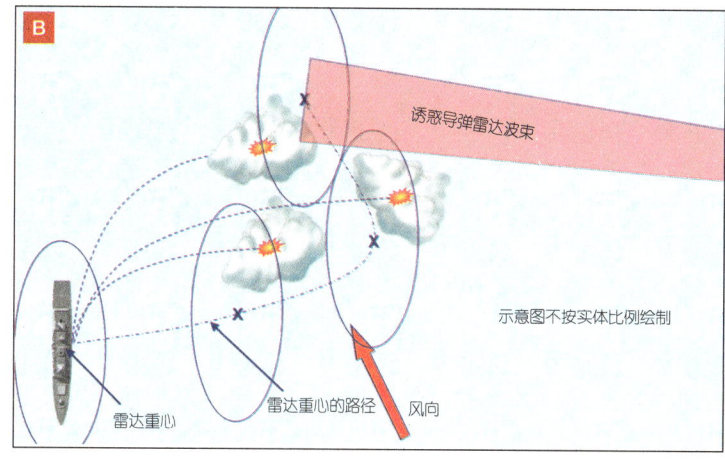

上图：诱饵弹的操作：（a）部署；（b）威胁被成功诱骗。[作者]

条云上。

如果该导弹没有被Mk216分散弹引诱，那么Mk214诱饵弹就组成下一道防线。如果威胁突然出现，并且没有足够的时间去部署分散注意力模式，那么这种弹也可以被部署。Outfit DLH在舰船和导弹之间几秒内自动部署箔条。

当一个敌方雷达接近舰船时，其雷达将把该舰船和箔条看作一个单一的实体，并瞄向组合雷达回波的中心（质心）。由于舰船的移动和箔条云被风吹动，质心将移向箔条云的方向。该导弹，跟随质心，然后将把它的注意力移向箔条云，并被作为目标引诱离开舰船。

在敌方导弹有替代或双传感器寻的模式的情况下，Mk214诱惑弹通常与Mk245红外弹一起部署。该弹包含5序列的、空爆子弹，依次部署，其中每一个都是一个模拟了战舰红外特征的曳光弹。

箔条云部署受气候条件的影响。温和的海风将不会快速分散开箔条云，但是会改变它们的位置。这种移动可以帮助舰船和箔条云实现迅速移动分开的质心模式。强风会通过紊流分散箔条云，并减小箔条云的有效时间。这将使敌方雷达区分出箔条云，除非进一步的箔条云在大约相同的位置被建立。因此在强风情况下部署是很困难的。

除了Outfit DLH空中诱饵之外，45型驱逐舰还配备了Outfit DLF（3）无源先进充气雷达诱饵，一种消耗性的漂浮诱饵。它的操作是完全自动的，被来自一个被连接的气瓶中的压缩空气从其发射管中发射。当它朝着海面下落时，一个耦合发射器到诱饵的系索激活该诱饵的内部充气系统，在几秒钟内让它充气。第二个系

199

# 英国皇家海军 45 型驱逐舰：拥有、维护和使用手册

A

B

4 45型驱逐舰的作战

索保留住诱饵,直到它完全充满气。经过短暂的延迟,线刀切断这个系绳,以允许诱饵自由浮动到舰船的一边。该尼龙结构支持一个由雷达反射网(其复制了该舰的雷达回波)组成的角反射器阵列。它作为用于敌方导弹的一个替代目标被用于迷惑和诱惑模式。部署几个小时后,一个自动机械刀具会让诱饵放气。

两栖战

两栖战使用舰船向岸上投放军事力量。45型驱逐舰是两栖特遣部队的一个重要组成部分,其为两栖攻击舰、直升机航母和部队的其他舰只提供防空保护,并经常支持联合作战。它们能运输和支持一支高达60人的舰载军事部队,其可以增强用于登陆的士兵数量。该驱逐舰能够作为一个供14名指挥参谋人员(14 HQ staff)使用的前线作战基地,他们可以制定计划,并由舰载军事部队去执行作战。该设施增加了可以进行的海运和联合作战的范围,其中包括对陆上目标投送军事力量、支持联合作战和运载入特种部队。

45型驱逐舰的中口径舰炮能够为两栖登陆和其他需要岸基炮火的作战提供海军炮火支援。

在其自身登陆期间,该驱逐舰的防空火力能在登陆艇转运人员和物资上岸的区域、滩头和良好的内陆地区,提供保护,以防止敌人飞机和导弹的袭击。该驱逐舰巨大的飞行甲板可以让"支努干"直升机降落,并运送舰载部队

对页图:在2012年3月12日试验期间,皇家海军"龙"号第一次在波特兰(Portland)外海发射诱饵弹:(a)第一个诱饵弹在绽放;(b)发射出第三个诱饵弹。[王冠版权,2012]

左图:被打开的无源充气式雷达诱饵与先进的DLF(3)充气式诱饵相似。[机载系统公司(Airborne Systems)]

海军俚语

大型充气式诱饵DLF被昵称为"橡皮鸭(Rubber Duck)";后来的版本,DLF(3)被称为"橡皮鸭继承人(Rubber Duck successor)"。

英国皇家海军 45 型驱逐舰：拥有、维护和使用手册

上图：皇家海军"勇敢"号的指挥官——罗宾逊舰长，与第150联合特遣队的其他军官在一间计划室里。[王冠版权，2012 LA（Phot）基思·摩根]

4 45型驱逐舰的作战

上图:中口径舰炮在射击。[BAE系统公司]

英国皇家海军45型驱逐舰：拥有、维护和使用手册

直升机装载			
	"山猫（Lynx）" MK8 直升机	"灰背隼" HC Mk3 直升机	支努干直升机
货运区		6.5米×2.3米	2.3米×9.3米
搭载乘客			
正常	5	24个座椅	33个座椅
机炮在后斜板上		16个座椅	
运兵	8名全副武装的士兵	27名全副武装的士兵	33名全副武装的士兵
高密度	9名士兵	40名士兵	55名士兵
担架	6个	16个	24个
载运装备	没有	2辆越野车	没有
外部货钩	1个（1.4吨）	1个（2.5吨）	3个
挂载量	总共1.5吨	总共5.4吨	总共10吨

注：皇家海军的"灰背隼"HM1即使把声呐拆除也只能载运8名士兵或4个担架。

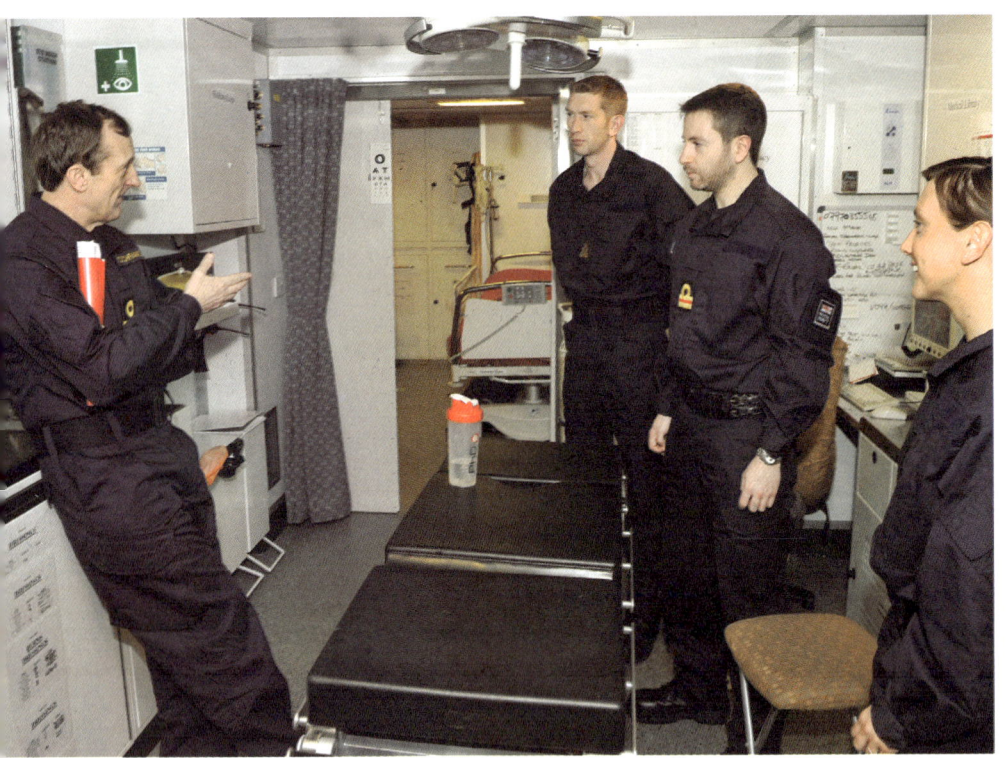

下图：高级军官在医务室与皇家海军"勇敢"号的外科医生和其他医务人员进行交谈。背景上可以看见相邻的病房。[王冠版权，2012 LA（Phot）基思·摩根]

上岸。

在冲突中，尤其是两栖作战时，伤员可以被撤离到该驱逐舰的Role 1医疗救护设施中，提供专业的急救、分诊、康复，并为把重伤员疏散到更高级的医疗机构中做准备。在敌对行动之前，搭载一个手术队和设备以增强Role 2的能力是可能的。这提供了更广泛的医疗和护理干预措施，并增强了医疗设施能力。

舰上的医务室套房包括一个手术室和一个病房，能被封闭成单独的隔离区。医务室是那些早期护卫舰和驱逐舰上的医务室的3倍大，在正常时期主要用于为舰上人员提供初级卫生保健，给指挥提供医学建议并对病人和受伤人员进行治疗。医疗团队同时对水兵与陆战队员

204

4 45型驱逐舰的作战

们进行考核与技能培训，提升他们的救生技能水平。

反水面战（ASuW）

45型驱逐舰没有装备反舰导弹（因为还没有研制出来）。为了满足他们在作战海区建立控制方面协助海军编队反水面作战的作用，该驱逐舰配备有舰炮并有一架舰载直升机（其能与水面目标交战）。

这架"山猫"直升机能够飞离舰船很远的距离，并能在舰船的地平线范围内的开阔海域和近海地区攻击敌方舰只。为此，该机携带了射程为25千米的"海贼鸥"导弹。该"山猫"直升机用它的"海浪"（Seaspray）雷达搜索目标。一旦目标被定位，"海浪"照射目标，"海贼鸥"的半主动寻的头探测反射的能量。该导弹然后从它的固定架上投放下来，一旦离开"山猫"直升机，它的发动机就点火。

随着导弹的下降，它的弹道平面仅高于海面。如果海面平静，该导弹就能靠近海面飞行以避免被探测到，但是在汹涌的大海上，它需要飞得更高。在发射前，"海贼鸥"被编程以4个被预选择高度之一飞行。在75到125秒之后，接近目标，该导弹爬升到一个高度，在该高度，该导弹的雷达能再次探测到"山猫"的

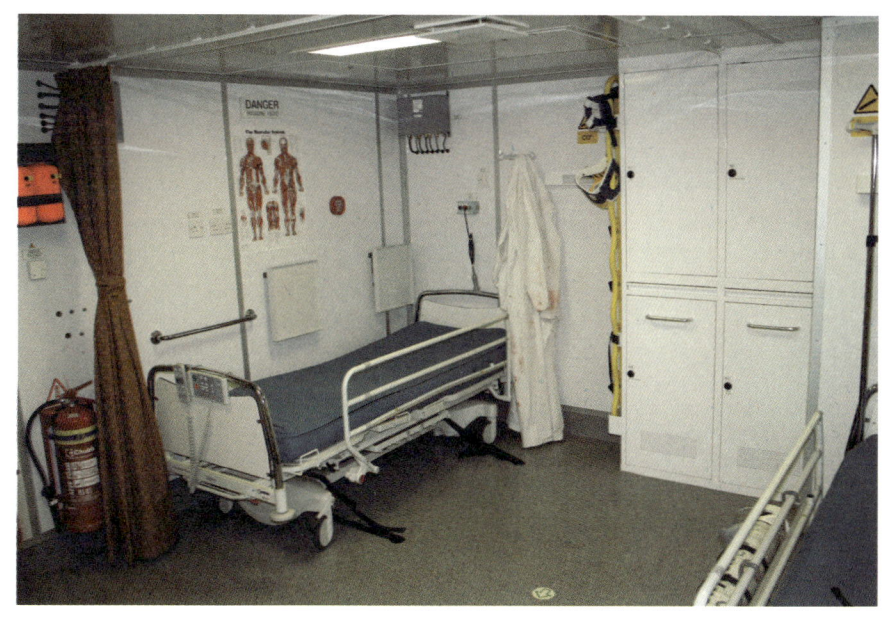

上图：皇家海军"保卫者"号号医务室的病房区。[王冠版权，2012 皇家海军"保卫者"号]

> **海军俚语**
>
> 舰上医务官的绰号是"嘎嘎（Quack）"，而助理医务官被称为"医生（Doc）"。

左图：在皇家海军"钻石"号外科医生的监督下，海军陆战队队员在练习静脉点滴的插针。[王冠版权，2012 LA（Phot）加里·韦瑟斯通（Gary Weatherston）]

205

英国皇家海军 45 型驱逐舰：拥有、维护和使用手册

右图："海贼鸥（Sea Skua）"导弹的剖面图。
[作者/MBDA UK图解]

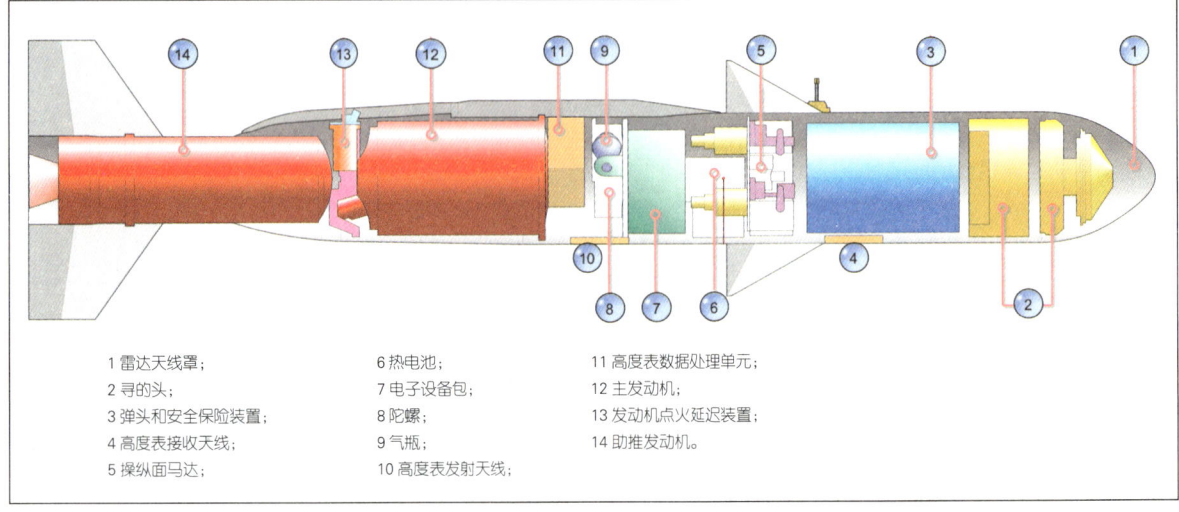

1 雷达天线罩；
2 寻的头；
3 弹头和安全保险装置；
4 高度表接收天线；
5 操纵面马达；
6 热电池；
7 电子设备包；
8 陀螺；
9 气瓶；
10 高度表发射天线；
11 高度表数据处理单元；
12 主发动机；
13 发动机点火延迟装置；
14 助推发动机。

右图：一架"山猫"直升机正在投放"刺鳐（Sting Ray）"Mk3轻型鱼雷。
[王冠版权，2008]

左图:"山猫"HMA直升机发射"海贼鸥"导弹。[王冠版权,2006 LA(Phot)盖兹·阿姆斯(Gaz Armes)]

反射雷达波束,因此重新获得目标用于最终进近。其撞击延迟引信延迟28千克爆破破碎弹头的起爆,直到"海贼鸥"穿透了目标的舰体。

"山猫"的雷达能够用"跟踪同时扫描(track while scan)"的模式操作,当扫描其他目标时,用一个雷达波束照射导弹的目标。该直升机的航向必须保持在该导弹轨迹的80°范围内以保持对目标的照射。

反潜战(ASW)

2091型船头安装的声呐能够探测、跟踪和识别潜艇。它也可以报警水雷和鱼雷。该声呐并不是像23型护卫舰部署的拖曳式阵列声呐那样敏感,其主要作用是反潜;但是无论如何,45型驱逐舰能够给反潜战提供支援。"山猫"直升机能够携带吊放式声呐去定位潜艇并携带"刺鳐"鱼雷,以震慑敌方潜艇。"刺鳐"Mod 1是一种轻型、空中发射的、电动自导鱼雷,可以用来对付所有的潜艇目标。它把低噪音、出色的机动性与高速攻击能力结合在一起。"刺鳐"是一种自主武器。在发射前,它从直升机接收信息,确定搜索方式,它的主动式声呐和战术软件将用于精准定位潜艇目标。该鱼雷的软件使它能够用其极具杀伤力的弹头摧毁潜艇,即使该潜艇部署了复杂的对抗措施。

4 45型驱逐舰的作战

在被从"山猫"或"灰背隼"直升机上发射之后,该鱼雷的下降由一个降落伞减速,以确保它以正确的速度和角度飞行入水。"刺鳐"的主电源是一个带有海水电解质的镁/氯化银电池,一旦鱼雷入水就被激活。该鱼雷然后启动它的推进系统并抛掉降落伞。

在入水时,"刺鳐"鱼雷立即进行一个检查以确定水的深度。如果水浅,该鱼雷将跟随海床的轮廓在一个固定的高度航行;在深水区,它会在先前已经被探测到的潜艇位置搜索一个垂直水柱。鱼雷的机载计算机,其控制声学、制导和攻击剖面,并基于发射前输入的安全最高限度、初始搜索深度、磁力变化、鱼雷航向执行一个搜索模式,直到目标被定位。该目标通过回波信号来辨析和识别,一旦捕获到目标,该鱼雷开始向它发射。该鱼雷能够确定目标的速度、航向和深度,从而使武器能够选择最佳攻击剖面、以及最佳瞄准点和攻击角。

钝感弹药战斗部产生一个显著的各向同性爆炸效应,其聚能射孔弹产生高度定向的熔融金属喷射,以穿透潜艇的压力舰体,并造成灾难性的损害。通过精确地将战斗部放置在正常的入射到潜艇的位置附近,鱼雷制导系统提供了穿透潜艇压力舰体的最大的杀伤力。

如果"刺鳐"丢失了目标,它有能力转向并进行第二次攻击。

尽管"山猫"的反潜能力很好,但是"灰背隼"直升机还是被皇家海军选为用于潜艇搜索和打击的主要平台,这是因为其敏感的吊放式声呐和能够部署声呐浮标的能力。但是无论如何,45型驱逐舰能够给这些直升机加油并给它们装备"刺鳐"鱼雷。

对页图:"灰背隼"直升机投放一枚"刺鳐"鱼雷的序列。[王冠版权,1999]

海军俚语

一艘罪犯使用的快船,特别是在加勒比海,被描绘为"快去(go-fast)"。

下图:"刺鳐"鱼雷的剖面图。[作者/BAE系统公司图解]

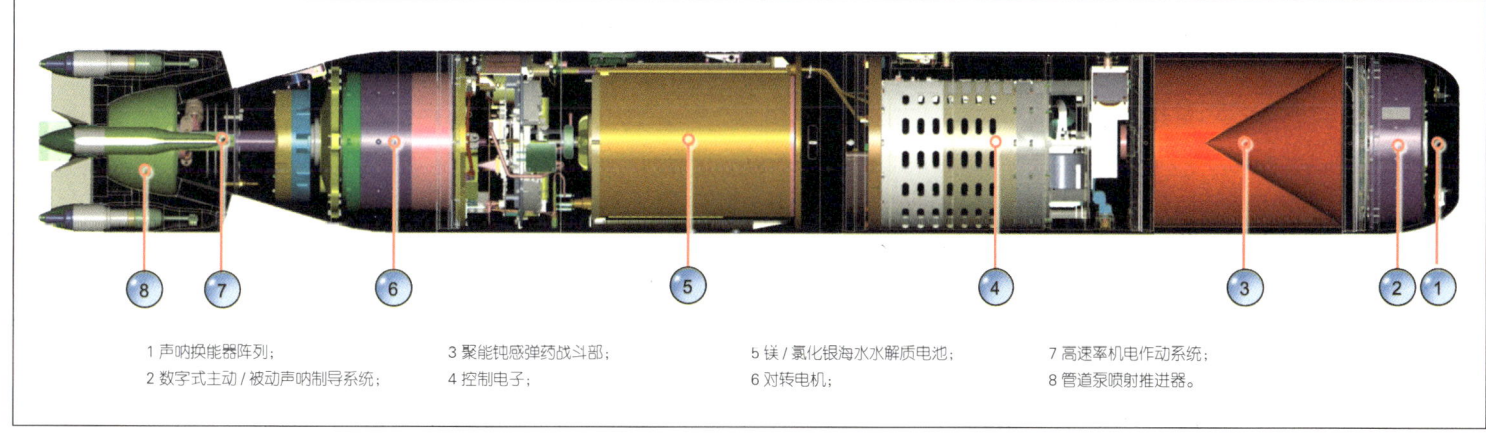

1 声呐换能器阵列;
2 数字式主动/被动声呐制导系统;
3 聚能钝感弹药战斗部;
4 控制电子;
5 镁/氯化银海水水解质电池;
6 对转电机;
7 高速率机电作动系统;
8 管道泵喷射推进器。

209

右图:右舷的小口径舰炮射击。[王冠版权,2012 LA(Phot)尼古拉·威尔逊(Nicola Wilson)]

右图:使用机枪攻击目标。[王冠版权,2012 LA(Phot)尼古拉·威尔逊]

左图:来自皇家海军"无畏"号的皇家海军陆战队和舰载部队进行训练,以执行封锁非洲海岸的海上安全行动。[王冠版权,2012 LA(Phot)尼古拉·威尔逊]

英国皇家海军 45 型驱逐舰：拥有、维护和使用手册

海上安全作战

45型驱逐舰和平时期的一个主要作用是承担海上安全作战，以防止海盗、恐怖主义、走私、贩毒、贩卖人口和其他犯罪活动。要与其他国家的军事部队协调进行，这些任务是阻断航运、实施禁运，并支持世界各地的民间机构。45型驱逐舰能够逼停并在不论目标合作与否的情况下，对目标船只实施登临检查。皇家海军的战舰能够短期拘押少量的嫌疑人以等待移交给适当的执法机构。

海盗使用的小型船只和那些走私和贩毒者使用的船只船速通常也很快。旨在防止近海攻击艇攻击的30毫米的小口径舰炮和机枪，可向目标船只船头进行警示射击。通常是警告注意和武装登船，使用舰上的刚性充气艇，登上可疑船只并对它们进行搜查。

人道主义援助和救灾（HADR）作业

战舰，尤其是那些像45型驱逐舰一样得力的舰只，凭借他们训练有素、善于应变的人员，在紧急情况下，非常适合执行援助任务。他们的任务包括保护英国公民（和，如果必要进行非战斗人员撤离行动）、人道主义行动、灾难救援和国防外交。该驱逐舰——凭借它们

右图：皇家海军"勇敢"号的皇家海军水手正在修理一个学校的屋顶板，当时该驱逐舰正在给受到台风"海燕"袭击的菲律宾提供救灾。[王冠版权，2013 LA（Phot）基思·摩根]

4 45型驱逐舰的作战

上图：在计划首次部署到苏伊士东部执行任务前，皇家海军"勇敢"号正在她的海军基地——朴茨茅斯（Portsmouth）码头装载补给品。[王冠版权，2012 LA（Phot）基思·摩根]

自己的动力、淡水供应、医疗设施和通信——将能够处置突发事件，即使在很少或没有当地支持的情况下，因为他们不用进入作业港口或机场就能作战。

45型驱逐舰有基础设施可以作为疏散处理中心，并提供基本的住宿、营养和医疗服务。他们有可用于至少200名撤离人员使用的应急住宿，并且如果必要，最高可供700名撤离人员使用两天时间。

所有的军事组织都可以把它们的技能转为一些其他的任务，以帮助国内外的民间力量；例如，搜索和救援作业或者HADR作业。在危机时刻，该驱逐舰可以首先提供反应。他们不仅可以提供基本安全、通讯、食品、饮用水和医疗援助，而且人力资源可以提供基本的生活支持服务。根据当时的情况，舰上的很多人员可以做出反应。例如，如果该舰停泊在一半以上，舰上的人员可以在不影响舰船安全的前提下协助上岸。一个典型的跨国HADR发生在2013年年末，当时在台风"海燕"的肆虐下人们在努力实施救援。皇家海军"勇敢"号正在远东行驶，她立即转向与皇家空军的C-17和C-130飞机及皇家海军"光辉（Illustrious）"号航空母舰一起去联合援助菲律宾。对于英国来说，皇家海军"勇敢"号是第一个到达现场的，并

同国际发展部代表、英国大使馆与其它非政府组织进行了合作。她能给几个只能由海路进入的偏远社区提供食物、水、急救品和临时庇护所。该驱逐舰成了淡水、医疗援助和必要的技术专家的资源中心。进行重新建立社区基础设施的援助，包括被海水污染的海水淡化厂的安装，以及关键设施的修理，例如建筑和被损坏的渔船发动机。

海上储存、补给和垂直补给（VERTREP）

在出港前，战舰上装满了食物、弹药和消耗性的海军普通军需。对于45型驱逐舰来说，这通常是由码头起重机把军需品提升到01-甲板，在那儿，它们被装到货物升降机上，下载到仓库中。另一种途径是将货物提升到飞行甲板上（使用码头起重机或船舱的起吊架），并通过机库进入电梯。就在驱逐舰离开朴茨茅斯基地之前，燃油也被带上，导弹也从新建成的港口弹药补充点上装载完毕。

由于45型驱逐舰有一个很长的航程，一旦部署，它就要像一名水手的预防措施一样，要尽可能的带足燃油和储备。在海上，来自皇家舰队辅助舰只（以及那些其他国家的参战舰只）的燃油和储备的补充，是通过"海上补给"来实现的。为了允许从舰只到舰左舷或右

> **海军俚语**
>
> 45型驱逐舰的大本营港口——朴茨茅斯，被亲切地称为庞培（Pompey）。

4 45型驱逐舰的作战

舷(甚至两侧同时)补充到01-甲板上，该驱逐舰配备了4个可移动的高点吊挂（high-points）。其中每一个都包括一个可移动的小车，内装一个运行在4个淬硬钢辊上的骨架结构，和一个旋转支架和眼板（eyeplates）。可移动的高点吊挂两层甲板高，通常隐藏在一个舱门的后面。小车能让一个重型牵索牵引到03-甲板层。

海上补给也许是由皇家海军在平时进行的单一的一个最危险的演练。该航海技术的挑战是，对于军舰和补给舰（可能超过驱逐舰的两倍大小）要以一个仅仅分开40米距离的并行航线航行。当它们被用于转移物资的重型支索钢

上图：一幅效果图。一艘45型驱逐舰正在海上补给燃油，另一艘补给舰是皇家海军海上军用持久力（MARS）项目支援舰队中的"春潮"号（RFA Tidespring），直升机正从补给舰上将物资垂直补给战舰。[BMT集团]

215

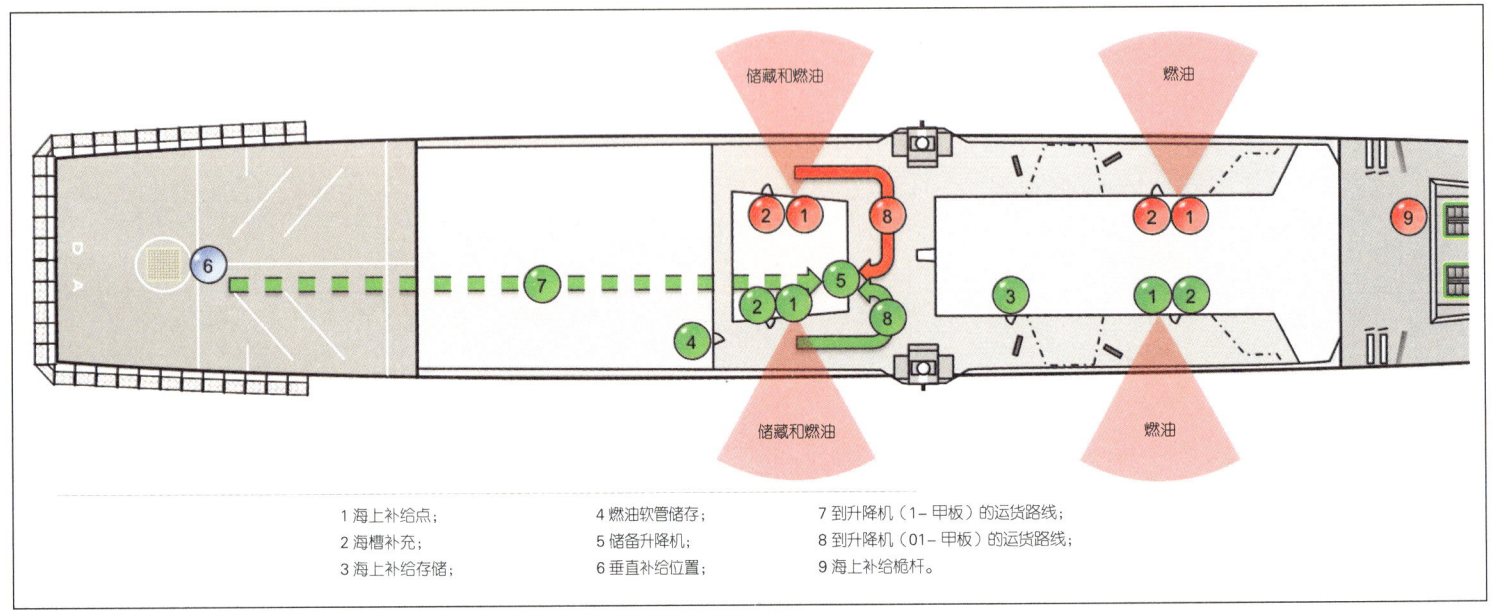

1 海上补给点；
2 海槽补充；
3 海上补给存储；
4 燃油软管储存；
5 储备升降机；
6 垂直补给位置；
7 到升降机（1-甲板）的运货路线；
8 到升降机（01-甲板）的运货路线；
9 海上补给桅杆。

上图：海上补给设施。（作者）

对页图：皇家海军"钻石"号对左舷和右舷前部位置进行海上补给：
（a）发射抛射绳；
（b）拖拉带有抛射绳的重型支索钢缆；
（c）燃油软管在三个转轮绞车上朝驱逐舰拖去；
（d）连接到加油点的软管。[王冠版权，2010 LA（Phot）加里·维瑟斯通]

缆和供应燃油的管道连接在一起时，它们必须采用完全相同的速度，并以不超过10节（20千米/时）的速度航行。因此安全迅速地完成转移是非常重要的。

为了传输燃油，驱逐舰的团队发射一个抛射绳给补给舰。补给舰连接上重型支索钢缆，以便可以把它连到战舰上。一旦该电缆被连接到驱逐舰上，补给舰上的一个自动拉紧绞车就把它拉紧。重型支索钢缆通常会从补给舰稍微向下倾斜一个角度，以便燃油软管可以通过转轮绞车向下放低支索到接收船上。在软管末端的探管匹配战舰上的一个受油探管。一旦软管连接，就可以开始加油。燃油从供应船到接收点，并通过临时软管和固定管道进入油箱。

供应品的传输也需要一个重型支索，但一旦它被连接到驱逐舰的可移动的高点吊挂上，它就被升起，以便悬挂在其下方的货物可以被放置在01-甲板上。货物通常被放在货盘上，2吨的货物被连接到一个活环块（traveller block）上，其可以通过外拉索沿着支索移动。一个轻型支索线缆通过使用一个悬挂在活环块下方的博松椅（boson's chair），来用于人员传送（两个方向）。

当驱逐舰接收到供货托盘时，它们被放低到小车上，在01-甲板上把它们短距离运送到电梯上。从这儿，它们下降到托盘储存处。在

4 45型驱逐舰的作战

217

英国皇家海军 45 型驱逐舰：拥有、维护和使用手册

上图：皇家海军"龙"号用"橙叶"号补给舰上的一个假人来试验轻型支索传送。[王冠版权，2012]

右图：皇家海军"龙"号上的"山猫"直升机执行**垂直补给**。[王冠版权，2013 LA（Phot）戴夫·詹金斯（Dave Jenkins）]

早期的42型驱逐舰上，供应的货物必须被分解成小份，并通过人链向下传递到储存处——这种操作需要大部分舰上人员。为了让一艘驱逐舰够用90天，需要储存大量的耗材和食物，其中包括150个面包，200升汤，50千克熏猪肉，2000个茶叶袋，1500个鸡蛋和一吨马铃薯。凭借货盘和电梯系统，10名水手可以在一天的时间里装载够90天用的储备。未来它的目的是引进一个重型海上补给系统，可以转运5吨的货物，以进一步增加效率。

4 45型驱逐舰的作战

在1-甲板上的前部上层建筑和"海蝰蛇"发射筒之间有一根吊杆,其也可以被升高用于人员或轻型货物的轻型支索传送。

舰载直升机也就可以被用于传送货物——这种操作被称为垂直补给。该负载受到直升机载运能力的限制。但是无论如何,供应舰不需要靠的很近或者甚至不需要有一个飞行甲板,因为当直升机悬停时,货物可以被直接连接到直升机上。垂直补给对于收集材料是有用的,例如,其他医疗用品。

下图:围板后侧,"海蝰蛇"发射单元护墙后面,有一根折叠的补给吊杆。[丹尼尔·费罗]

219

5

未来展望

战争的不断发展,使得潜在的威胁变得越来越难以被探测和被击败。45型驱逐舰是以适度的成本设计的,它们的能力在其寿命期内很容易得到增强。45型在新装备成熟时能很快完成改进。

左图:陪伴一艘"伊丽莎白女王"级航空母舰的45型驱逐舰的效果图。该航空母舰预计在2020年形成作战能力。[BAE系统公司]

增量获取计划（IAP）

一个精心设计和维护的军舰可以保持服役30年时间或更多。但是无论如何，随着威胁的发展，以及发展作战系统的元素以对付这些威胁，战舰有足够的允许更改的灵活性是十分重要的。因此，45型驱逐舰的设计，旨在保持其多功能性，以满足不可预知的角色转变（它们可能被要求执行的）。不仅舰体具有重量、空间和稳定性，而且舰船的生活设施（电力、通风和冷却）也要有用于未来增强的备用容量。

右图："战斧"对地攻击导弹。[王冠版权，2000]

5 未来展望

舰船的一些船舶舱室已被故意不分配,或者包含备用空间,以允许额外设备的安装。45型驱逐舰的飞行甲板面积4倍于42型驱逐舰的飞行甲板(其也搭载"山猫"直升机)。并配备了最现代化的航空设施,因此不仅能操作"山猫"和"灰背隼"直升机以及它们的后继机型,而且也有足够的空间足以让一架"支努干"双旋翼直升机着舰。

在设计阶段,潜在战斗系统设备进行了成本效益评估以满足驱逐舰的主要角色。某些设备的安装被推迟,以节省时间和成本。"设计改装余量(Installation provision made in design)"是一个术语,用于确保,在稍后时期安装特定的附加战斗系统能力是可能的。一般来说,这些舰船并不是被设计成只安装接收现有设备,这就意味着包括电缆或管道,以便可以不用对舰船进一步更改就可以立即安装设备。在设计该驱逐舰10年后,很显然,有越来越多的威胁来自战区弹道导弹,和来自很难探测到的目标,例如无人飞行器。

增量采购方案试图在战舰的寿命期内通过增加新的或改进的设备来升级战舰的能力。这些设备包括,那些安装被推迟的项目和在研的项目,或者预计在舰船启用日期之后投入使用的项目。在设计阶段确定的潜在增强项目

上图:Mk41 打击型垂直发射系统。[BAE系统公司]

包括:

- "密集阵" 1B近距武器系统;
- "战斧"对地攻击导弹或155毫米海军舰炮(在研发中);
- 协同作战能力;
- 水面舰艇制导武器系统;
- 水面舰艇鱼雷防御;
- 双套管固定式弹仓鱼雷发射系统(左舷和右舷);
- 通信电子支援措施。

实际上,"密集阵"系统在2007年投入皇

英国皇家海军 45 型驱逐舰：拥有、维护和使用手册

八单元垂直发射器			
	占用空间	高度	重量（空重）
"席尔瓦" A-50（现用）	4.2米×3.1米*	6.0米	8000千克
"席尔瓦" A-70	4.2米×3.1米*	7.6米	12000千克
打击型 Mk41	3.2米×2.1米	7.7米	14500千克
*注："席尔瓦"尺寸在两侧和尾部包括一个0.8米的使用外壳。			

家海军服役，并在它们正式服役之前安装到了45型驱逐舰上。

CMS-1采用软件开放式架构，这也将允许设备的软件进行升级以增强作战能力。用于发展和测试战斗系统的海上一体化和支持中心，将继续去改善并验证驱逐舰战斗系统的软件。该中心仍然很重要，不仅可用于软件发展，而且可用于把增量采购方案设备集成到作战系统中。

"战斧"对地攻击导弹（TLAM）

该驱逐舰的设计为两模块八单元Mk41 "打击型"（长度最大的型号）垂直发射井并采用了特定的增长边缘。这可以容纳"战斧"对地攻击导弹以提供一种远程打击能力。位于中口径舰炮和"海蜂蛇"发射筒之间的该空间足以用于容纳那些比"席尔瓦"A-50发射器更深的发射器。"战斧"巡航导弹，射程可达1300千米，是远程精确攻击武器的选择。一个反舰型号已经被发展，如果被包括进导弹的发射器组合中，将给部队提供一种护卫舰不能提供的能力。

自从45型驱逐舰的设计定义在2003年被完成以来，法国海军牵头的"海军巡航导弹"（de croisière naval）项目已经有了成果。已经被为法国海军发展。这是空射"风暴阴影（Storm Shadow）"导弹的一个海军改型，该导弹适合于"席尔瓦"A-70发射器，可以安装两部以代替两部Mk41发射器。

战区弹道导弹防御（TBMD）

超过30个国家，包括一些"流氓国家"，都已经获得或正在获得战区弹道导弹（TBM）技术。弹道导弹不仅能用来携带常规弹头，而且可以用来携带大规模杀伤性武器。它们威胁

"黑麻雀"弹道导弹目标	
代表的威胁	SCUD-B
预发射重量	1275千克
长度	4.85米
直径	526毫米
导航系统	惯性/GPS
飞行终端系统	双重冗余
遥测系统	双通道，全方位覆盖
战斗部模拟部分	通用，模块化，任务选择
电子部分	通用，测试范围适应性强
发动机	固体推进剂火箭发动机

5 未来展望

着海军或两栖登陆,并可能飞越部队瞄向友方领土。战区弹道导弹包括短程弹道导弹(其射程高达1000千米)和中程弹道导弹(射程在1000千米和3000千米之间)。45型驱逐舰起初并不要求打击这样的导弹,但是战区弹道导弹现在正在构成越来越大的危险。该驱逐舰如果安装了北约国家目前正在研发的导弹,就可以用来对付它们。

目前还没有迫切需要部署战区弹道导弹防御,但是给了这样系统一个长期的酝酿,并为可能的需求做了一些准备工作。2011年12月,法国进行了一次试验,在这次试验中,一枚现役的"紫苑"-30(现在被称为"紫苑"-30 Block I)成功地拦截了一枚"黑麻雀"(Black Sparrow)靶弹。该靶弹以短程弹道导弹轨迹的方式飞行。"紫苑"-30从一个陆基"席尔瓦"发射器发射,目标被一个法国版的"阿拉贝尔"(Arabel)雷达(而不是安装到他们的两艘护卫舰上的"埃姆帕"雷达)探测和跟踪。"桑普森"多功能雷达可能会提供更多的弹道威胁告警和更好的导弹探测。研究开始于2012年,以研究对"桑普森"多功能雷达的改进,以探测和跟踪在高轨道运行的弹道导弹和卫星。

对"紫苑"-30的增量改进(称为"紫苑"Block I新技术)也启动于2011年。新导弹与现役的"紫苑"-30有同样的直径,但是将有一个新的助推器,这给它大大地增加了射程。但是无论如何,一些问题已表明,射程的获得是通过减少速度来实现的,这将减少"紫苑"-30主要的、中程防御的作用。新的"紫苑"将有一个双重角色战斗部,能够对弹道导弹或常规导弹进行碰撞毁伤。带有一个更大功率的新型雷达导引头也已经被提出用于该导弹,以更准确确定最佳撞击点。

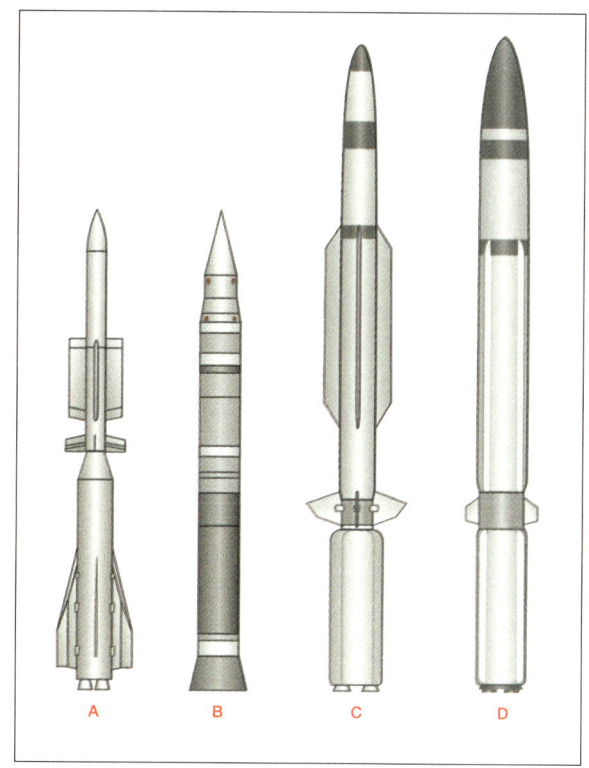

左图:工艺图:(a)"紫苑"-30 Block I;(b)"紫苑"-30 Block II;[作者取自MBDA的资料]。(c)SM-3 Block IB导弹;(d)SM-3 Block IIA导弹。[作者取自Raytheon公司的资料]

225

在2011年还开始了一个用于"紫苑"Block II的技术验证方案,一种专用于打击高机动性战区弹道导弹的导弹,其战斗部能独立释放诱饵弹。为了便于安装在像"紫苑"Block I一样的同样的A-50"席尔瓦"发射器中,新导弹没有弹翼,因此可以有一个直径较大的弹体(450毫米)。它的目的是拦截射程3000千米以上,未再进入大气层的弹道导弹。"紫苑"Block II将瞄准导弹或弹头(如果其已经与弹体分离的话)。它将有一个比Block I导弹更高的推重比。"紫苑"Block II的第一级推进段将使其加速到接近马赫数6,第二级推进段将在这之上加速到马赫数7之上。这个阶段将允许拦截的连续控制,直到"紫苑"的战斗部(杀伤飞行器)在拦截前几秒被释放。该战斗部用一个红外成像导引头来跟踪弹道导弹。

摧毁来袭弹道导弹就像"用一个子弹击中另一个子弹"一样充满挑战性。当其被制导向目标时,为了提供所需要的优异的准确性和灵活性,该战斗部将有一个转向和姿态控制系统。该系统将有两种手段控制该战斗部的最终轨迹。4个紧凑型分流阀使用强大的机电作动器,来提供非常迅速的高推力以调整该战斗部的速度。6个姿态控制系统外部阀门被连接到燃气发生器室,并使用快速作用的机电作动器,以调整当战斗部接近其目标时的姿态。

在2020年前,"紫苑"Block II是不大可能实现的。

除了欧洲"紫苑"导弹系统家族之外,还有美国的系统(也能提供战区弹道导弹防

用于较长垂直发射器的导弹

	"标准"型 SM-3 Block I	海军巡航导弹	"战斧"对地攻击导弹
用途	战区弹道导弹防御	对地攻击	对地攻击*
预发射重量	1500 千克	1500 千克	1600 千克
长度	6.55 米	5.1 米	6.25 米
射程	>500 千米	>1000 千米	1700 千米
速度	9600 千米/时	1000 千米/时	
导航系统	GPS/惯性和半主动式雷	地形匹配/GPS/惯性	地形匹配/GPS/惯性
寻的	IR 成像	IR 成像	DSMAC
战斗部	碰撞杀伤器	50 千克 钻地战斗部	450 千克"小斗犬"(Bullpup)半穿甲战斗部或高爆战斗部

*注:也能使用反舰型。

左图:在试验期间,美国海军"伊利湖"号对一个弹道导弹目标发射了标准型SM-3 Block IB导弹。[USN Phot, 2012]

御）。它们都是从打击型Mk41垂直发射系统发射，可以安装在45型驱逐舰上。拟议中的能够用于打击中程弹道导弹的美国导弹是"标准"型导弹SM-3 Block IB（RIM-161C）。

SM-3 Block IB是SM-3 Block IA（RIM-161B）的发展。Block IA使用了一个单频红外导引头，而Block IB采用了一个增强的、带有数据融合的双频红外导引头。此外，它有一个推力姿轨控系统，其采用了短脉冲的精密推进来引导导弹飞向来袭目标。

在2012年中期，美国海军"伊利湖"号（Lake Erie）（CG70）在一次试验期间发射了一枚SM-3 Block IB拦截导弹，成功地拦截了一枚分离的弹道导弹目标。在该舰已经探测和跟踪到了目标后，武器系统设计了一个发射控制解决方案。目标在发射几分钟后被拦截（以大约相同于一辆10吨重的卡车以1000千米/时的速度行驶的动能）。

进一步的发展阶段，SM-3 Block IIA，计划打击中间距离的弹道导弹（3000到5000千米距离）。这将有一个带有一个高姿态控制系统的先进的战斗部，以提高目标捕获，和一个带有先进信号处理的512×512焦平面阵列导引头以提高识别能力。为了实现射程，该导弹的弹体将更大，但它会与标准导弹筒和Mk41垂直发射系统保持兼容。

SM-3 Block IB预计在2015年交付给美国部队，SM-3 Block IIA计划在2018年交付。

与"战斧"对地攻击导弹一样，SM-3导弹从Mk41打击型发射器发射。这些发射器都在世界各国海军中广泛使用，在服役中的导弹单元10倍于"席尔瓦"发射器，并且服役的国家数不少于11国海军。45型驱逐舰在当前的"席尔瓦"A-50发射器之下设计了一个空位，以允许替换6个Mk41"打击型"发射器。目前，Mk41发射器没有能力发射"紫苑"导弹，但是如果进行了这样的能力试验，那么该驱逐舰将可以有64个导弹发射筒来装载"紫苑"-15、"紫苑"-30、TLAM和SM-3导弹的组合。

155毫米口径舰炮（第三代海军火炮）

另一个升级，将占用分配给两个Mk41发射器空间的，将是155毫米舰炮。其将替换114毫米的中口径舰炮。但是无论如何，安装155毫米舰炮将导致无法进行"战斧"改型或对抗战区弹道导弹的美国导弹的安装。该舰炮有6米长的炮管，该炮管是从陆军的AS90"勇敢之心"自行榴弹炮上嫁接到坚固的现役Mk8海军安装座上的。除了其他事项之外，该安装座将提供对抗舰船晃动的稳定性。只需要轻微的变动，仅影

5 未来展望

响到该安装座的20%。该155毫米舰炮不仅增加了炮弹的大小,而且还小幅增加了射程,从24千米增加到30千米。

如果把炮管长度增加到8米,将把射程大大增加到40千米。新舰炮的炮口能量两倍于现役的中口径舰炮的炮口能量,但是需要附加钢构件来加强甲板和安装座的接口。这种对安装在重量和更改上的增加(进一步增加了2000千克),是在舰船的设计允许范围内的。

155毫米大炮通过只采用一个使用模块化发射药系统(其在炮塔上分别装入炮弹)提供了与地面炮兵系统的共性。不同于海军舰炮沿用几十年的药筒装填(bag charges),海军火炮在几十年前就抛弃了这种基于药包装填(bag

下图:AS90 "勇敢之心(Braveheart)" 155毫米自行榴弹炮。[王冠版权,2003 下士保罗(贾巴)耶尔维斯(Corporal Paul (Jabba) Jarv)]

charges）的方法。用于刚性情况下使用的海军系统或集成炮弹可能需要该炮自身重新设计。大炮的射速要比小炮的射速慢，因此在一给定的周期内被投放的炮弹的总重要低，这样就减轻了每一个大炮弹的心理影响。该问题的解决方案包括自动装填和水冷。但是无论如何，这些会进一步增加重量。

虽然155毫米的舰炮可以被安装在驱逐舰上，但是该炮及其相关的加强件可能对于护卫舰来说是太重了，安装该火炮将损害舰队的弹药通用性。

自主式小口径火炮（ASCG）

皇家海军正在用小口径舰炮安装座的改型替换其23型护卫舰上的DSB30B，该型号为遥控操作，并用一门ATK Mk44替换到厄利空KCB机炮。该护卫舰的系统被连接到一个较早的光电炮控系统上。新的自动小口径机枪系统被命名为"海鹰（Seahawk）"DS30M Mk2。由于换装了火炮导致了射速的显著下降（从600发/分钟下降到200发/分钟）。但是无论如何，这被认为是可以接受的，因为主要目标不再是飞机（防空作战要求高射速），而是小艇。预计，45型驱逐舰将在某些位置安装新型舰炮，并连接到它更先进的光电炮控系统上。

"鱼叉"（Harpoon）反舰制导武器（SSGW）系统（60型制导武器系统）

为了安装一个基于GWS60"鱼叉"Block IC超视距反舰导弹（现在被安装在23型护卫舰上）的SSGW系统，措施已经制订。固定式筒形4发射器将被安装在上层建筑和"海蝰蛇"发射井之间的横向左舷和右舷。虽然该型导弹于1977年便在美国海军中服役，但是"鱼叉"导弹经历过了一系列的升级，并被认为是一种

"鱼叉"反舰制导武器系统导弹

	"鱼叉"Block IC	"鱼叉"Block II
作用	反水面舰船	反水面舰船和对地攻击
运动轨迹	掠海飞行	掠海飞行
预发射重量	681千克	681千克
长度	4.6米	4.6米
直径	340毫米	340毫米
射程	120千米	120千米
推进	固体助推/涡轮喷气发动机	固体助推/涡轮喷气发动机
导航系统	惯性	惯性测量单元/GPS
寻的	弹载J波段雷达	弹载J波段雷达
战斗部	227千克	227千克

上图:23型护卫舰,皇家海军"蒙特罗斯(Montrose)"号发射一枚"鱼叉"反舰导弹。[王冠版权,2013 PO(Phot)Wheelie A'barrow]

很有效的反舰武器。它在全球范围内在600多艘舰船上服役。其还有潜艇发射的和飞机发射的型号。

"鱼叉"Block II（RGM-84L）系统能安装替换Block IC。该导弹在2001年投入丹麦皇家海军服役，采用了一个新的制导控制单元，该单元能对水面舰艇提供更高的精度并且可以区分舰船和岛屿。这给了该导弹在沿海地区的一种反舰能力，以及对付陆地目标的能力。

反潜护卫舰要比防空驱逐舰更需要反舰能力，因为护卫舰搜索潜艇往往在任务编队的边缘作战。然而，水面舰艇制导武器系统对于45型驱逐舰来说也是一个有用的能力，因为它们并不总是在任务编队的中心作战。对地攻击能力将是对它们能力的一个加强，使它们能够协助两栖作战。

2170型水面舰艇鱼雷防御系统（SSTD）

随着安静型、常规动力潜艇数量的增加，鱼雷攻击的威胁已激增。反潜护卫舰已经安装了水面舰艇鱼雷防御来保护它们避开这种威胁，并在45型驱逐舰的设计中为安装这种系统做了准备。驱逐舰由护卫舰来提供保护，以防止其受到潜艇的攻击；但是无论如何，敌方潜艇总是有可能突破这些防御的。驱逐舰作为目标的吸引力将使鱼雷防御成为45型驱逐舰的一个有价值的能力。

水面舰艇鱼雷防御的传感器是采用多倍频程、声学、拖曳式阵列声呐，其包括一排拖曳在舰船后面的水听器（hydrophones）。一个专用的单滚筒绞车用来部署和回收该阵列。一个光纤信号电缆由连接该阵列探测器到舰船的牵引索来携带。该声呐利用来袭鱼雷发射的噪音

右图：一个一次性消耗的水声诱饵正在被装填进2071型水面舰艇鱼雷防御发射器中。[超级电子公司（Ultra Electronics）]

2170型水面舰艇鱼雷防御系统

	绞车	发射器	一次性消耗的声学装置
高度	1.7米	1.7米	420毫米
宽度	1.9米	1.2米	120毫米口径
深度	2.2米	1.6米	120毫米口径
重量	4200千克	583千克	7.5千克

5 未来展望

来探测、辨别和准确定位它们。该系统为舰船操纵提供最佳路线，并不仅及时激活拖曳式诱饵，还部署一次性使用的水声装置作为诱饵。后者从8管迫击炮发射筒发射，利用来自自给式储气室的高压空气把它们推到舰船附近的海水里。飞行时间很快，在进入水中的10秒时间内，该装置就能够发出一个诱饵声学信号。

随着鱼雷向着越来越安静的趋势发展，因此在战术有效范围内越来越难以被被动地探测到。因此，装备制造商正在研发新一代的水面舰艇鱼雷防御，其将使用主动探测、辨别和定位技术。该主动式系统将使用一个拖曳式、主动、在线源来发射声脉冲并探测来自来袭鱼雷的反射信号。该系统将有探测齐射鱼雷的能力，并将有很少依赖于与千变万化的水条件相关的被动探测优势。一个预生产模型预计在2014年完成。

通信电子支援措施（CESM）

一个通信电子支援措施系统能监控通信信号以通过截获的传输信号确定潜在敌人的目的。由于试图在"萨满"（Shaman）项目下给45型驱逐舰安装一个新的海上通信电子支援措施系统。国防部已经同意购买美国 AN/SSQ-137(V)舰船信号开发增量设备F。该设备，通信电子支援措施系统的主要部件，通过使用最新的现场可编程的、门阵列、嵌入式处理器和高级服务器网络技术来获取、识别、定位并分析通信信号。这个现成的解决方案是一个更广泛的方案架构的一部分。新的通信窃听系统，被称为Seaseeker-"萨满"，还包括可选择使用的反欺骗模块、GPS接收机及系统信号和定向寻找激励器包。

为了提高英国的舰载信号情报处理和监视能力，7个系统将被安装到选定的45型驱逐舰上，并还将取代23型护卫舰上的舰外合作后勤更新通信电子支援措施套件。

数据链接

目前，皇家海军安装了两个数据链系统，link-11和link-16，其能使他们与其他战舰、飞机和地面部队交换战术数字信息。link-11可以追溯到20世纪50年代，是一个安全的半双工链路，其可以在高频以每秒1.8kb的速率传输数据，在UHF以每秒12.7kb的速率传输数据。在高纬度地区或在传输条件差的情况下，可能不能建立链接。该系统依赖于一个平台来控制网络，并用传感器探测来报告位置信息。因此，在舰船失去控制或遭受设备故障的情况下会瘫痪。

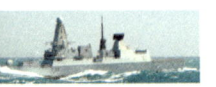

右图：数据链系统示意图。[作者取自诺斯罗普-格鲁曼公司的资料]

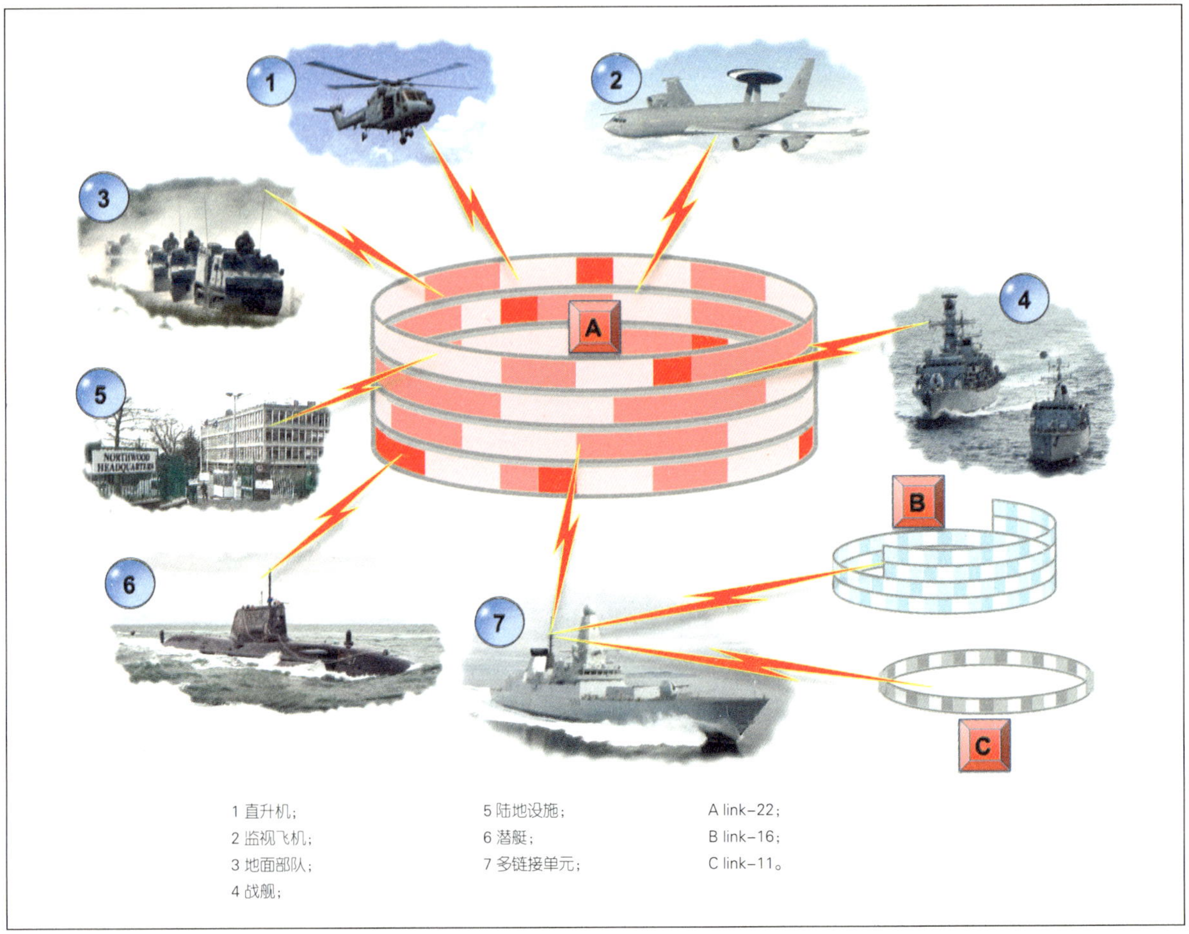
1
2
3
4
5
6
7
A
B
C
NORTHWOOD HEADQUARTERS
1 直升机；
2 监视飞机；
3 地面部队；
4 战舰；
5 陆地设施；
6 潜艇；
7 多链接单元；
A link-22；
B link-16；
C link-11。

link-16是一种安全、抗干扰的每秒54kb的数字数据链，其可以允许语音通信但限制在视距范围内传输。

45型驱逐舰可以安装一个新的数据链，link-22，这是北约改进的link-11项目。link-22提供给了一种超视距的、安全的、战术数字通信能力，并支持信息交换。所有友好的空中、水面、水下和陆地平台因此都可基于公共数据生成一种增强的战术图片。link-22在高频传输数据带宽高达每秒4.1Mb，在UHF带宽高达每秒12.7Mb。与link-11不同，它可以同时发送不同的信号，多达4个网络，以增加带宽。

link-22将采用：

- 高度安全的通信协议

- 多网络
- 数字信息自动中继
- 可靠的超视距通信；
- 在舰船失事情况下确保一个强大的网络的分布式协议；
- 自动阻塞管理。

link-22的加入将大大提高北约的互操作性，并且通过提供更好的态势感知，将提高45型驱逐舰指挥团队的作战能力。

协同作战能力

目前，军舰用由他们自己的传感器提供的信息，和由来自其他舰船和飞机通过数字数据链补充传递来的数据，来构造威胁环境的图片。友军和敌军实体的水面和空中轨迹的复杂的表示，是从舰船的角度生成的。由它产生的战争被称为"以平台为中心"的战争。

美国海军则提出一个面向"网络中心战"的根本性转变，在这种战争中，友军部队通过部队所有传感器的联网，实现一个单一的、共享的、大部队范围的态势感知，以建立信息优势。通过使很多舰只、飞机和地面部队来融合他们的雷达和传感器信息，使他们的合并资源创造了非常准确和详细的态势，这种态势要比这些单元中的任何一个单元用他们自己的信息生成的态势更精细、范围更广，并更一致。信息优势不可避免地转化为更大的战斗力优势。为了实现这种方法的最大好处，就有必要为美国的主要北约伙伴的舰只和飞机装备用于这样战争的装备。

雷达电子支援措施（RESM）Outfit UAT Mod 2.0

自从投入作战服役以来，皇家海军"勇敢"号和皇家海军"钻石"号的雷达电子支援措施已经被更新到Outfit UAT Mod 2.0。进一步发展，Mod2.1，将被推广到所有等级。其改动包括直接射频采样、更好的辐射源识别技术和新的数字天线。该设备在现代、密集的雷达环境中，将提供更好的系统性能，以使战舰在所有海上战场（包括近海环境）上更有效。

通过数字化天线的信号，大多数接收器的功能现在使用软件和固件算法来实现。这将使它更容易引入进一步的增量改进并采用新的信号分析工具。雷达电子支援措施的能力然后能快速适应不断发展的作战环境。

该方案所采用的方法最大限度地利用了商用的现成硬件，使该设备明显更可靠，并更容易维护，因此降低了总使用成本。

"野猫"（Wildcat）Mk1 HMA（海上攻击直升机）

当在2015年宣布投入作战服役时，"野猫"Mk1海军改型（HMA2）将取代现在的"山猫"直升机。重新设计了尾部以容纳更强大的尾桨系统并提高强度和隐身特性。除了这些视觉上的差异之外，"野猫"还有两台1015千瓦LHTEC CTS800-4N发动机，该发动机提供的动力要比目前的"山猫"发动机的动力大37%。这将使其性能得到改进，尤其是当在高温环境（48℃）和高空作战时。座舱仪表、通信、360°全彩色监视雷达和光电激光指示器瞄准系统都提供了相比于现有系统的大幅性能改进。它的雷达重110公斤，"海浪"7000E有源电子扫描阵列，形成一个被电子垂直定位的笔形光束，但在方位上组合使用机械和电子扫描。

"野猫"装备了反舰导弹（一旦其投入服役）。这种导弹能提供高速（但是是亚音速）、防区外作战（stand-off operation）、最小传感器效应时间并由一个新的、非制冷红外导

下图："野猫"Mk1 HMA（海上攻击直升机）。[阿古斯塔·韦斯特兰公司（Agusta Westland）]

5 未来展望

"山猫"和"野猫"直升机的对比

	"山猫" Mk8 SUR	"野猫"直升机
最大速度	334 千米/时	290 千米/时
机组成员	飞行员和观察员	飞行员和观察员
机高	3.7 米	3.73 米
机长	13.4 米	15.22 米
航程	600 千米	780 千米
发动机功率	2 x 750 千瓦	2 x 1016 千瓦
主旋翼	12.8 米直径	12.8 米直径
自重	3291 千克	4700 千克
最大全重	5330 千克	6000 千克
传感器		
雷达	"海浪" 3000	"海浪" 7000E
红外	SeaOwl	Wescam 公司 MX-15Di 光电/激光指示器
武器装备		
舱门装载		M3M 0.5 英寸重机枪
导弹	4 个 "海鸥"（Sea Skua）	4 个反-轻型导弹舰导弹或 14 个轻量级多用途导弹
或鱼雷	2 个 "刺鳐" MOD1	2 个 "刺鳐" MOD1
或深水炸弹	2 个	2 个

"海鸥"导弹和其替代导弹的对比

	"海鸥"导弹	反舰导弹	轻量级多用途导弹
重量	145 千克	≈ 110 千克	13 千克
不携带（No carried）	4	4	14
弹长	2.5 米	≈ 2.5 米	1.3 米
直径	0.25 米	≈ 0.2 米	0.076 米
翼展	0.72 米		
战斗部	30 千克半穿甲，9 千克 RDX	40 千克高爆破片战斗一部（blast-fragmentation）	3 千克爆破弹（blast）
引爆	延迟爆炸冲击引信		激光近距离传感器
推进	固体燃料助推器/固体燃料维持	固体燃料助推器/固体燃料维持	两级固体推进
射程	25 千米		6 到 8 千米
速度	>980 千米/时	≈ 1000 千米/时	≈ 1800 千米/时
制导	半主动雷达	红外导引头自主或操作员制导	激光驾束，或带红外终端寻的的半主动激光

引头来自主制导。但是无论如何，一个数据链接将中继目标图像回到直升机，因此操作人员能够改变导弹直达撞击点的飞行剖面。这将提供一个高水平的目标识别，和某种程度的瞄准点选择，并且如果必要，可以实施任务中止。该导弹最初是由一个固定式助推发动机推进，当其被消耗完后，由一个中间体维持发动机来推进。由于该助推发动机不能被抛投，维持发动机采用了一个向下倾斜的弹腹喷嘴。这种布局提供了更好的下降稳定性，并保持主飞行中的重心，避免了与抛投发动机有关的安全问题，并使数据链天线能被纳入到导弹的后部。

还有一种补充替代导弹，轻量级多用途导弹。基于"星光（Starstreak）"导弹，这种低成本的导弹既可以使用激光束获取目标，也可以使用半主动激光制导，将可以被携带在7单元的"雪花（snowflake）"发射器中，这种发射器可以连接到"野猫"两侧的挂架上，采用了一个高精度制导系统，以允许高精度的定位大范围的移动目标，例如快速的近海攻击艇和刚性充气艇，射程大约8000米。

可调节的诱饵发射器

目前的固定式DLH诱饵发射器有缺点，它们不能为诱饵弹的部署提供理想的仰角和方位角，发射也可能被延迟，因为它们对舰船的运动没有补偿。克服这些缺点的一个方案是，用一个可调节的12管发射器取代2个DLH六管发射器。

新的发射器可以携带130毫米的诱饵弹，每一个都被储藏在铰接在底部的一个弹舱里。

下图：动画中的反舰导弹发射场景。[MBDA]

5 未来展望

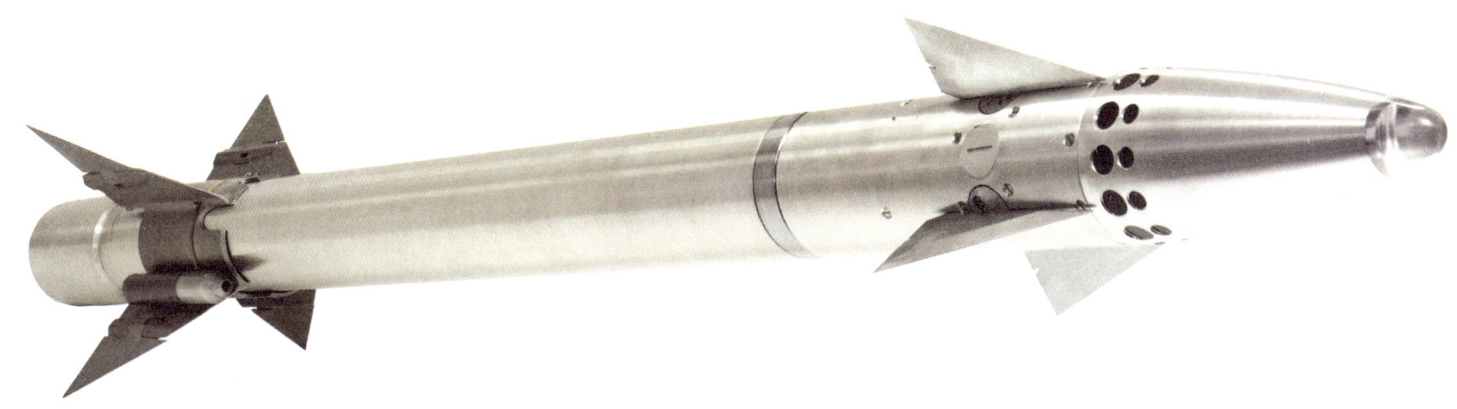

上图:轻量级多用途导弹的工艺图。[泰勒斯(Thales)]

左图:"野猫"直升机在内侧挂架上携带两枚反舰导弹和在外侧挂架上用"雪花"型挂架携带14枚轻量级多用途导弹的效果图。[阿古斯塔-韦斯特兰公司]

英国皇家海军 45 型驱逐舰：拥有、维护和使用手册

"海拉姆"RIM-116B滚转体导弹系统		
导弹	重量	13 千克
	不携带	11
	长度	2.83 米
	直径	120 毫米
	翼展	437.5 毫米
	弹头	9.1 千克高爆碎片弹
	推进	固体推进火箭
	射程	9 千米
	速度	700 米/秒
	自主制导	双雷达/红外（全路程制导）
安装	甲板上重量	7000 千克（包括导弹）
	携带导弹	11
	搜索雷达	J-波段 12 到 18 吉赫兹，数字式
	跟踪雷达	12 到 18 吉赫兹，多普勒脉冲，单脉冲
	辅助搜索	前视红外 8 到 13 微米
	射角	-10° to +80°
	训练	±155°
	工作循环	3.5 米
	甲板下重量	714 千克

当收到一个发射解决方案时，适当的诱饵就被选择，该发射器被旋转到正确的方位角，该弹舱下降，将弹带到理想的射角。发射管稳定住俯仰、滚转和方位角，直到诱饵向最佳位置发射。

"海拉姆"（SeaRAM）

未来替代"密集阵" 近距武器系统 Block 1B 作为内层防御系统的是采用滚转体导弹（RIM-116）的"海拉姆"，如此命名是因为导弹弹体稳定的以纵轴旋转飞行。

基于"密集阵"的安装基座和瞄准系统，研发"海拉姆"以提高对抗超音速掠海反舰导弹的性能。它也能与直升机和飞机交战，并装备了一个11联装的制导导弹发射系统，以提

右图：12管诱饵发射器及其剖面图。[Chemring]

对页图："海拉姆"发射了一枚滚转体导弹。[雷神公司]

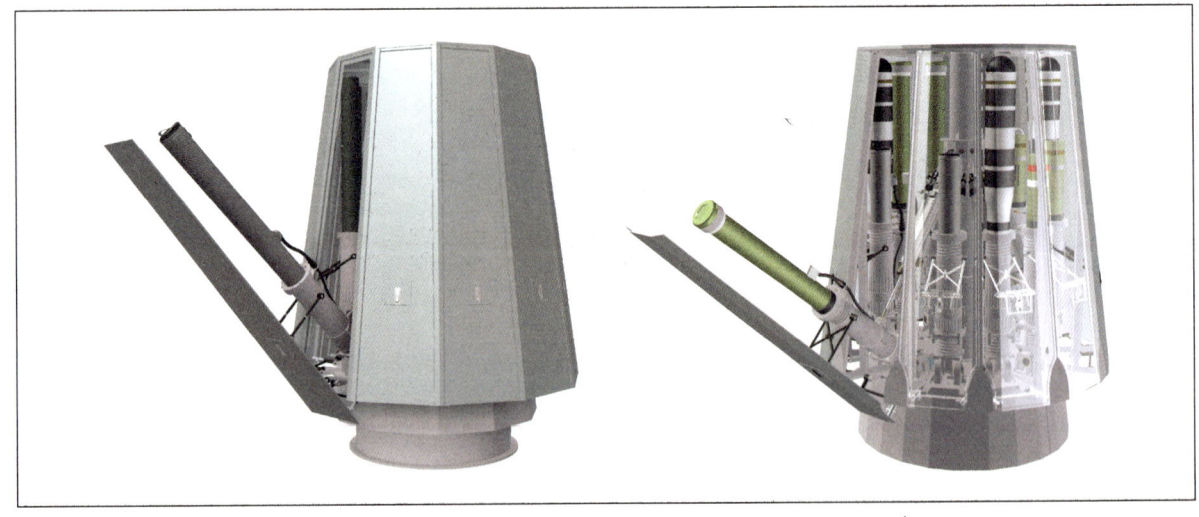

5 未来展望

供比"密集阵"近距武器系统射程多两倍多的防御。

滚转体导弹Block 1A导弹（RIM-116B）采用了一个带有自主红外附加能力的全程制导的图像扫描导引头，以对抗没有采用弹载雷达导引头的反舰导弹。增强的数字信号处理提供了增加对对抗措施的抵抗并改进了在杂乱的红外背景条件下的性能。一种先进的光学目标检测装置可以探测超低空掠海飞行的威胁。

虽然2001年在皇家海军"约克"（York）号战舰上对"海拉姆"进行了试验，但是安装该系统的选项还没有得到国防部（MoD）的批准。通过进一步改进引入短生产期的Block 2导弹（RIM-116C），"海拉姆"的吸引力可能会增加。

告别的话

为了替代"谢菲尔德"级42型驱逐舰，英国皇家海军等了几十年。凭借"勇敢"级45型驱逐舰，他们现在配备了强大的和非常先进的军舰。

驱逐舰纳入了前所未有的创新技术能力。主要的新系统包括灵活、经济的综合电力推进系统和带有强大的"桑普森"多功能雷达的有效的"海蝰蛇"防空系统。实际上，舰上的所有系统对海军工程和对传统困境的现代回应的问题和挑战都演证了新的解决方案。这种创新并不仅仅局限于该驱逐舰。制造和舾装的技术也有了新的突破，例如作为原型的方法、综合电力推进系统和作战系统的整合和测试。很多这些原始的方法被用在"伊丽莎白女王"号航空母舰的建造上，并将继续向前用到26型反潜（ASW）护卫舰的建造上。

像45型驱逐舰这样的一艘现代化的、复杂

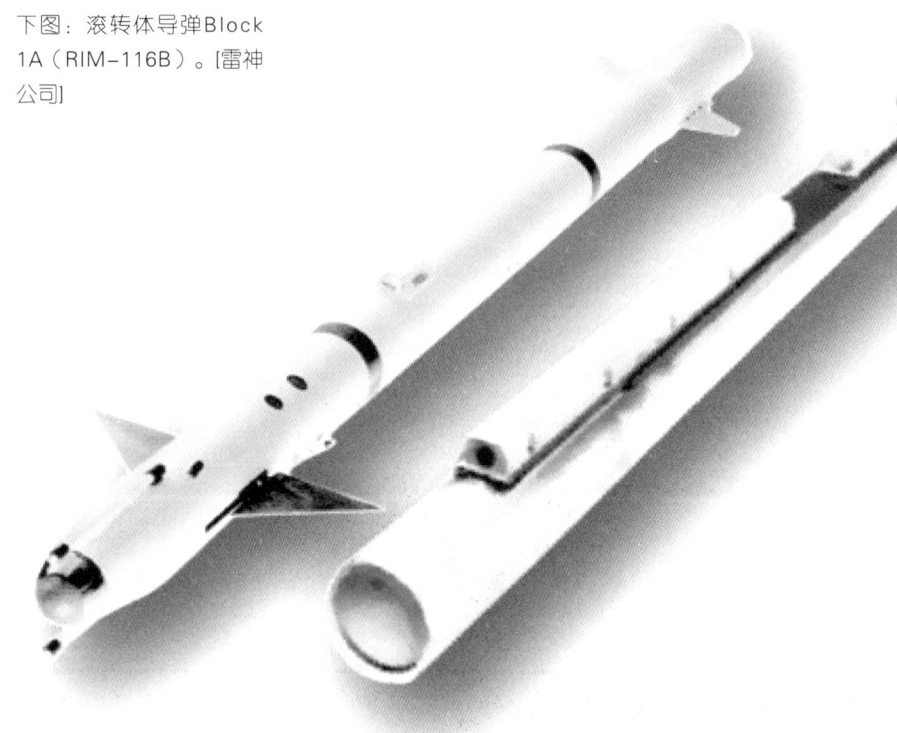

下图：滚转体导弹Block 1A（RIM-116B）。[雷神公司]

5 未来展望

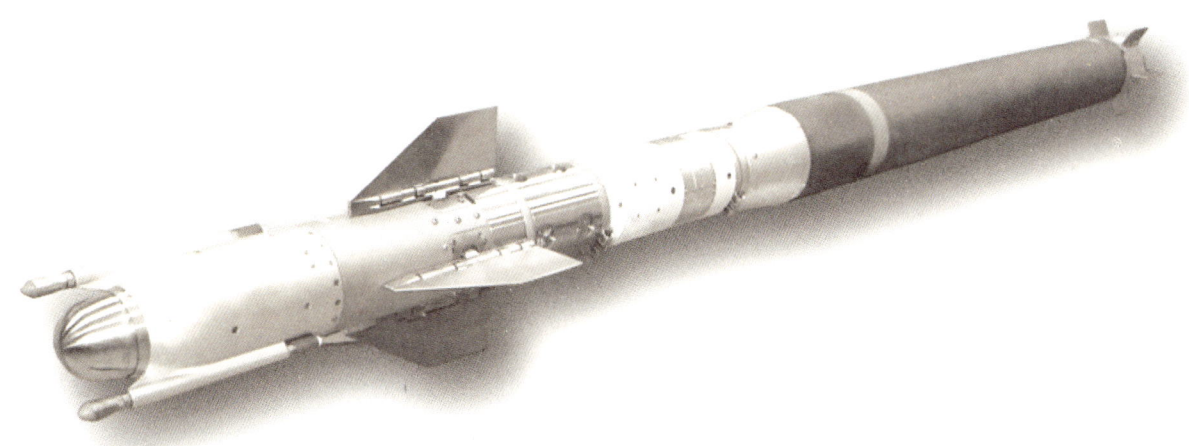

左图：滚转体导弹Block 2（RIM-116C）。[雷神公司]

的战舰上的先进技术在武器控制、推进和舰载服务设施上自然需要很大程度的自动化。作为一种结果，这种令人印象深刻的舰只的完全操作只需要191名舰上人员——与它们吨位较小的前任相比人数减少了25%以上。虽然现在需要更少的人来处理更高级和更复杂的系统，但是对驱逐舰的性能来说，这无疑是至关重要的，即这样的人员应是最优秀的。

不仅仅是在技术领域，45型驱逐舰代表了卓越的新标准。他们的住宿也是对现有舰船的重大改进，这一新确立的规范预计也将被其他正在研发的21世纪皇家海军战舰采纳。该舰的设施旨在用于任何性别的水手。虽然在军舰上的住宿将永远不会豪华，但是舰上的每名成员都将有他们自己的铺位，并配备了现代化的个人电子设备。

技术的本质和不可预知但必然改变皇家海军面对威胁的事实，意味着，如果他们想继续保留与一支现代化海军的相关性，那么该驱逐舰将不得不进行改变和演进。在设计上的无与伦比的灵活性和适应性将确保，该驱逐舰能很容易的适应技术的变化。这将可以允许该战舰进行现代化改装以确保，它们的能力能恰当保持。

一艘高能力的战舰就像一辆一级方程式赛车一样，没有一个有才华的司机是无效的。尽管技术先进，如果没有这一个最重要的因素：具有良好领导力的、受过训练的、经验丰富的舰上人员，45型驱逐舰的功效还是发挥不出来。

英国皇家海军 45 型驱逐舰：拥有、维护和使用手册

附录 A

海军和造船术语

Accommodation ladder——驻泊梯。悬空在舰船一侧的一个梯子，以允许人员从小船上舰（尤其当在锚泊时）；

Aft——向船尾；

Athwartships——朝向横穿舰船；

Ballast——压舱物。存放在舰船底部的重型物体以提高舰船的稳定性；

Bilge——舱底。舰船的最低部分。它是已经泄露到舰体的海水以及液体（例如，来自油箱和设备的滑油和洗涤剂）的天然家园。这种液体被称为舱底水或就是舱底；

Bollard——系船柱。一个短的、粗的杆（post）（原义是一个短的树杆），用来固定绳索和系缆，尤其是用于系泊的缆绳；

Bow——船艏。舰船的前部（突出的部分）；

Brow——用于连接舰船到岸上的"跳板"的正确术语；

Bulkheads——舱壁。不属于舰体部分的垂直分区；

Bulwark——舷墙。舰体在露天甲板上的一个延伸，通常形成一个保护屏障；

Cabins——客舱。高达6个铺位的宿舍。超过6个铺位的空间被称为双层空间，或者，如果是通用的起居空间，餐厅。在45型驱逐舰上所有的睡觉宿舍都在客舱中；

Cable——线缆。一个用于固定锚的绳索（任何绳的直径都超过80毫米）；现在也用于指电缆；

Calorifier——电热水器；

Capstan——收紧锚链、系缆等的旋转机械；

Captain—— 一艘战舰的指挥官，正式称呼为"舰长（Captain）"，虽然他或她可能不是上尉军衔。大多数驱逐舰的指挥官持有指挥官的军衔。舰上人员都把舰长称为"Father"或"The Old Man"。尚不清楚这一称呼是否会继续，因为在2012年任命了第一位女性指挥官。委任的舰长一般会宣誓与战舰共存亡（这是英国海军的传统），例如宣誓"我将始终与'勇敢'号同在"。

Citadel——要塞。 一艘军舰的核心舱室，在作战待命期间可能被密封和增压，以防止有害的CBRN剂的渗透；从要塞外面的舱室进入，露天甲板需要要求人员通过一个气闸门进入，或者，如果他们暴露在污染中，就要通过一个洗消站，以在他们进入舰船之前除掉任何有害的污染物；

上图：在2013年合同商海试期间，皇家海军"邓肯（Duncan）"号准备在格里诺克（Greenock）起锚。[麦·金蒂（Marco McGinty）]

Coaming——防浪板，以防止水进入甲板的切口，例如，舱或导弹舱；

Compartment——甲板之间空间的一个通用术语，其边上是舱壁，也可能是舰船的舰体或者上层建筑外列板；

Con——指挥舰船转向的行动；这个责任被用一个"You have the con"命令传递给另一名军官（例如观察官）；

Davit——可能突出在舰船一侧上的一个小型起重机，以提升战舰的小艇或其他货物；

Deckheads——从下面看到的甲板下侧；

Decks——水平的表面。该主甲板是最上层的连续甲板和舰体的最高甲板。在其下的甲板被依次编号为01、02、03等等，该甲板上形成的上层建筑被依次编号为01、02、03等等；

Ditch——废弃材料，例如越过船边投入水中的垃圾；

英国皇家海军 45 型驱逐舰：拥有、维护和使用手册

Down-hand——工作，让工作在工人的下面进行，而不是那种让工人必须要向上伸长手去焊接或安装项目的尴尬位置；

Down-take——空气入口集群，以给柴油机或燃气轮机提供新鲜空气；

Drop anchor——将锚放到海底以固定舰船；

Dry dock——干船坞；

Eductor——无运动部件的泵。通过一个喷嘴的一股高压水流，以使液体，例如舱底水，被吸离被连接到喷嘴的油箱；

上图：一名水兵正在擦拭皇家海军"勇敢"号的船钟。虽然该驱逐舰使用高精度的铷频率源电子"钟"来为作战提供准确时间，但是该钟仍以传统方式鸣响，专门用于港口仪式。[王冠版权，2011 LA（Phot）基思·摩根]

上图：皇家海军"钻石"号上的"日落"仪式。在落日时分，在传统的"定时敲钟（Make it so）！"命令下，舰旗被降下。[王冠版权，2011 LA（Phot）凯尔·海勒（Kyle Heller）]

Evolution——一个任务，往往是影响一个新的安排或配置，成功完成需要协调行动；

Fairlead——甲板边的一个小圆形的开口或在甲板上的一个环状结构，以引导电缆或系缆；

Fighting the ship——关于进攻和防御性能演变的一个术语，源自那个时期，当时这样的军事职责不同于水手们的时代，那时他们负责"航行舰船"。

Flare——描述舰船舰体在水线以上增加的宽度和高度的术语；

Flats——开放的区域，如病房或餐厅；

Flight deck——该区用于直升机的着舰和起飞；

Fore/forward——朝向舰船的前部；

Forecastle——（发fo-c-sle的音）艏楼

Foremast——参见masts

Frame——龙骨舰船舰体的横向加固，类似于人的肋骨，因此经常被称为舰船的肋。在木船时代，这些是舰体结构的一部分，其然后被包木板。虽然现代战舰不是用相同的方式建造的，但是框架仍然是关键的结构部件。框架通常是按照舰体长度的间隔有规律的安排；45型驱逐舰的框架间距是0.7米；

Fuze——炸药引爆的一个装置。不要与一个防止高电流造成损坏的电保险丝混淆；

Galley——准备食物的区域（相当于一个岸上的厨房）；

Gash——垃圾或废物，这个术语也用于指一些多余的要求或无用的东西；

General arrangement (GA)——展示了每一个甲板计划的一个图表（通常打印为A0大小）和展示舱室的一个舰船高度。虽然设计师现在使用3D模型来设计，但是GA仍旧是一个有用的舰船布局的概览。

Green seas——（或者green water），带到舰上的一种固态的水。

Hatch——甲板上的一个开口，以允许借助于一个梯子下到下层甲板。舱口被围板包围；

Hawser——用于系泊或拖船的一个粗缆或绳索，此处指锚链筒，一个通向一侧粗缆或链条的管道；

Heads——厕所；

Hotwork——连接金属的焊接和火焰切割等工艺，随着舰船建造的进展会变得越来越危险并具有破坏性。

Jackstay——在两艘船舶之间的线缆，在海上补给期间用于供应品的运送；

Jalousie——用于调节空气通道的具有可调水平板条的一个百叶窗；

Lobbies——通到一个平台的小隔间；

Main passageway——中央通道，通常在主甲板上，穿过舰船的整个长度；

Masts——高、窄（或者在45型驱逐舰前桅杆的情况下，不是如此窄！）结构针对带帆的帆船桅杆命名。巨大的前桅杆携带"桑普森"多功能雷达，小的主桅杆携带通信单杆桅杆，后桅杆携带远程雷达。他们的宽度足够，他们也有甲板，被编号为上层建筑甲板，或者，在那里他们不是在正常甲板高度（如最高的船尾桅杆甲板），并带有一个字母编号（如04A）；

Mezzanine deck——（发mez-a-neen deck的音）来自建筑夹层地板的一个术语。在45型驱逐舰上，这是一个大空间的阳台，例如机械室或机库；

Midships——位于舰船中央的部分；

Monitor——（名词）控制消防喷水方向的装置；

Moveable high-point——用于海上补给的一个固定吊挂，来自补给舰的一个线缆被连接到小车甲板平面上的一个环上（一个眼状滑动垫），然后拖上朝向舰船上层建筑的高位轨道上；

Naval gunfire support——舰炮炮击岸基目标；

Pendant number——（发音，经常拼错为，pennant）识别一艘军舰类型和独特编号的字母和数字；皇家海军"勇敢"号的编号是D32，其中D表明是一艘驱逐舰。不要与飞机识别其飞行甲板的双字母甲板编码相混淆；

Plummer block——一种用于支撑推进器轴的轴承；

Port——当面朝前方时舰船的左侧；

Pre-wetting——笼罩舰船隔绝CBRN剂的水幕。这种雾是由来自上层建筑喷嘴喷射海水产生的；

Prime movers——发动机的通用术语，例如燃气轮机和柴油发动机，其为舰船提供推进和电力；

Quarterdeck——舰船露天甲板的船尾区或飞行甲板下面的空间；

Radome——覆盖雷达天线的塑料罩，以防止其露天工作；

Redundant——该部件通常不需要工作，除非主部件失效，在主部件失效的情况下，它们自动接管失效部件的功能。双重冗余意味着，有一个备用项目，而三重冗余意味着，有两个备用项目；

Reeve——把一根绳子穿过洞的过程；现在用于安装必须通过一些舱壁的电缆；

Rig——一种用于帆船的术语，但现在主要用于描绘制服或者甚至一般的服装。新的第4号制服（作战制服），正如官僚制度一样，被官方称为一种个人服装系统（Personal Clothing System）；

Screeve——在切割前标记的钢板；

Scupper——用于快速去除多余水分的故意安排的孔——一种开口，尤其是在露天甲板上，以使多余的水从两侧排干或进入舱底；

Shipwise——在建造期间，在正确方向的舰船的一部分的描述——例如，为便于工作倒置的一个装置，然后翻转过来进行下一步工作。

Shipwright——职业是设计、建造和修理舰船的人；起初是指一个木材砍伐者；

Sickbay—— 一名水手在舰上可以受到医疗照顾的地方。在航行的日子里，病床位于圆形的船尾，是一种海湾（bay）的形状，因此sick-berths变成了sickbays；

Slipway——一个长的斜坡道，在其上舰船的舰体被装配，并从这儿入水；

Sonobuoy——由直升机投放用于搜索潜艇的一个一次性声

英国皇家海军 45 型驱逐舰：拥有、维护和使用手册

上图：在叙利亚参与拆除化学武器时，皇家海军"钻石"号在与法国海军补给舰FS"瓦尔"号进行海上补给。[法国海军照片2014年]

呐装置；其圆柱形主体可以浮在水面上几小时，在此期间，它会把数据发回到直升机上；

Soundings——测量舰船下的水深；现在由声呐实现，这些最初是由"扔（或摆动）铅块"来进行的；

Sponson——对于战舰来说，一个Sponson是一个来自舰体的一个突起，以保护或支撑设备；

Stanchion——为甲板边缘的护栏或护网提供支撑的窄杆；

Starboard——面向前方时舰船的右侧；

Stem——舰船船头的曲面；

Stern——舰船部分的后面，或后部；

Stowage——用于储藏的空间；"储藏"意味着用一个简洁和紧凑的方式存储；

Sullage——废液和固体，例如垃圾、含油的污水和来自顶部、卫生间和厨房的废水；

Superstructure——舰船的一部分，包括在主甲板上面的甲板，其可以延长舰船的宽度，但是只能穿越舰船的部分长度；

Top-hamper——用于在舰船高处携带重量的术语（原来是指帆和桅杆），往往使舰船倾斜；这是在舰体设计中的一个主要考虑因素；

Transceivers——包含发射器和接收器的通信或雷达设备；

Transom——舰体的最后一面；

Transverse activities——必须在一个整舰层面上解决的设计因素。它们对很多舰船系统的作用以及在这些系统之间的复杂的相互作用必须被考虑。例如安全性、生存性、使用性和整体的电磁兼容性；

Traveller block——一个装箱的滑轮，其下悬挂着货物（或坐在一个博松椅上的人员）。该块被在两个舰船之间由其中的一个进行拖拉以进行运送；

Up-take——把柴油发电机或燃气轮机吸取的废气向上输送到烟囱的线槽；

Victuals——（发vittles的音）为舰上人员供应和准备的食物，因此包括在舰上吃的食物和供应的食品；

Waist——一艘舰船上部甲板的中间部分；起初是因为帆船战舰的中央部分要比前桅杆或后甲板低；

Wardroom——军官吃饭的舱室。该术语现在还包括军官室的附属品或他们休闲的套房以及军官的宿舍；

Watch system——为了让这艘军舰可以围着时钟操作，舰上人员被分成两个或更多的"手表（watches）"，用不同的手表执行任务（戴表）并在不同的时间"脱表"；

Weather deck——用于舰船最上层甲板的一个通用术语，其是露天的；

Weighing anchor——从海底升起锚，并把它向上拉起到舰船一侧的存放位置。该术语衍生自以前的机械时代，当时水手们通过用他们的体重转动一个绞盘来提起锚。

Yardarm——原来是一根承载船帆的结实的杆，该术语现在适用于水平杆上，通常从桅杆上突出出来，用于承载设备，例如风速计或天线，这些设备不能安装在桅杆附近。

附录 B

缩写

2D——二维
3D——三维
防空——防空作战
AC——交流电
ASCG——自动小口径机枪
ASuW——反水面作战
ASW——反潜战
AWACS——机载预警和指挥系统
CBRN——化学，生物，放射性和核（原名NCBD）
CCTV——闭路电视
CEC——协同作战能力
CESM——通信电子支援措施
CIWS——近距武器系统
CMS——作战管理系统
CO_2——二氧化碳
CST——合同商的海试
CW——冷冻水
DC——直流电
DTS——数据传输系统
ECDIS——电子海图显示信息系统
EHF——极高频
EMPAR——欧洲多功能相控阵雷达

EOGCS——光电炮控系统。
EPMS——电源管理系统
ESTD——电动船技术演示
FICS——完全集成的通信系统
FoC——一类
FW——淡水
GmbH——有限责任公司
GPMG——通用机枪
GPS——全球定位系统
GRP——玻璃纤维增强塑料
GT——燃气轮机
GTA——燃气轮机交流发电机
HADR——人道主义援助和救灾
HF——高频
HMA——海事攻击直升机
HMNB——皇家海军基地
HMS——皇家海军——女王陛下的舰船
HPSW——高压海水
HRH——他的/她的皇家殿下
HVAC——供热，通风和空调系统
IAP——增量采购方案
IEPS——综合电力推进系统

IFF——敌我识别
IMO——国际海事组织
ISS——国际船舶研究有限公司
JTIDS——联合战术信息分发系统
LF——低频
LRR——远程雷达
MARPOL——预防舰船污染的国际会议
MARS——军事漂浮到达和可持续性
MCG——中口径舰炮
MdCN——海军巡航导弹
METOC——气象与海洋学
MF——中频
MFR——多功能雷达
MFS——中频声呐
Mk——标记
MoD——国防部
Mod——改进型
NATO——北大西洋公约组织
NFR-90——用于20世纪90年代的北约护卫舰换代舰
NM——海里（英国）(=1.853km)
PAAMS——Principal防空导弹系统
PAF——强力气动控制
PIF——拦截推力控制
PMS——平台管理系统
RAF——皇家空军
RESM——雷达电子支援措施。

RFA——皇家舰队辅助
RIB——刚性充气艇
RM——皇家海军陆战队
RN——皇家海军
Satcoms——卫星通信
SC Op——声呐控制操作员
SCG——小口径舰炮
SCOT——卫星通信舰载终端
SHF——特高频
SMART-L——用于跟踪的信号多波束采集雷达，L波段
SSGW——水面舰艇制导武器
SSTD——水面舰艇鱼雷防御
Sylver——垂直发射系统
TBM——战区弹道导弹
TBMD——战区弹道导弹防御
TLAM——"战斧"对地攻击导弹
TV——电视
UHF——超高频
UK——联合王国
USA——美国
USAF——美国空军
USN——美国海军
USS——美国海军舰只
VHF——甚高频
V/UHF——甚/超高频
VUU——语音用户单元

海洋军事文库　纵览世界战争风云与军事变革

本书采用了大量工艺图和照片，全面涵盖了从中世纪晚期笨拙迟钝的木壳帆船一直到海湾战争中威猛无比的巨型战列舰——走向鼎盛以及最终没落的全部过程。对战列舰参加的大规模海战作了详细介绍：西班牙无敌舰队、特拉法尔加海战、日德兰海战和追歼"俾斯麦"号袖珍战列舰。阐释了新技术如何一步步地促进海军战术的形成。

从1911年舰载机从舰船甲板上的首次成功起飞，到今天的核动力超级航空母舰，本书详细讲述了这种极其重要的海军武器的发展历程。在400幅工艺图照片的帮助下，《世界航空母舰》向读者深入浅出地阐释了航母作战的技术和战术问题。

本书是海战专家的安东尼·普雷斯顿倾情力作。书中有数百幅有关潜艇的彩色和黑白照片，成为一部详尽阐述世界水下战争历史的精品力作。还全面涵盖世界反潜战的历史与未来潜艇的发展方向。

本书配有大量照片及彩色插图，详尽地介绍了世界主要战斗机的研制、特性和作战能力等方面的知识。此外，每个机型均附有飞机的武器装备、动力装置、性能和尺寸等方面的相关技术说明。本书融高度的权威性和可读性为一体，为广大读者提供了20世纪的一种重要武器——战斗机的翔实资料。

本书通篇以600幅的照片及全彩工艺图，详尽地介绍了主要轰炸机机型的发展过程、独一无二的特性以及作战能力。1914年，轰炸机首次投入实战使用，对德国"齐柏林"飞艇仓库进行轰炸。到了今天，作为维护世界和平的一种武器，轰炸机发展成为全球最有效也是最为可怕的战略武器。

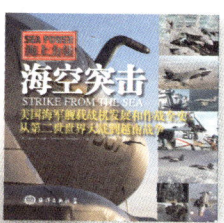 

现代战争是由海制陆的战争,其中舰载机发挥着决定性的作用,一部舰载机发展的历史就是从二战时代巨舰大炮的海上战争向着以航空母舰和舰载战机为主力的海空大战转变的历史。一部航空母舰舰载战机设计发展和作战全史,对我军正在进行的航母舰队建设具有重要参考和借鉴作用。

本书结合了舰队战术的历史演进、分析及舰队作战,实为欲学习海军如何作战并获胜者的良师。本书作者被称为是美国海军最敏锐的战术专家,本书是美国海军学院学员的必读经典书籍。此外,本书中亦包含许多有关飞弹时代作战的新资料,并反映出苏联解体后许多濒海作战战术的重新调整。

本书叙述从美国海军航空母舰的创建,到参加第一次世界大战和第二次世界大战,以及战后的朝鲜战争,越南战争,还有后来的海湾战争和阿富汗战争整个的美国航母战争历史,重点突出了本书的主题,美国航空母舰之所以称霸全球,是因为它的设计思想和方案是先进的理念并结合了整个战争历史的实战经验和教训的总结与提高,从而得出结论:航空母舰是美国称霸全球的利剑,是任何一种现代化武器不能替代的武器。

无论是过去还是现在,海洋的重要性都是不言而喻的。本书按照地区的不同介绍和分析了世界各主要国家海军的实力变化、发展规划、舰艇采购情况并对各国海军标志性的战舰进行了深入剖析。

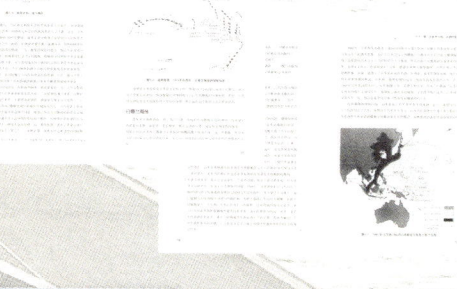

本书聚焦于交战双方如何利用海洋以及阻止对方利用海洋,书中描述了战争期间快速发生变化的舰船和武器,以一个崭新的视角,独创性地从战略、技术和战术方面重新审视第一次世界大战,同时也说明了一战的经验和教训如何影响到第二次世界大战中海军的发展。

本书详述面对冷战时期苏联潜艇不断精进的威胁,美国海军反潜技术与反潜直升机也不断演进的发展历程。美国海军早从20世纪40年代就开始直升机的海上应用,美国海军反潜直升机分队是十分有效的水下近接防御手段,为驱逐舰、护航驱逐舰与巡防舰提供了有效的配合。

英国国防部许可通过Haynes公司授权出版唯一中文版!书中主要内容包括"台风"战斗机生产前的发展沿革故事,对"台风"构造的详细介绍(座舱盖、机身、机翼、座舱内部、传感器、发动机等等),来自飞行员和工程师的看法以及"台风"战斗机服役中的事件描述等。

本书详细介绍并且分析了第二次世界大战中著名战斗机的性能、沿革以及出彩的战绩,空中作战的四大主要空中力量、三大战场、十款经典战斗机。展示了最为惊险的空中搏斗,呈现了交战双方的战略分析、空中格斗战术分析、详尽的战斗机性能分析以及空中王牌的战斗经验。

 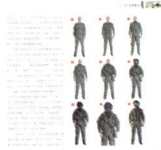     

本文介绍了美军现役战略轰炸主力之一的波音B-52"同温层堡垒"战略轰炸机的发展历史和其设计特点。主要内容包括B-52战略轰炸机以及该系列多种机型设计研发与生产发展故事。B-52当初主要的设计目标是远程核轰炸,所幸这种任务未因美苏两国头脑发热而真正执行过。自1965年,波音B-52广泛参与了一些地区冲突中的常规作战。这些地区冲突主要有:越南战争、两次海湾战争("沙漠风暴行动")、后继的沙漠行动、巴尔干冲突、"伊拉克自由行动"、亚太部分地区的冲突,波音B-52表现十分出色。

本书除了介绍"黑鹰"直升机的研发过程、特性特点、服役历史之外,还对其衍生版本进行了详细描述,例如为美国陆军特制的"黑鹰"特战型直升机、美国空军"铺路鹰"特战直升机、为空军研制的"海鹰"与"大洋鹰"反潜直升机。丰富的家族成员延续了"黑鹰"直升机在海陆空不同环境协同中的作战神话!

无人机(UAV)应用历史之久远几乎可追溯到有动力飞行的开创之日,但直到步入新世纪之际,遥控无人机才在航空侦察、空中对地攻击以及近距空中支援方面大展身手。在刚刚过去的几年中,美国军队对无人机的依赖达到令人难以置信的程度,从2010年的美国国防部采办情况上就可见一斑——有史以来无人机在数量上首次超出了有人机。伴随着无人机在战场上地位的显著提升,公众关注的焦点已然从士兵的英勇传奇转移到无人机的神秘科技。

本书是世界名著。尼米兹将军生前与本书的作者就有着密切的交往,很多有关尼米兹生活经历的第一手资料都是本人亲手交给作者的。本书是尼米兹去世后,在其家人的同意和帮助下写出的传记,以大量的笔记、书信、照片、地图详实生动的讲述了尼米兹在二战期间的真实经历。

戴尔·克努森凭借多年的经验向大众展示了攻击战的全貌。本书是最好的有关于攻击战的图书,这方面填补了国内的空白。本书内容分为两个部分,第一部分是攻击战行动概览,主要介绍与作战行动相关的背景和活动。第二部分讨论攻击武器的发展和获取,以及攻击武器最终如何使用。

本书全面介绍美国海军陆战队的整个发展历史和作战行动。通过本书读者能较充分的了解海军陆战队的史实,还有使之成为当今世界上最好的军事机构的背后的精神力量。本书是美国海军陆战队队史,文字详实,图片丰富,是军迷和专业人士的重要参考。

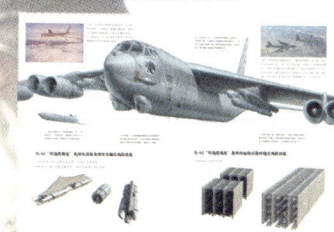

本书介绍了21世纪初各国新式的水面作战舰艇,对读者了解新世纪的世界海军的发展和作战能力有一个较为充分的新认识。

由著名历史学家安德鲁·威斯特、格里高里·路易斯·莫特逊共同创作,全书共分10章,记录了从偷袭珍珠港到日本战败的全过程以及太平洋战场的重大战役,包括偷袭珍珠港、决战中途岛、解放东南亚等。这场战争涌现了无数难以置信的英雄壮举,在面对着那些惨绝人寰的残暴罪行和难以言传的恐惧之时,人类为之做出了勇敢牺牲。

本书是退役海军上校,前美国海军飞行员美国理查德·诺特(Richard C. Knott)的著作。本书讲述美国海军轻型攻击直升机第3中队(绰号"海狼")的越战经历。该中队组建于美国境内,初衷是为内河巡逻船提供快速火力支援。"海狼"直升机中队装备的是从美国陆军借过来的久经战阵的"休伊"直升机,其任务也很快扩展至为湄公河三角洲区域的任何友军提供快速的空中支援。双机"海狼"支队以专门建造的坦克登陆舰为基地,可在数分钟之内响应友军的支援请求。

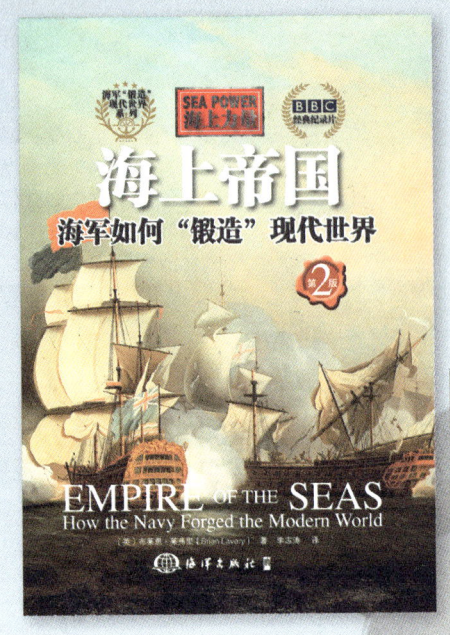

1588年，英国皇家海军打败西班牙无敌舰队，这一胜利成就了一段传奇，在接下来的数百年中，大英帝国的财富、权力和荣耀诞生于海洋，皇家海军推动英国从欧陆边缘走向现代世界的中心。本书以英国海军400年发展历史为主线，讲述大英帝国的崛起，及其如何影响现代文明的兴衰。全书分为4篇，"橡木之心"、"黄金海洋"、"风起浪涌"、"海洋巨变"，一一展示英国从控制海上交通生命线，到建立全球性海洋帝国，最终带来全球文明危机的历程。

  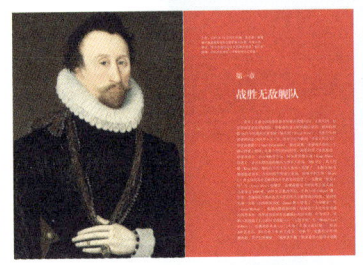

战争总是充满疑问，尤其是像太平洋战争这样一场多国参与的大型战争。本书对这场战争进行了详细描述与深入分析，是一本解答这些疑问的入门书。大部分关于太平洋战争的著作是以美国的参战为重点，并没有同等考虑其他参与国发挥出的作用。而本书旨在从更加广泛的、多国的角度来分析太平洋战争，对比研究作战双方的行为，并从军事高层指挥、政府以及公众的视角记述太平洋战争。

本书详尽介绍了在世界各国海军中服役的以及曾经服役的各型航空母舰。分别对每一艘航母的建造历程、构造特征、武器、服役和作战历史等作了详细的描述。

  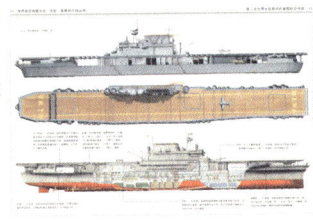 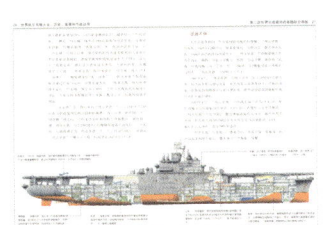

欢迎扫描二维码，进一步阅读资料

新浪微博　　　微信公众号　　　头条